科学出版社"十四五"普通高等教育研究生规划教材

结构的弹塑性稳定理论

戴宏亮 编著

科学出版社
北京

内 容 简 介

　　本书论述有关弹塑性结构稳定性的理论及方法。全书共分为 6 章,第 1~3 章介绍了结构稳定理论的基本概念、失稳形式、稳定性问题常用的计算方法、结构稳定的提法与判据以及主要的结构非线性稳定理论,第 4~6 章介绍了具体的结构如压杆、板和壳的弹塑性稳定理论和研究方法。该理论可用于处理机械工程、土木工程、航空航天、材料等领域中涉及的结构稳定性问题。

　　本书可用于涉及工程中结构稳定性问题的理工科各专业研究生教学,也可供有关教师、工程技术人员和高年级本科生阅读与参考。

图书在版编目(CIP)数据

结构的弹塑性稳定理论 / 戴宏亮编著. —北京:科学出版社,2022.6
科学出版社"十四五"普通高等教育研究生规划教材
ISBN 978-7-03-072611-7

Ⅰ. ①结… Ⅱ. ①戴… Ⅲ. ①结构稳定性-高等学校-教材 Ⅳ. ①TU311.2

中国版本图书馆 CIP 数据核字(2022)第 103936 号

责任编辑:邓　静 / 责任校对:王　瑞
责任印制:张　伟 / 封面设计:迷底书装

科　学　出　版　社 出版
北京东黄城根北街 16 号
邮政编码:100717
http://www.sciencep.com

北京凌奇印刷有限责任公司 印刷
科学出版社发行　各地新华书店经销
*
2022 年 6 月第 一 版　　开本:787×1092　1/16
2023 年 7 月第二次印刷　　印张:10 1/2
字数:300 000

定价:69.00 元
(如有印装质量问题,我社负责调换)

序

　　该书系统深入地介绍了弹塑性结构的稳定理论，特色鲜明。

　　首先，该书将物理概念、数学处理以及工程应用三者有机融合在一起，使之相辅相成。通过对结构稳定理论基本概念、结构失稳形式以及结构稳定性问题计算方法的介绍，使读者能大体上对结构稳定理论有一定了解，结合具体的工程案例充分说明现代结构设计中结构稳定性的重要性。通过对结构静力、动力稳定性定义及判据的介绍，将抽象的物理问题转化为具体的数学问题，保持了科学研究的严谨性，使得本书在理论和实践结合方面基础扎实、脉络清晰。其次，结合具体的工程结构，该书选取工程实际中广泛应用的压杆、板和壳等结构进行弹塑性稳定性分析，选取的结构具有代表性，能为实际的工程应用提供重要的理论依据和技术指导，具有广泛的工程基础。值得欣喜的是，该书将结构的稳定理论从弹性阶段拓展到弹塑性阶段，使得结构的稳定理论能更加贴合实际需求，相应的结构设计更加符合工程实际。最后，弹塑性结构稳定理论是许多学科领域共同关注的问题，因此该书亦可供其他领域读者参考，并有利于读者未来可能进行的跨领域工作。

　　总之，这是一本优秀的弹塑性结构稳定理论著作，包含了作者多年的研究成果。我深信，该书对发展结构稳定理论、推动该理论在工程中的应用等方面都将起到重要作用。

中国工程院院士

陈政清

2022 年 6 月 12 日

前　言

　　稳定性问题广泛出现在自然科学和工程技术的各个领域，甚至出现在某些定量的社会科学范畴中。虽然有各种不同的定义，但粗略地讲，稳定性问题是研究在外界干扰微小时系统状态的扰动是否也微小的问题。结构的弹塑性稳定理论研究结构在屈服强度范围内的稳定性。结构稳定理论的发展存在两个方面的历史同步：一方面它与工业发展的不同阶段的实际需要紧密联系；另一方面它与整个力学和数学以及相关自然科学的理论发展水平相适应。

　　本书部分内容源于湖南大学傅衣铭教授讲授弹塑性力学课程的教案，作者根据近十年为湖南大学力学系研究生讲授该课程的经验，加以补充和扩展，形成本书的原稿。共分为 6 章，第 1~3 章主要介绍结构稳定理论的基本概念、计算方法与稳定判定方法等基础知识，从整体上对结构的稳定理论和研究方法进行介绍，使读者充分理解结构稳定性的基本概念，结构失稳出现的主要形式，结构静力、动力稳定性的定义和判别依据；第 4~6 章以具体的压杆、板和壳结构为研究对象，重点论述压杆、不同形状板和壳结构的静力、动力稳定理论和研究方法。本书的内容可为机械工程、土木工程、航空航天、材料等领域中涉及的结构稳定性问题提供切实可行的求解途径和进一步研究的起点。

　　在本书编写的过程中，参考了部分文献资料，在此向相关作者表示感谢，感谢湖南大学傅衣铭教授，感谢评审专家的认真审阅和校阅，感谢湖南大学工程结构优化与可靠性研究所的学生所做的文字和图片编辑工作，感谢科学出版社的支持。

　　由于作者水平有限，书中难免存在不足和疏漏之处，恳请广大读者批评指正。

戴宏亮

2021 年 8 月

目　　录

第1章 绪 论

1.1 概 述

"稳定性"一词来自拉丁文"Stabilitas",其含义为"恒定性"。稳定性问题主要研究外界干扰对系统的影响,是工程技术各个领域的研究重点。近年来,为保证大型工程结构的安全运行,结构的稳定性已成为讨论的首要问题。

稳定性问题一般可分为运动稳定性、结构稳定性和材料稳定性。运动稳定性是指物体或系统在外界干扰作用下偏离其运动或返回其运动的性质,它包括太阳系的稳定性、大系统的稳定性以及飞行器、机器人的位姿稳定性等方面。结构稳定性是指结构原有平衡状态在受微小扰动时是否发生改变的性质,它包含结构静力稳定性(如结构的屈曲、后屈曲与静态分岔等)和结构动力稳定性(如弛振、涡振、激振、共振、强迫振动、随机振动、动态分岔和混沌等)。材料稳定性是指材料在载荷、温度及湿度等外界环境作用下是否发生破坏的性质,它主要包括材料的蠕变、相变,脆韧性的转变,裂纹的起裂、传播和分岔以及空洞的萌生等。

大多数固体材料往往同时具有弹性和塑性性质,因此又常称为弹塑性材料。可变形固体在变形过程中分为弹性和塑性阶段,弹塑性力学是研究这两个密切相连阶段力学问题的科学。经过 100 多年的发展,弹塑性力学已具有一套较完善的理论和方法,并在机械、土木、水利、航空航天等诸多工程领域得到了成功的应用。由于现代科技的高速发展,工程实践给弹塑性力学提出了新的任务。因此,研究弹塑性力学新的理论、方法及其在基础工程上的应用尤显重要。

为了使读者对弹塑性力学的学科性质和基本内容有个大概的了解,本节将分别简单介绍下述内容:①背景;②研究对象;③任务和目的。

1. 背景

在实际工程中,我们总会遇到这样的问题:在特定载荷作用下,某房屋、桥梁、机械或水坝等结构会发生多大的变形?结构内部的应力分布与状态如何?结构有足够的承载能力吗?弹塑性力学就是求解这类问题的一门学科,它研究物体在载荷(包括外力、温度变化或边界约束变动等)作用下产生的应力、变形及承载能力。因此,上述问题都可归结为一组偏微分方程和边界条件,求解这些方程就可得出定量的解答。弹性力学讨论固体材料中的理想弹性体及其弹性变形阶段的力学问题,包括在外力作用下弹性物体的内力、应力、应变和位移的分布,以及与之相关的基础理论。塑性力学讨论固体材料中塑性变形阶段的力学问题,采用宏观连续介质力学的研究方法,从材料的宏观塑性行为中抽象出力学模型,并建立相应的数学方程予以描述。塑性力学与弹性力学有着密切的关系,弹性力学中的大部分基本概念和求解问题的方法都可以应用到塑性力学中。

任何物体在载荷作用下都将产生变形,通常随着载荷的增大,材料变形可由弹性阶段过渡到塑性阶段。弹性阶段与塑性阶段是整个变形过程中的两个连续阶段,且结构内部可能同时存在弹性区和塑性区。因此，实际结构的变形分析常需要同时应用弹性力学和塑性力学的知识，将两部分内容有机地结合起来便构成弹塑性力学的内容。弹性力学与塑性力学的根本区别在于弹性力学以应力和应变呈线性关系的广义 Hooke 定律为基础；在塑性力学的范围中，应力和应变之间的关系呈非线性，其特征与所研究的材料有关，对于不同的材料和条件具有不同的变化规律。工程材料在应力超过弹性极限后并未发生破坏，仍具有一定继续承受载荷的能力，但刚度相对地降低，故以弹性力学为基础的设计方法不能充分发挥材料的潜力。因此，以塑性力学为基础的设计方法比以弹性力学为基础的设计方法更为优越，更符合实际工程应用。

2. 研究对象

弹塑性力学的研究对象不仅可以是各类固体材料，还可以是各类结构，如建筑结构、车身骨架、飞机机身、船舶结构、机械设备、堤坝边坡、建筑地基、洞室、围岩等。弹塑性力学也研究梁的弯曲、柱的扭转等问题，然而采用的假设和研究方法与材料力学不尽相同，分析结果也就不同。例如，在材料力学中研究梁的弯曲时采用平截面假设，得出的解答是近似的；而弹性力学则不必做这种假设，所得结果也比较精确，且可用于校核材料力学的近似解答。当然，弹塑性理论是针对理想模型建立的，例如，弹塑性理论假定其对象为理想弹性体，弹塑性体就是实际物体的力学模型。事实上，对于任何复杂事物的分析，其出发点都将是对现实事物进行逼真而又可行的理想化，以建立理想模型。分析可靠性和实用价值主要取决于在建立模型时对研究对象的认识，以及对客观存在的各种有关控制条件和参数的正确反映程度。

3. 任务和目的

弹塑性力学主要研究固体的内力和变形，以保证变形体或结构在服役期间有足够的强度、刚度和稳定性，为工程结构的设计和制造提供理论依据。

学习弹塑性力学的任务大致有以下几点。

(1)解决工程结构的应力、应变与位移分布规律等基本方程问题；提供材料力学与结构力学无法解决问题的理论。

(2)研究工程结构的强度、振动、稳定性、损伤和断裂理论等力学问题，奠定必要的理论基础。

弹塑性力学在工程实践中有着广泛的应用，因为材料达到塑性阶段时，结构并没有破坏，它还有能力继续服役，在结构设计中可以使材料部分达到塑性状态、部分保持弹性状态，以达到节省材料的目的。在实际工程问题中所允许塑性变形的大小视工程领域的不同而有不同的量级。在工程结构及机械零件的设计中不允许有大变形，否则结构不能正常地服役。将塑性变形限制在弹性变形的量级是弹塑性力学所应研究的问题。因此，应用弹塑性理论能更合理地定出工程结构和机械零件的安全系数。以弹塑性理论为基础的极限设计理论在结构设计中有重要的用途，是近代工程技术所必需的基础理论。

学习弹塑性力学的目的大致有以下几点。

(1)确定工程结构在外力作用下的弹塑性变形与内力的分布规律。

在实验的基础上，找出材料在超出弹性极限后的特性，从而确定材料的本构关系，建立弹塑性力学中的基本方程，求解这些方程，得到不同情况的弹塑性状态下的工程结构的应力和应变。利用这些基本规律，讨论工程结构在发生弹塑性变形后内部应力重新分布的情况，以便做出更合理的结构设计。

(2)确定工程结构的承载能力，充分发挥材料的潜力。

由于工程结构常处于非均匀受力状态，当结构内的局部材料进入塑性阶段，再继续增加外载荷时，结构的应力分布规律与弹性阶段不同，即应力重分布。这种重分布总体上使应力分布更趋均匀，使原来处于低应力区的材料承受更大的应力，从而更好地发挥材料的潜力，提高工程结构的承载能力。

(3)得到更符合工程实际的结果。

对于工程上的一些问题，如金属压延成型工艺、集中力作用点附近及裂纹尖端附近的应力场问题等，如果不考虑材料的塑性，就从本质上得不到符合工程实际的结果。

(4)为进一步研究工程结构的强度、振动和稳定性等力学问题提供理论基础。

弹塑性力学的研究对象有较大的范围，包括各种实体结构、非圆截面杆的扭转、孔边应力集中，以及板壳等材料力学初等理论所不能解决的力学问题。同时，弹塑性理论可进一步研究工程结构的强度、振动和稳定性问题，以及工程结构的失效准则。

1.2 结构稳定理论的基本概念

1.2.1 结构的稳定理论

受压构件的承载能力主要由强度和稳定性条件来决定。结构是否稳定是结构工程设计中与强度计算同样重要的问题。工程结构中的压杆、梁、板、刚架和拱等，都可能会由于刚度不够而丧失稳定性。例如，理想的轴心压杆、梁和薄板原来为平直的构件，在载荷作用下，当受外界干扰时，会发生纵向弯曲、侧向弯曲扭转或鼓曲等变形。

当构件承受的载荷小于临界载荷时，外界干扰消除后，构件能立即恢复到原来的直线压缩或平面弯曲状态，这时构件处于稳定平衡。当载荷增大到临界载荷时，构件立即由稳定平衡转变为不稳定平衡，外界干扰消除后，构件非但不能恢复到原来的平直状态，而且弯曲、扭转或鼓曲等变形还会突然增大，从而导致结构破坏。对于理想的平直构件，当由稳定平衡变为不稳定平衡时，要经历一个暂时的中性平衡，又称为临界平衡，即在外界干扰消除后，构件能暂时保持微曲状态的平衡，如压杆的曲线平衡或梁的侧向弯扭平衡等。根据中性平衡时微小的弯曲、扭转或鼓曲变形，建立近似或精确的微分方程；在求解微分方程和引用边界条件的过程中，得到线性齐次代数方程组，应用方程组中系数行列式等于零的条件，得到特征方程或稳定方程，从而可求得临界载荷。

应该指出，稳定性问题与强度问题有明显的区别和不同的目的。强度问题是要找出结构在稳定平衡状态下的最大应力，故为应力问题。研究强度问题的目的是要保证实际的最大应力不超过材料的某一强度指标。稳定性问题是要找出与临界载荷相对应的临界状态，因为结构的稳定计算必须根据结构的变形状态来进行，故为变形问题；研究结构稳定性问题的主要目的在于防止结构不稳定平衡状态的发生。

一般来说，稳定性问题可分为两大类。

(1)第一类稳定性问题或具有平衡分岔的稳定性问题(也叫分岔点失稳)。理想直杆轴心受压时的屈曲和理想平板中面受压时的屈曲都属于这一类。

(2)第二类稳定性问题或无平衡分岔的稳定性问题(也叫极值点失稳)。由建筑钢材做成的偏心受压构件在塑性发展到一定程度时丧失稳定的承载能力，都属于这一类。

结构的稳定承载力和它的刚度密切相关，因为刚度由结构的整体组成所决定，所以在处理稳定性问题时，必须具有整体观点。局部和整体的相关关系可概括为：整体缺陷促使局部提前失稳，局部失稳反过来又使整体较早丧失承载能力。在结构的优化设计中，要注意缺陷的不利影响。

1.2.2　屈曲的概念及分类

一般地，准静力载荷施加于弹性结构上，结构变形并处于静力平衡状态。给处于平衡状态的结构一个小扰动，扰动除去后结构能迅速恢复原平衡状态，此时的平衡是稳定的。载荷增加到超过某一临界值，扰动除去后结构有变形扩大趋势，或会从一种平衡状态跳跃到另一种平衡状态，此时的平衡是不稳定的。从稳定平衡状态到不稳定平衡状态的转变点为临界平衡状态。使结构处于中立稳定状态的载荷(应力)称为临界载荷(应力)。结构丧失稳定性，又称作屈曲(buckling)，下面将从欧拉(Euler)杆的屈曲出发，给出屈曲的分类。

1. Euler 屈曲

Euler 首先从一端固支另一端自由的受压理想杆出发，给出了压杆的临界载荷。理想杆是指起初完全平直而且承受中心压力的受压杆，设此杆完全弹性，且应力不超过比例极限。若轴向外载荷 P 小于它的临界值，此杆将保持平直的状态而只承受轴向压缩。如果一个扰动(如施加微小的横向力)作用于杆，使其有一小的挠曲，在这一扰动除去后，挠度就消失，杆又恢复至平直状态，此时杆的平直形式的弹性平衡是稳定的。若轴向外载荷 P 大于它的临界值，杆平直的平衡状态变为不稳定，即任意扰动产生的挠曲，在扰动除去后不仅不消失，而且将继续扩大，直到达到远离平直状态的新的平衡位置，或者弯折，称为压杆失稳或屈曲(Euler 屈曲)。而足以使杆保持一任意微小的弯曲形状的轴向力称为临界载荷(或 Euler 载荷) P_{cr}。载荷超过 P_{cr} 后，从小挠度理论看，其挠曲会无限增大。

2. 受拉失稳

受拉失稳是指板料在拉力作用下，一方面承载面积缩减，另一方面材料的应变效应增加。当应变效应的增量足以补偿承载面积的缩减时，拉伸变形可以稳定地进行下去。当两者恰好相等时，拉伸变形处于临界状态，失稳点首先发生在承载能力最为薄弱的环节，此环节进一步受拉成为"细颈"。一般来说，板料的拉伸失稳具有两个不同的发展阶段，即分散性失稳与集中性失稳。在拉力作用下，材料经过稳定的均匀变形后，在一个较宽的区域内发生亚稳定流动，即材料承载能力的薄弱环节，在一个较宽的变形区域内交替转移，形成区域性颈缩。随后，不稳定流动的发展局限在变形区的某一狭窄条带内，材料承载能力的薄弱环节集中在某一局部剖面内无法转移出去，形成集中性细颈。而集中性细颈发展的极限状态则是材料的分离——拉断。

3. 总体屈曲与局部屈曲

总体屈曲(general buckling 或 overall buckling)指构件的轴线或中面发生了弯曲变形,但其剖面形状并未改变,此时在构件的整体范围内由于弯曲变形而发生屈曲破坏。细长构件常发生总体屈曲现象,图 1.1(a)给出了型材的总体屈曲形状。局部屈曲(local buckling)是指构件的轴线或中面并未发生弯曲变形,而其剖面形状则发生了变形或畸变的屈曲。局部屈曲的变形或畸变出现在近似等于元件宽度的半波长范围内。短而薄的薄壁构件常发生局部屈曲,图 1.1(b)给出了型材的局部屈曲形状。

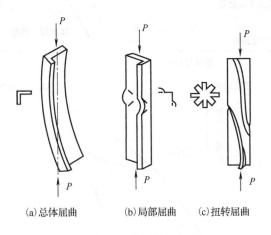

(a)总体屈曲　　　(b)局部屈曲　　　(c)扭转屈曲

图 1.1　型材的屈曲

4. 扭转屈曲与弯扭屈曲

扭转屈曲(torsional buckling)是指构件的轴线或加筋结构中筋条的轴线仍保持不变,而整个剖面发生扭转而屈曲的情况。型材、加筋结构、壳等结构元件会发生扭转屈曲,图 1.1(c)给出了十字形剖面型材的扭转屈曲。若结构元件屈曲时,同时发生了轴线(或中面)的弯曲变形、剖面变形及剖面的扭转变形,这种现象即弯扭组合屈曲,简称弯扭屈曲。

5. 静力屈曲和动力屈曲

根据结构的承载形式,可以将屈曲分为静力屈曲和动力屈曲。静力屈曲是指结构在静态外载荷作用下发生的屈曲;动力屈曲是指结构在动态外载荷作用下发生的屈曲。

6. 弹性屈曲、塑性屈曲与弹塑性屈曲

按结构屈曲时的材料性质,可将屈曲分为弹性屈曲、塑性屈曲与弹塑性屈曲。弹性屈曲是指结构屈曲前后仍在小变形假定的范围内处于弹性状态;塑性屈曲是指结构在塑性应力状态下发生屈曲;弹塑性屈曲是指介于弹性屈曲与塑性屈曲之间的屈曲形式,屈曲前结构处于弹性应力状态,而屈曲时由于扰动变形,一部分材料进入塑性应力状态,即屈曲发生后材料处于弹塑性应力状态。

7. 极值屈曲、分岔屈曲和非完善结构的屈曲

按屈曲性质,可以将屈曲分为极值屈曲、分岔屈曲和非完善结构的屈曲。极值屈曲通常具有图 1.2(a)中的载荷-位移曲线,对应于静载下发生跳跃屈曲的那类结构(如弹塑性梁柱、一侧受冲击的圆柱壳、浅拱和浅球冠等);分岔屈曲是指基本运动在某种状态时(对应于分岔点)

变得不唯一或不稳定(图 1.2(b));非完善结构的屈曲是指含初始缺陷结构的屈曲,其屈曲载荷大大低于完善壳体的分岔点载荷(图1.2(c))。

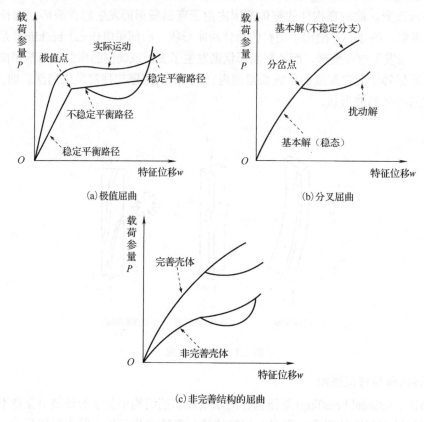

(a)极值屈曲　　　　　　　　　　　　(b)分叉屈曲

(c)非完善结构的屈曲

图 1.2　不同屈曲形式

8. 具有稳定后屈曲路径的屈曲、具有不稳定后屈曲路径的屈曲及同时具有稳定及不稳定后屈曲路径的屈曲

按照屈曲后路径是否稳定,可将屈曲分为具有稳定后屈曲路径的屈曲、具有不稳定后屈曲路径的屈曲及同时具有稳定及不稳定后屈曲路径的屈曲。具有稳定后屈曲路径的屈曲是指屈曲发生后,载荷仍可继续增长(如柱、板、无支承框架等),如图 1.3(a)所示;具有不稳定后屈曲路径的屈曲是指屈曲发生后,载荷呈现出下降趋势(如轴向受压圆柱壳、球壳等),如图 1.3(b)所示;同时具有稳定及不稳定后屈曲路径的屈曲是指屈曲发生后,同时具有上述两个特点的屈曲(如简单桁架、两杆刚架等),如图 1.3(c)所示,其中 P 为载荷参量,w 为特征位移。

9. 自治系统的屈曲和非自治系统的屈曲

根据外力与时间的关系,可将屈曲分为自治系统的屈曲和非自治系统的屈曲。自治系统的屈曲是指外力不依赖于时间时发生的屈曲,其中除有势系统和拟保守系统的屈曲问题可以用静态方法来研究而不必归入动态屈曲问题外,其他各系统问题都属于动态屈曲问题;非自治系统的屈曲是指外力显性依赖于时间时发生的屈曲,这是动态屈曲问题要研究的重点。

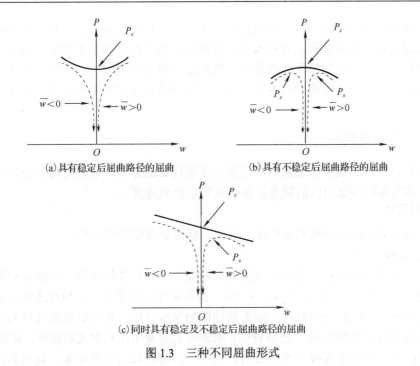

(a)具有稳定后屈曲路径的屈曲　　　(b)具有不稳定后屈曲路径的屈曲

(c)同时具有稳定及不稳定后屈曲路径的屈曲

图 1.3　三种不同屈曲形式

1.2.3　后屈曲的概念

某些结构元件(如平板及各类组合元件、加筋元件等)在发生屈曲之后仍然具有继续承载的能力。后屈曲(又称过屈曲)就是指结构元件从屈曲直至破坏的屈曲状态。后屈曲分析以几何非线性理论(即大挠度理论)为基础,对于平板、组合元件、加筋板、加筋曲板与加筋壳等结构,除进行屈曲分析外,还应当进行后屈曲分析,确定其破坏所对应的应力,按其破坏应力进行结构设计,以挖掘这部分结构的承载能力,提高结构承载效率。在后屈曲分析方面,科伊特(Koiter)提出了在静力保守载荷作用下,弹性体初始后屈曲行为的一般理论,但是直到 20 世纪 60 年代以后,这个理论才引起人们的关注。布迪安斯基(Budiansky)和哈钦森(Hutchinson)发展了 Koiter 理论,使之成为更便于应用的形式,并把它巧妙地运用于缺陷敏感结构的动力屈曲分析,完善并发展了初始后屈曲理论。

1.2.4　屈曲与破坏

屈曲与破坏不能等同,屈曲并不一定就是破坏。对某些结构元件,屈曲即意味着破坏,而对另一些结构元件,其破坏则发生在过屈曲阶段。图 1.4 给出了各种轴向受压元件屈曲后品质的示意图。

从图 1.4 中可看出,在应力达到临界值后,平板、柱和筒均发生了屈曲,但其屈曲后的承载能力并不相同。屈曲后,平板所能承受的应力仍在增加,柱则不再增加,而筒的承载能力却急剧下降,即平板在屈曲后并未破坏,而柱和筒均破坏。对于平板来说,屈曲后,随着挠度的增加,非承载边的边缘约

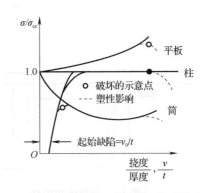

图 1.4　各种轴向受压元件屈曲后品质

束能够产生横向拉伸薄膜应力，该横向拉应力限制了平板的横向变形，从而使平板能够承受的载荷大大超过弹性临界载荷，而进入过屈曲阶段。对于柱，由于没有横向拉应力限制横向变形，屈曲后，变形迅速增加而导致破坏。轴向受压筒则与平板、柱相反。筒在屈曲后产生了横向压缩薄膜应力，其屈曲形式本身不稳定，很小的初始缺陷就很重要，结果使得屈曲与破坏基本上相重合。

1.2.5　常见的失稳结构

本节将介绍一些工程中常遇见的容易发生失稳现象的结构，通过对这些结构失稳的介绍有助于进一步理解结构稳定性的概念以及研究稳定性的意义。

1. 薄壁结构

薄壁结构中常见的失稳模式有压损、皱曲、格间屈曲和钉间屈曲。

1) 压损（crippling）

压损是指型材、加筋板等组合元件因局部失稳而导致的破坏现象。当薄壁剖面型材的长度较短时（长度与回转半径之比 L/ρ 小于 20），剖面发生局部失稳后，型材还能承受较大的载荷，直到发生破坏（褶皱、断裂）时，剖面的轴线仍保持直线。这种破坏形式称为压损，其对应的破坏应力称为压损强度 $\bar{\sigma}_f$。除型材外，加筋板也会发生压损形式的破坏。如图 1.5 所示，压损时，横截面上的筋条像板一样地屈曲。这是一种短波长的失稳现象，其屈曲波长与横截面尺寸具有相同的数量级。若出现了压损，则该元件就丧失了继续承载的能力，即破坏了。

2) 皱曲（wrinkling）

皱曲的原意特指夹层板（夹层结构）的一种局部失稳现象。皱曲时，夹层板的面板在夹芯的弹性支持下起皱屈曲，皱曲的最终破坏通常是由夹芯压坏、夹芯拉断或夹芯与面板的胶接被拉脱（即面板起皱）中的任何一种原因所引起的，如图 1.6 所示。对蜂窝夹层结构而言，其皱曲称为皱折（crimping），皱曲后，夹层板即破坏。

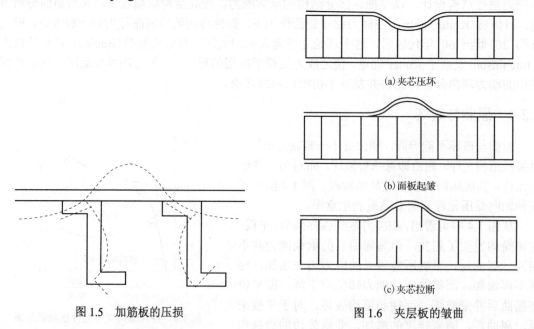

(a)夹芯压坏

(b)面板起皱

(c)夹芯拉断

图 1.5　加筋板的压损　　　　　　　图 1.6　夹层板的皱曲

蜂窝夹层结构的皱曲有对称型和非对称型，如图 1.7 所示。由夹层板的皱曲引出了加筋板的皱曲这一概念，加筋板的皱曲也称受迫压损(forced crippling)。这是一种由横穿筋条的蒙皮失稳所引起的具有筋条的多种局部变形特性的失稳破坏形式。

这种现象多发生在板的屈曲应力较高，或筋条的厚度与板的厚度相比较小，或连接件太弱，或连接件的偏心距太大等情况下，即加筋件不足以阻止蒙皮的失稳。加筋板的皱曲波长大于铆钉的钉距，并取决于筋条的支持特性。加筋板的皱曲强度通常比整体加筋板在短柱区的强度要低。

3) 格间屈曲(interlangular buckling)

格间屈曲是指一种波浪状的屈曲现象，它有两种含义：其一是指发生在蜂窝夹层结构中的格间屈曲；其二是指发生在加筋板中的屈曲。格间屈曲发生时，蜂窝格之间的面板向格内凹陷，如图 1.8 所示。蜂窝夹层结构的格间屈曲一般不会引起破坏，但当屈曲波大到足以使波纹跨越蜂窝结构的蜂窝格时，会引起面板的皱损。即使是不引起结构总体破坏的格间屈曲，它所产生的屈曲波形往往在卸载后仍然存在。

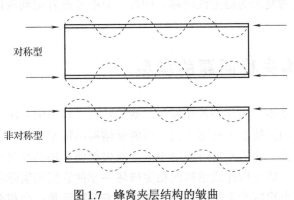

图 1.7　蜂窝夹层结构的皱曲　　　　图 1.8　格间屈曲

4) 钉间屈曲(dimpling)

钉间屈曲时，筋条没有弯曲变形，而筋条间的蒙皮则像宽柱一样发生了 Euler 屈曲，宽柱长度与铆钉间距相当。发生钉间屈曲后，蒙皮便不再能够承受更大的载荷，加筋板即破坏。

2. 长柱和薄板

图 1.9(a) 是一个受压的长柱，如果在压力 P 的作用下给柱体的侧面施加一个微小的作用力，使得立柱弯曲，在撤去这个微小的作用力之后，立柱能够恢复原来的形状，则该立柱在压力 P 下是稳定的；反之，若不能恢复到原来的形状，则这个系统为不稳定系统，此时的压力称为临界压力。当 P 大于临界压力时立柱会发生大挠度变形，即发生失稳。图 1.9(b) 是一个纵向受压的薄板，与立柱的失稳情况类似，当压力 P 小于临界压力时，薄板在横向只有很小的挠度；当 P 增大到大于临界压力时，薄板会发生复杂的大挠度变形，此时薄板发生了失稳现象。

3. 薄壁圆管和圆环

在一个薄壁圆管两端作用有一对大小相等、方向相反的扭矩，如图 1.10(a) 所示。在材料力学中也讲过薄壁圆管的受力分析，但是并没有讨论过它的失稳。实际上当薄壁圆管在受扭时，除了切应力，正应力也非常大，这就使得其会像薄板一样发生失稳，当薄壁圆管两端的扭矩超过临界扭矩时，其表面会发生形状畸变，产生褶皱，此时该系统发生了失稳。考虑一个受均布径向载荷压缩的圆环，如图 1.10(b)所示，一般来说其只会产生径向压缩，当载荷频率与圆环的固有弯曲振动频率之间的比值一定时，圆环原来的形状将变为动态不稳定的，发生强烈的弯曲振动，称为动态失稳。

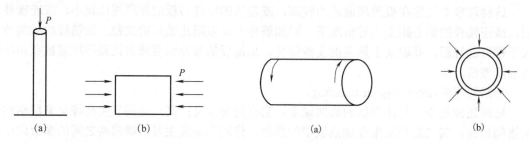

图 1.9　受压长柱和纵向受压薄板　　　　图 1.10　薄壁圆管和受均布径向载荷压缩的圆环

　　结构轻量化已成为现代设计的主要目标之一，结构的稳定性问题已变得越来越重要。除了上述几类简单结构，还有许多性质更为复杂的稳定性问题。因此，有必要把各类问题同求解它们所用的方法联系起来加以研究。

1.3　结构失稳问题的类型

　　工程中有许多结构具有截面轮廓尺寸小、构件细长和板件柔薄等特点。对于因受压、受弯或受剪等存在受压区的构件或板件，如果技术上处理不当，可能使结构出现整体失稳、局部失稳或局部与整体的相关失稳。失稳前结构的变形可能很小，突然失稳使结构的几何形状急剧改变，导致结构完全失去抵抗能力。防止构件或结构的稳定破坏并非使它们的实际应力低于某规定值，而是要防止一种特殊的不稳定平衡状态发生。这种状态的特征是：当载荷仅有微量增加时，应变即显著增长。可以认为：构件或结构的失稳破坏是内部抗力的突然崩溃，这就是结构屈曲现象的特征，无论发生破坏时构件属于弹性还是弹塑性阶段，破坏特性完全相同。由于结构或构件的失稳破坏比较突然，屈曲一旦发生，结构随即崩溃，所以远比强度破坏危险，这可以从许多实际的工程事故实例中得到证实。因而从事结构设计的工作者对结构的稳定性问题应予以特别的重视，要掌握稳定性问题的本质和规律以及正确的计算方法，从而避免工程中的结构失稳破坏。结构失稳的现象是多种多样的，从性质上可分为三类。

1.3.1　平衡分岔失稳

　　完善的(即无缺陷，垂直)轴心受压构件在中面内失稳、理想的受弯构件和受压的圆柱壳的失稳等都属于平衡分岔失稳问题。

　　以完善的轴心受压构件为例予以说明。载荷到达 A 点后，图 1.11(a)中的载荷-挠度曲线呈现了两个可能的平衡途径，直线 AC 和水平线 AB(或 AB')在同一点 A 出现了岔道。构件所能承受的载荷限值 P_{cr} 称为屈曲载荷或临界载荷。当作用于图 1.11(b)所示构件端部的载荷 P 未达到某一极值时，构件始终保持着垂直的稳定平衡状态，构件的截面只承受均匀的压应力，同时沿构件的轴线只产生相应的压缩变形 Δ。如果在其横向施加一微小干扰，构件会呈现微小弯曲，但是一旦撤去此干扰，构件又会立即恢复到原有的垂直平衡状态。如果作用于上端的载荷达到了极限值 P_{cr}，构件会突然发生弯曲，这种现象称为屈曲，或者称为丧失稳定。这时如图 1.11(c)所示，构件由原来垂直的平衡状态转变到与其相邻的伴有微小弯曲的平衡状态。由于在同一个载荷点出现了平衡分岔现象，所以此失稳称为平衡分岔失稳，也称为第一类失稳。平衡分岔失稳还分为稳定分岔失稳和不稳定分岔失稳两种。

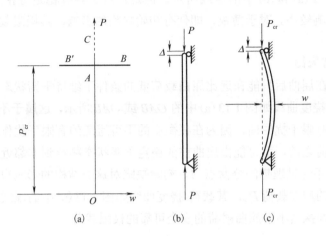

图 1.11　平衡分岔失稳

1. 稳定分岔失稳

载荷-挠度曲线是按小挠度理论分析得到的，如图 1.12(a)所示，按照大挠度理论分析，轴心受压构件屈曲后，挠度增加时载荷还略有增加，屈曲后构件的载荷-挠度曲线是 AB 或 AB'，这时平衡状态是稳定的，属于稳定分岔失稳。不过大挠度理论分析表明，载荷的增加量非常小而挠度的增加量却很大，构件因有弯曲变形而产生弯矩。在压力和弯矩的共同作用下，中间截面的边缘纤维先开始屈服，随着塑性发展，构件很快就达到极限状态。对于四边有支撑的薄板，如图 1.12(b)所示，其中面在均匀压力 P 达到屈曲载荷 P_{cr} 后发生凸曲。由于其侧边同时产生薄膜力，对薄板的变形起了牵制作用，促使载荷还能有较大程度增加，载荷-挠度曲线如图 1.12(b)中的 OAB 或 OAB' 所示，板屈曲以后的平衡状态稳定，也属于稳定分岔失稳。由于板的极限载荷 P_u 可能远超过屈曲载荷 P_{cr}，故可以利用板的屈曲后强度。

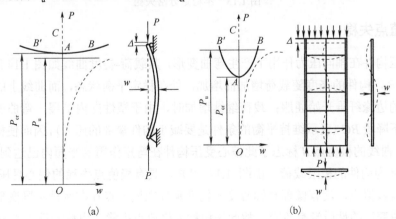

图 1.12　稳定分岔失稳

应该注意到，上面研究的轴心受压构件和薄板的失稳现象都是在理想条件下发生的。实际的轴心受压构件和薄板并非平直，它们在受力之前都可能存在微小弯曲变形（称为初弯曲或初始缺陷），初始缺陷使构件和板的极限载荷 P_u 有所降低，其载荷-挠度曲线不再有分岔点，而是如图 1.12(a) 和 (b) 中的虚线所示。但是，对于具有稳定分岔失稳性质的构件来说，初始缺陷的影响较小。对于薄板，即使有初始缺陷的影响，其极限载荷仍可能高于屈曲载荷。

2. 不稳定分岔失稳

还有一类结构在屈曲后只能在远比屈曲载荷低的条件下维持平衡状态。如承受均匀压力的圆柱壳，其载荷-挠度曲线如图 1.13(a) 中的 OAB 或 OAB' 所示，这属于不稳定分岔失稳，这种屈曲形式也称为有限干扰屈曲，因为在极微小的不可避免的有限干扰作用下，圆柱壳在达到平衡分岔屈曲载荷之前，就可能由屈曲前的稳定平衡状态跳跃到非邻近的平衡状态，如图中的曲线 $OA'CB$，不经过理想的分岔点 A。初始缺陷对这类结构的影响很大，使实际的极限载荷远小于理论上的屈曲载荷 P_{cr}，其载荷-挠度曲线如图 1.13(a) 中的虚线所示。研究这类稳定性问题的目的是要探索小于屈曲载荷的安全可靠的极限载荷。

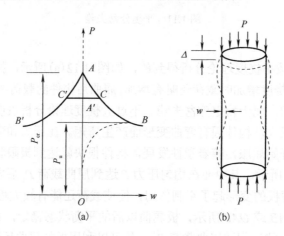

图 1.13　不稳定分岔失稳

1.3.2　极值点失稳

偏心受压构件在轴向压力作用下产生弯曲变形，其载荷-挠度曲线如图 1.14 所示，在曲线的上升段 OAB，构件的挠度随载荷增加而增加，处在稳定平衡状态，而曲线上的 A 点表示构件中间截面的边缘纤维开始屈服；载荷继续增加时，由于塑性向内扩展，弯曲变形加快，图中曲线出现下降段 BC（表示维持平衡的条件是要减小构件端部的压力），因而使构件处于不稳定平衡状态；曲线的极值点 B 标志了此偏心受压构件在弯矩作用的平面内已达到了极限状态，对应的载荷 P_u 为构件的极限载荷。由图 1.14 可知，具有极值点失稳的偏心受压构件的载荷-挠度曲线只有极值点，没有像理想轴心受压构件那样在同一点存在两种不同变形状态的分岔点，构件弯曲变形的性质没有改变，故此失稳称为极值点失稳，也称为第二类失稳。

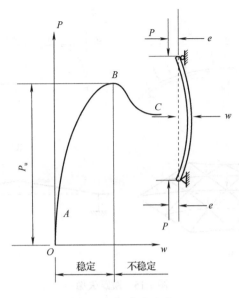

图 1.14　极值点失稳

　　因为实际的轴心受压构件都存在初弯曲，且载荷的作用点存在稍稍偏离构件轴线的初始偏心，所以与极值点对应的载荷 P_u 才是实际的轴心受压构件的极限载荷。极值点失稳的现象在工程中普遍存在，如双向受弯构件和双向压弯构件发生弹塑性弯扭失稳都属于极值点失稳。

1.3.3　跳跃失稳

　　考虑两端铰接的较平坦的拱结构，如图 1.15(a) 所示，在均布载荷 q 的作用下有挠度 w，如图 1.15(b) 所示，其载荷-挠度曲线也有稳定的上升段 OA，但是到达曲线的最高点 A 时会突然跳跃到一个非邻近的具有很大变形的 C 点，拱结构顷刻下垂。在载荷-挠度曲线上，虚线 AB 是不稳定的，BC 段稳定且一直是上升的，但是因为结构已经破坏，故不能被利用。与 A 点对应的载荷 q_{cr} 是坦拱的临界载荷。这种失稳现象称为跳跃失稳，它既无平衡分岔点，又无极值点，但和不稳定分岔失稳又有些相似的现象，都在丧失稳定平衡之后又跳跃到另一个稳定平衡状态。扁壳和扁平的网壳结构也可能发生跳跃失稳。图 1.15(c) 是发生局部凹陷的网壳结构的点状跳跃失稳。对于带有缓坡的有侧移的大跨度门式刚架，当其刚架横梁的刚度很弱而侧移刚度却较强时，有可能发生如图 1.15(d) 所示的跳跃失稳。横梁的初始倾角即横梁的坡度对这类结构的变形影响很大，类同于有初始缺陷的不稳定分岔失稳。

　　区分结构失稳类型的性质十分重要，否则不可能正确估量结构的稳定承载力。对于具有平衡分岔失稳现象的结构，如前所述，理论上的屈曲载荷区分成三种情况：一种比较接近于实际的极限载荷，一种大于实际的极限载荷，一种远小于实际的极限载荷。大挠度理论才能揭示平衡分岔失稳的结构屈曲后的性能，然而用大挠度理论分析实际结构的计算过程十分复杂。

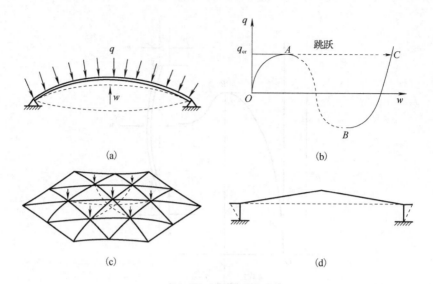

图 1.15　跳跃失稳

1.4　结构稳定性问题常用的计算方法

　　稳定性问题的计算方法可分为以下三类：解析法、近似方法和半经验方法。解析法求得的屈曲应力精确，在许多参考书都有详细阐述，本书不再赘述。对于许多工程实际问题，要建立微分方程来寻求精确解非常困难，甚至不可能。因此，工程上常采用近似方法或半经验方法求得满足一定精度要求的近似解。这两类方法不仅可用于求解屈曲问题，也可用于求解后屈曲问题。由于大挠度的影响，后屈曲问题的控制方程比屈曲问题复杂得多，从而增加了近似方法的求解难度。但是，半经验方法却可以非常方便而且比较准确地解决后屈曲问题。

1.4.1　基本原理

　　以平板为例，如图 1.16 所示，给出用静力学判据及能量判据求解临界载荷的有关公式，并介绍一些常用的算法。这些算法，不仅适用于平板，还可以用于壳体、型材等其他结构形式；不仅适用于小变形情况，也可推广应用于大变形情况。

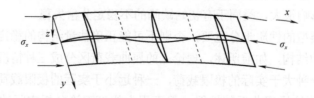

图 1.16　微弯曲平板

1. 平衡方程

斯托厄尔(Stowell)推导了描述初始平板微小弯曲平衡外形的微分方程：

$$C_1\frac{\partial^4 w}{\partial x^4}-C_2\frac{\partial^4 w}{\partial x^3\partial y}+2C_3\frac{\partial^4 w}{\partial x^2\partial y^2}-C_4\frac{\partial^4 w}{\partial x\partial y^3}+C_5\frac{\partial^4 w}{\partial y^4}$$

$$=-\frac{\delta}{D}\left(\sigma_x\frac{\partial^2 w}{\partial x^2}+2\tau\frac{\partial^2 w}{\partial x\partial y}+\sigma_y\frac{\partial^2 w}{\partial y^2}\right) \tag{1.1}$$

式中，w 为板的横向位移；σ_x 为板 x 方向单位面积的力；σ_y 为板 y 方向单位面积的力；τ 为板单位面积的剪力；δ 为板厚；D 为单位宽度板的抗弯刚度；$C_1 \sim C_5$ 为常量，其定义为

$$\begin{cases} C_1=1-\dfrac{3}{4}\left(\dfrac{\sigma_x}{\sigma_i}\right)^2\left(1-\dfrac{E_t}{E_s}\right) \\[2mm] C_2=\left(\dfrac{3\sigma_x\tau}{\sigma_i^2}\right)\left(1-\dfrac{E_t}{E_s}\right) \\[2mm] C_3=1-\dfrac{3}{4}\left(\dfrac{\sigma_x\sigma_y+2\tau^2}{\sigma_i^2}\right)\left(1-\dfrac{E_t}{E_s}\right) \\[2mm] C_4=\left(\dfrac{3\sigma_y\tau}{\sigma_i^2}\right)\left(1-\dfrac{E_t}{E_s}\right) \\[2mm] C_5=1-\dfrac{3}{4}\left(\dfrac{\sigma_y}{\sigma_i}\right)^2\left(1-\dfrac{E_t}{E_s}\right) \end{cases} \tag{1.2}$$

式中，σ_i 为应力强度，$\sigma_i=\sqrt{\sigma_x^2+\sigma_y^2-\sigma_x\sigma_y+3\tau^2}$；$E_t$ 为切线模量，$E_t=\dfrac{\mathrm{d}\sigma}{\mathrm{d}\varepsilon}$；$E_s$ 为割线模量，$E_s=\dfrac{\sigma}{\varepsilon}$。

这些常量定义的基础是假设在屈曲过程中不发生弹性卸载，而且对于弹性和非弹性范围都假定泊松比等于 0.5。在弹性范围内，$\dfrac{E_t}{E_s}=1$，因此在所有载荷情况下，$C_1=C_3=C_5=1$，$C_2=C_4=0$。于是方程(1.1)可简化为

$$\frac{\partial^4 w}{\partial x^4}+2\frac{\partial^4 w}{\partial x^2\partial y^2}+\frac{\partial^4 w}{\partial y^4}=-\frac{\delta}{D}\left(\sigma_x\frac{\partial^2 w}{\partial x^2}+2\tau\frac{\partial^2 w}{\partial x\partial y}+\sigma_y\frac{\partial^2 w}{\partial y^2}\right) \tag{1.3}$$

应该指出的是，在非弹性范围内的 D 值与在弹性范围内不同，泊松比也随应力的变化而变化。对全弹性板而言，ν_e 为弹性泊松比，抗弯刚度 $D=\dfrac{E\delta^3}{12(1-\nu_e^2)}$；对全塑性板而言，$\nu_e=0.5$，抗弯刚度 $D=\dfrac{E\delta^3}{9}$。

2. 能量泛函

板及其载荷系统的总势能可用两个积分来表示。

$$\Pi=U+U_P \tag{1.4}$$

式中，U 表示在屈曲过程中由于板的弯曲和扭转而产生的应变能；U_P 表示在屈曲过程中板面内力所做的功。针对非弹性情况，Stowell 给出了具有简支或固支边界条件的平板的能量表达式：

$$U = \frac{D}{2} \iint \left\{ C_1 \left(\frac{\partial^2 w}{\partial x^2} \right)^2 - C_2 \frac{\partial^2 w}{\partial x^2} \frac{\partial^2 w}{\partial x \partial y} + C_3 \left[\left(\frac{\partial^2 w}{\partial x \partial y} \right)^2 + \frac{\partial^2 w}{\partial x^2} \frac{\partial^2 w}{\partial y^2} \right] - C_4 \frac{\partial^2 w}{\partial x \partial y} \frac{\partial^2 w}{\partial y^2} + C_5 \left(\frac{\partial^2 w}{\partial y^2} \right)^2 \right\} \mathrm{d}x \mathrm{d}y$$

$$(1.5)$$

式中，系数 $C_1 \sim C_5$ 仍由式(1.2)定义。

式(1.4)中的 U_P 可表示为

$$U_P = \frac{\delta}{2} \iint \left\{ \sigma_x \left(\frac{\partial w}{\partial x} \right)^2 + 2\tau \frac{\partial w}{\partial x} \frac{\partial w}{\partial y} + \sigma_y \left(\frac{\partial w}{\partial y} \right)^2 \right\} \mathrm{d}x \mathrm{d}y \qquad (1.6)$$

如果沿板的边缘有相对位移，则应增加沿边界的线积分，以表示外载荷系统所做的功。

如果沿板的边缘有数量为 ε 的弹性约束条件，则这些约束条件的应变能 U_ε 应加入式(1.4)，其形式为

$$U_\varepsilon = -\frac{\varepsilon}{2} \frac{D}{\delta} \int \left(\frac{\partial w}{\partial y} \right)_{y=y_0} \mathrm{d}x \qquad (1.7)$$

式中，U_ε 为约束条件提供的应变能；y_0 为边缘处坐标；δ 为板厚。

对于弹性情况，式(1.4)可简化为

$$\Pi = \frac{D}{2} \iint \left\{ \left(\frac{\partial^2 w}{\partial x^2} + \frac{\partial^2 w}{\partial y^2} \right)^2 - 2(1 - v_e) \left[\frac{\partial^2 w}{\partial x^2} \frac{\partial^2 w}{\partial y^2} - \left(\frac{\partial^2 w}{\partial x \partial y} \right)^2 \right] \right\} \mathrm{d}x \mathrm{d}y$$

$$- \frac{\delta}{2} \iint \left[\sigma_x \left(\frac{\partial w}{\partial x} \right)^2 + 2\tau \frac{\partial w}{\partial x} \frac{\partial w}{\partial y} + \sigma_y \left(\frac{\partial w}{\partial y} \right)^2 \right] \mathrm{d}x \mathrm{d}y$$

$$(1.8)$$

这里，式(1.1)和式(1.3)分别为对应式(1.4)和式(1.8)的 Euler 方程。

1.4.2 近似方法

在近似方法中具有代表性的有有限差分法、瑞利-里茨法、伽辽金法、有限单元法等。这些方法大都采用能精确地满足几何边界条件的函数，通过静力法或能量法，来近似地满足平衡微分方程。下面对这几种近似方法的解题思路进行简单介绍。

1)有限差分法

有限差分法是一种求解微分方程的近似数值计算方法。这种方法用于求解稳定性问题的解题过程大致如下：首先用差商近似表示微分方程及边界条件中的导数，并由此得出关于有限点的函数值的线性齐次代数方程，然后按非零解的条件写出特征方程，解之得到临界载荷。

2)瑞利-里茨(Rayleigh-Ritz)法

Rayleigh-Ritz 法是一种直接近似求解的方法。其步骤为：首先将结构的挠曲函数表示为具有待定系数的有限集函数之和的展开式，展开式的每一项均须满足问题的几何边界条件。

然后求出结构-载荷系统的总势能，并利用能量判据求其最小值，得到一组关于待定系数的线性齐次方程，最后求出临界载荷。

3) 伽辽金(Galerkin)法

Galerkin 法与 Rayleigh-Ritz 法相同的是，也将挠曲函数表示为含有待定系数的有限级数形式；所不同的是，Galerkin 法不需要一个泛函存在，而直接从微分方程出发，将满足边界条件的挠曲函数代入微分方程，由能量判据得 Galerkin 方程组，通过积分得到关于待定系数的线性齐次方程组，最后求出临界载荷。

4) 有限单元法

有限单元法建立在积分表达法的基础之上，它将结构元件离散为许多子域，每个子域上的挠曲函数用节点上的位移插值得到。然后通过总势能泛函的变分，得到关于节点位移的线性齐次方程组，最后求出临界载荷。

随着计算机的迅速发展与普及，有限单元法在结构分析领域已获得了迅猛的发展，在求解稳定性问题方面形成了许多通用的、成熟的计算程序。如美国的 Nastran 程序、SAP6 程序，以及我国的 HAIJF 程序等，都可用于结构的稳定性分析。

1.4.3　半经验方法

对于某些结构元件的失稳与破坏，完全用理论分析方法求解是非常复杂的。为满足设计需要，通过大量系统实验，总结出简便的设计曲线和经验公式，形成了半经验方法。半经验方法结合实验中得到的数据，给出了经验系数，其计算结果一般具有较高的精度；不仅如此，半经验方法给出的曲线或公式均简便易用，因而深受工程设计人员的欢迎。但是，半经验方法的公式有其特定的使用范围。有些经验公式中经验系数的选取需要设计人员根据经验判断，甚至需要适当做些实验才能恰当使用。

对于一些特定结构及结构元件类型，应用近似方法求解并不方便，甚至非常复杂，而且计算精度较低；而半经验方法有适于各种类型元件的公式和图表，且精度比其他方法(各种近似方法)高，计算简单，易于应用。尤其是对过屈曲问题，用近似方法虽然可解，但相当烦琐；而在半经验方法中，则可用一些简单的公式求解。例如，对于平板的过屈曲问题，就可用式(1.9)求解其破坏应力：

$$\frac{\bar{\sigma}_\mathrm{f}}{\sigma_\mathrm{cr}} = \alpha \left(\frac{\sigma_\mathrm{cy}}{\sigma_\mathrm{cr}} \right)^n \tag{1.9}$$

式中，$\bar{\sigma}_\mathrm{f}$ 为板的破坏应力(MPa)；σ_cy 为板的压缩屈服应力(MPa)；σ_cr 为板的屈服应力(MPa)；α 和 n 为系数，可查图表得到。因此，在工程设计中，半经验方法很实用且最受欢迎。

1.5　结构稳定性理论的发展历程

结构稳定性问题的研究要比力学系统稳定性的研究开展得晚，但比起其他力学分支学科以及物理、化学等其他自然学科中稳定性的研究却要早。下面概略地回顾一下结构稳定性问题的提出背景和理论发展阶段。

春秋末年由齐国人记录手工业技术的官书《周礼·考工记》记载了长杆受轴力作用发生屈

曲的现象，名曰"桡"，这是最早提出的结构稳定性理论。而在西方国家，1644 年 Torricelli 提出重力作用下的物体在重心取最低时才保持稳定的条件，可以看作关于稳定性最早的原理。1788 年 Lagrange 在《分析力学》中将这个原理一般地提为："当保守系统处于势能的严格极小状态时，系统处于稳定平衡。"它是关于平衡状态稳定性最早的一般论述。1744 年 Euler 得到了压杆稳定性的理论解及临界后的大挠度弹性线。但在当时，建筑材料主要为木头和石头，对于这些强度较低的材料，必须使用粗短的构件，因而弹性稳定性问题并不是首要的。因此，Euler 的细长压杆稳定性理论在相当长的时期里没有得到实际应用。

在 20 世纪，由于近代工业兴起，建筑业和航海业蓬勃发展，铁路、钢桥开始大量修建，采用了钢铁等高强度材料，压杆屈曲问题才有了实际意义。与此同时，板壳结构也被大量采用。随着工程部门中若干典型事故的出现，例如，1940 年美国 Tacoma 吊桥在一阵风中被扭断，1965 年英国渡桥电厂几座双曲型冷却塔在风压下坍陷，等等，尤其是第二次世界大战以后，随着航空航天等工业的飞跃发展，以及复合材料、先进合金材料等更高强度材料的采用，人们对板壳结构稳定性的讨论就更为活跃。20 世纪 50 年代末，Hill 关于弹塑性体在有限变形下解的唯一性和稳定性的论述是结构弹塑性稳定理论的基础。在 Euler 之后的两个世纪，由于非线性问题在数学上的困难，力学界解决的都是线性问题，即一个求解本征值的问题。在这一时期，主要是根据线性问题的特征值理论确定结构所能承受的最低临界载荷，随着数学水平的提高和为了满足工业进一步发展的需要，非线性问题才逐步得到解决。

对于相对简单的弹性压杆，一旦精确的平衡条件建立，它的平衡问题的求解、临界载荷的确定，以及屈曲后行为的解决就变得非常容易。Euler 是将后两个问题同时解决的。对于板壳问题，情况就要复杂得多。从它的线性平衡方程的建立到非线性问题的初步提出和解决便花去了多半个世纪，而至今在理论与实际方面仍然存在一批亟待解决的难题。

板壳的非线性问题的研究起步较晚。20 世纪 30 年代，研究者发现圆柱壳的临界载荷实验结果与线性理论预测的结果不符，开始用非线性理论来分析屈曲与后屈曲问题。20 世纪初，Karman 研究出了薄板大挠度方程，随后 Donnell（1932 年）把它推广到薄壳问题。在此基础上，Karman 与钱学森在 1939 年第一次得到了柱壳在某些载荷下的非线性解，并从位移-载荷解曲线上取得了上下临界载荷值。利用这一结果，初步解释了基于线性问题求特征值的方法所得到的临界载荷远高于实验结果的矛盾。

值得指出的是，1945 年荷兰力学家 Koiter 第一次对结构屈曲后的行为进行了一般性研究，他还对临界状态的类型进行了简单的分类，这是对弹性系统定性分类的开始。在此阶段，由于计算技术的限制，对弹性系统非线性问题的求解，基本上是用摄动法在少数临界点附近作小参数展开，然后对其邻域中系统的行为进行讨论。而一般的非线性解法则是在 20 世纪五六十年代，随着电子计算机技术的发展才发展起来的。

用动力学观点对弹性系统稳定性进行研究基于两个方面：在理论上，基于对非保守力或随时间周期变化的外力作用下平衡状态稳定性问题的讨论；在实际上，基于 20 世纪 40 年代航空中颤振现象的发现以及机械工程、电子工程中各种参数激励的非线性随动现象的发现与研究。1956 年 Zeigler 列举了一个在随动载荷作用下的压杆，用静力学判据是稳定的而按动力学观点则是不稳定的例子，说明了当外力为非保守力时，即使是研究弹性系统的平衡稳定性，也必须按动力学观点来讨论。何况有一些载荷本身就是时间的变量，更需要考虑其系统的惯性性质。弹性系统动力稳定性的研究便是在这种背景下展开的。弹性系统的分岔概念在同一时期也得到了发展，人们不仅考虑静分岔问题，也考虑某些动分岔问题；不仅考虑一次分岔问题，也考虑再分岔问题。应当说，Poincare 开创的常微分方程定性理论的研究方向对人们认识动力系统稳定性与失稳的临界现象、分岔现象起了理论上的指导作用。吸引子的概念、Hopf 分岔现象的发现、向量场在奇异点附近的拓扑分类等的讨论都是这方面的重要成果。它们都或多或少地被应用于有限自由度弹性系统稳定性的研究中，例如，Zeeman（1977 年）、Thompson（1975 年）等就相继将 Smale（1967 年）、Thom（1975 年）、Arnold（1975 年）等提出和发展的对有限自由度系统进行奇异性分类的初等突变理论应用于离散的弹性系统中。

　　将弹性系统看作无限自由度或连续系统来讨论是近三四十年的事情。大多数工程中的弹性构件实际上接近于连续体。在 20 世纪 50 年代以前，人们虽也曾直接处理过这类构件的稳定性问题，但在绝大多数情形下，人们还是采用直接法或能量法将它简化为少量几个自由度的问题来处理。60 年代以后，人们将动力稳定性概念用于研究连续的流体、固体的稳定性问题。国际上出现了一批总结这方面成果的专著与论文，如 Leipholz（1971 年）用推广的李雅普诺夫（Liapunov）直接法解弹性连续系统的不稳定性的书籍，以及 IUTAM 关于连续力学中稳定性的会议文集（1982 年）等。当然，这方面的工作还仅仅是初步的，亟待人们在这一领域继续深入地开展工作。

第 2 章 结构稳定的提法与判据

力学系统稳定性概念是对一个运动或平衡状态而言的。考虑当给定的平衡状态或运动状态受一微小扰动后,系统是恢复到它原来的状态还是趋向于离开它原来的状态,前者称为运动或平衡稳定,后者称为不稳定。对于稳定性的提法随着历史的发展也在不断变化。在本章中,将讨论静力稳定性、动力稳定性及相应的判据。

2.1 静力稳定性及判定方法

2.1.1 静力稳定性的概念

设有一个具有 n 个自由度的静力系统,其广义坐标为 $x = (x_1, x_2, \cdots, x_n)$。由虚功原理可知,系统处于平衡状态的充分必要条件是

$$Q \cdot \delta x = \sum Q_i \delta x_i = 0 \tag{2.1}$$

式中,$Q = (Q_1, Q_2, \cdots, Q_n)$ 是系统的广义力;δx 是广义虚位移(满足约束条件的可能位移)。由于广义虚位移不为 0,由式 (2.1) 可进一步推知,系统处于平衡状态的充分必要条件是

$$Q_i = 0 \quad (i = 1, 2, \cdots, n) \tag{2.2}$$

设 x^0 是满足式 (2.2) 的一个平衡状态,现在考察它是否是一个静力学上稳定的平衡状态。为此,须考察在 x^0 附近的另一个状态 $x^0 + \delta x$。一般来说,这时系统不一定满足平衡条件,即系统受到了一个不为零的广义力改变量 $\delta Q = Q(x^0 + \delta x) - Q(x^0)$ 的作用。直观上看,一个系统离开平衡状态后所受的广义力改变量将指向平衡状态,显然系统趋于恢复到原始的平衡状态时,所受到的外力是指向平衡位置的。对于单自由度系统,这表示了广义力和广义位移的改变量反向,即 $\delta Q \delta x < 0$。

对于具有 n 个自由度的系统,用 R^n 表示 n 维欧氏空间,如果对于任意广义位移的改变量 δx,都有

$$\delta Q \cdot \delta x = \sum_{i=1}^{n} \delta Q_i \delta x_i < 0, \quad \forall \delta x \in R^n \ (\delta x \neq 0) \tag{2.3}$$

则称**系统在平衡状态 x^0 稳定**,或称 x^0 是系统的稳定平衡状态。如果存在某个广义位移改变量 δx^* 使得

$$\delta Q^* \cdot \delta x^* = \sum_{i=1}^{n} \delta Q_i^* \delta x_i^* > 0 \tag{2.4}$$

则称**系统在平衡状态 x^0 不稳定**。如果存在某个广义位移改变量 δx^* 使得

$$\delta Q^* \cdot \delta x^* = \sum_{i=1}^{n} \delta Q_i^* \delta x_i^* = 0 \tag{2.5}$$

且没有一个 δx 使得式 (2.4) 成立,则称**系统在 x^0 处于临界平衡状态**。

上述关于稳定、不稳定和临界状态的定义有着十分明显的物理意义。若以

$$A = \delta Q \cdot \delta x \tag{2.6}$$

表示广义力改变量 δQ 在广义位移改变量 δx 上所做的功，那么式(2.3)表明广义力 δQ 在任意广义位移改变量 δx 上做负功，而只有外力做正功时系统才能改变原来的状态，因此，这时系统受扰动后总是趋于恢复到 x^0 的位置。式(2.4)表示广义力 δQ^* 在其相应的某个方向的广义位移改变量 δx^* 上做正功，使系统趋于沿 δx^* 方向离开平衡状态 x^0。当式(2.5)成立时，表明广义力 δQ^* 在某个广义位移改变量 δx^* 上做的功为零，因而使系统沿这个方向具有随遇平衡的性质。

2.1.2　静力学判据

由以上静力稳定性的定义可知，式(2.3)和式(2.4)不仅分别给出了平衡状态 x^0 是稳定的或不稳定的定义，也分别给出了判定平衡状态 x^0 是稳定的或不稳定的充分必要条件。式(2.5)则给出了 x^0 处于临界平衡状态的充分必要条件。

现在，假定 Q_i 可微，那么 Q_i 在平衡位置 x^0 邻域内改变量的主要部分可写为

$$\delta Q_i = \sum_{i=1}^{n} \frac{\partial Q_i}{\partial x_j}\Big|_{x^0} \delta x_j \quad (j = 1, 2, \cdots, n) \tag{2.7}$$

于是

$$A = \sum_{i=1}^{n} \sum_{j=1}^{n} \frac{\partial Q_i}{\partial x_j}\Big|_{x^0} \delta x_i \delta x_j \tag{2.8}$$

如果系统在 x^0 处于稳定状态，则由式(2.3)得到的二次型式(2.8)对任意 $\delta x \neq 0$ 永远小于零，即式(2.8)所对应的矩阵 $\left[\dfrac{\partial Q_i}{\partial x_j}\right]_{x^0}$ 是负定矩阵。于是得到在 Q_i 可微的条件下判定系统在 x^0 处于稳定状态的充分必要条件是：矩阵 $\left[\dfrac{\partial Q_i}{\partial x_j}\right]_{x^0}$ 是负定矩阵。这个矩阵为负定的条件是其主子式具有负正相间的符号，即

$$
\begin{cases}
\Delta_1 = \dfrac{\partial Q_1}{\partial x_1}\Big|_{x^0} < 0 \\[2mm]
\Delta_2 = \begin{vmatrix} \dfrac{\partial Q_1}{\partial x_1} & \dfrac{\partial Q_1}{\partial x_2} \\[2mm] \dfrac{\partial Q_2}{\partial x_1} & \dfrac{\partial Q_2}{\partial x_2} \end{vmatrix} > 0 \\[4mm]
\vdots \\[2mm]
\Delta_n = (-1)^n \left| \left[\dfrac{\partial Q_i}{\partial x_j} \right]_{x^0} \right| < 0
\end{cases}
\tag{2.9}
$$

相应地，如果系统在 x^0 处于临界平衡状态，则有非零 δx^* 存在，并使得

$$A = \sum_{i=1}^{n} \sum_{j=1}^{n} \frac{\partial Q_i}{\partial x_j}\Big|_{x^0} \delta x_i^0 \delta x_j^0 = 0 \tag{2.10}$$

　　系统从稳定状态到不稳定状态过渡要经过临界状态，在此状态下，以任意不同于 δx^* 方向的 δx 代入式(2.8)均有 A 小于零，而当以 δx^* 代入时，式(2.8)等于零，即式(2.10)成立。这就说明它的充分必要条件是：沿 δx^* 有

$$\sum_{i=1}^{n}\frac{\partial Q_i}{\partial x_j}\bigg|_{x^0}\delta x_j^0 = 0 \quad (j=1,2,\cdots,n) \tag{2.11}$$

这是一个包含 δx_j^* 的线性方程组。因为 δx^* 是非零向量，所以式(2.11)成立的必要条件是其系数行列式等于零，即

$$\det\left[\frac{\partial Q_i}{\partial x_j}\right]_{x^0}=0 \tag{2.12}$$

这就是系统在 x^0 处于临界状态的**临界条件**。如果系统含有参数 λ，则式(2.12)就是包含参数 λ 的**特征方程**。由这个特征方程所确定的 λ 值就称为临界值，而相应的特征向量 δx^* 称为**随遇平衡方向**。

　　应当补充说明的是，式(2.11)成立时，有时并不确定系统是否处于真正的临界状态，即在此状态下系统可以是稳定或不稳定的。原因是式(2.10)只是用了 Q_i 的一阶微分 $\mathrm{d}Q_i$ 来近似改变量 δQ_i，在某些实际问题中，可能沿扰动方向 δx^* 有 $\mathrm{d}Q_i$ 为零，因而 Q_i 的高阶微分将起主要作用。这时，由式(2.10)与式(2.11)就不能判定系统是否真正处于临界状态，而需要从稳定性定义及临界条件(2.3)~临界条件(2.5)来直接判定。

　　总体来说，本节进一步给出了分别判定系统在 x^0 状态下是稳定的还是处于临界状态的判定条件式(2.9)和式(2.12)，不满足这两者的系统便处于不稳定状态。

　　根据以上给出的原则，通过以下几个实例来说明。

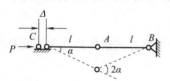

图 2.1　承受轴向力的铰

　　例 2.1　如图 2.1 所示，两刚性杆在 A 处铰接，B 处铰支，C 处为简单滚动支承，沿杆轴作用力 P。讨论如图 2.1 所示的平衡状态的稳定性。

　　引入图 2.1 中所示的角 α 为广义位移，Δ 表示在力 P 作用下 C 点沿轴向的位移。显然，$\alpha=0$ 时，是系统的一个平衡位置。

　　在广义位移 α 上外力所做的功为

$$P\Delta = 2P(l-l\cos\alpha) = 4Pl\sin^2\frac{\alpha}{2}$$

在 $\alpha=0$ 附近，广义力的改变量 δQ 在广义位移微扰动 $\delta\alpha$ 上做的功为

$$\delta Q\delta\alpha = 4Pl\sin^2\frac{\delta\alpha}{2}$$

当 $\delta\alpha$ 较小时，$\sin\dfrac{\delta\alpha}{2}=\delta\alpha/2$，因而有

$$\delta Q\delta\alpha = Pl(\delta\alpha)^2$$

　　根据静力学判据，当上式小于零时平衡状态是稳定的，当上式大于零时平衡状态是不稳定的。这就是说，当 $P<0$ 时，即外力 P 为拉力时系统是稳定的；反之当 $P>0$ 时，即 P 为压力时系统是不稳定的；当 $P=0$ 时，系统处于临界状态。这一结论恰与我们的经验相符。

例 2.2　自重作用下铰支于固定点的直杆如图 2.2 所示。

引入广义位移 θ，广义力是相对于铰支点 O 的外力矩：
$Q = mga\sin\theta$。式中，m 为杆的质量，g 为重力加速度，a 为杆的重心到 O 点的距离，所以

$$\frac{\partial Q}{\partial \theta} = mga\cos\theta$$

得到相应于式（2.8）的二次型是

$$A = mga\cos\theta(\delta\theta)^2$$

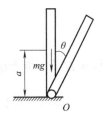

图 2.2　自重作用下的铰支杆

显然 $\theta = 0$、$\theta = \pi$ 分别是系统的两个平衡位置。当 $\theta = 0$ 时，$A > 0$，可知 $\theta = 0$ 是一个不稳定平衡位置；而 $\theta = \pi$ 时，$A < 0$，则 $\theta = \pi$ 是一个稳定平衡位置，此时杆呈静止悬挂状态；而 $\theta = 0 \sim \dfrac{\pi}{2}$ 或 $\theta = \dfrac{3\pi}{2} \sim 2\pi$ 时，$A > 0$，可知 $\theta = 0 \sim \dfrac{\pi}{2}$ 或 $\theta = \dfrac{3\pi}{2} \sim 2\pi$ 也是不稳定平衡位置。

2.2　能　量　判　据

讨论系统的广义力是有势的情形，设 Π 为系统力场的势能，它是广义位移 $x_1, x_2, \cdots, x_n$ 的函数。它与广义力的关系为

$$\delta Q_i = -\frac{\partial \Pi}{\partial x_i} \quad (i = 1, 2, \cdots, n) \tag{2.13}$$

如果用 Q_i 的一阶微分来近似表示广义力的改变量 δQ_i，有

$$\delta Q_i = -\sum_{j=1}^{n} \frac{\partial^2 \Pi}{\partial x_i \partial x_j} \delta x_j \quad (i = 1, 2, \cdots, n)$$

将它代入式（2.3），得

$$\delta Q \cdot \delta x = -\sum_{i=1}^{n}\sum_{j=1}^{n} \frac{\partial^2 \Pi}{\partial x_i \partial x_j} \delta x_j \delta x_i < 0, \quad \forall \delta x \in R^n \quad (\delta x \neq 0)$$

即

$$-\sum_{i=1}^{n}\sum_{j=1}^{n} \frac{\partial^2 \Pi}{\partial x_i \partial x_j} \delta x_j \delta x_i < 0 \tag{2.14}$$

成立时平衡是稳定的。上述系统的稳定性条件可以表述为定理 2.1。

定理 2.1（Lagrange 定理）　系统在 $x = (x_1, x_2, \cdots, x_n)$ 状态下势能取严格极小的充分必要条件是，系统在该状态下处于平衡，且按静力学判据判定该平衡是稳定的。

事实上，如果 Π 在 $x = (x_1, x_2, \cdots, x_n)$ 状态下取极小，必在这点有

$$\frac{\partial \Pi}{\partial x_i}\Big|_x = 0 \quad (i = 1, 2, \cdots, n) \tag{2.15}$$

而这正好是平衡条件 $Q_i = 0$ $(i = 1, 2, \cdots, n)$。它等价于

$$\mathrm{d}\Pi = \sum_{i=1}^{n} \frac{\partial \Pi}{\partial x_i} \delta x_i = 0 \tag{2.16}$$

势能 Π 在 x 取严格极小为

$$\delta\Pi = \Pi(x + \delta x) - \Pi(x) = \int_x^{x+\delta x} \sum_i \left(\frac{\partial \Pi}{\partial x_i} - \frac{\partial \Pi}{\partial x_i}\Big|_x \right) \mathrm{d}x_i = -\int_x^{x+\delta x} \delta Q \cdot \delta x > 0$$

由于 δx 的任意性，显然上面的不等式之和与

$$\delta Q \cdot \delta x < 0$$

是等价的，而后者正是静力学判据下的稳定性条件。这就证明了 Lagrange 定理。

　　Lagrange 定理给出的稳定性条件比起式 (2.14) 用二次型给出的稳定性条件来说更广泛。但在大多数情形下，由式 (2.14) 即可得到足够满意的结果，而且应用起来也比较简单。由式 (2.14) 得出系统势能的黑赛 (Hessian) 矩阵为

$$H = \left[\frac{\partial^2 \Pi}{\partial x_i \partial x_j} \right] \tag{2.17}$$

式 (2.17) 是正定矩阵，则系数是稳定平衡的。而式 (2.17) 为正定矩阵的充分必要条件是它的各阶主子式恒大于零。

　　对于广义力有势的情形，静力学中关于临界条件的式 (2.12) 变为

$$\det[H] = 0 \tag{2.18}$$

即势能的 Hesse 矩阵是退化的，这就是外力场有势情况下的临界条件。当然，如同 2.1.2 节中讨论的那样，在有些时候它还不能确定系统是否真正处于随遇平衡状态，也可能是稳定的或不稳定的平衡，这有赖于对 Π 的高阶微分式的讨论。

　　同样，2.1.1 节中关于不稳定平衡的条件 (2.4) 也可以用势能表示为：如果存在某个扰动量 δx^* 使

$$\sum_{i=1}^{n} \sum_{j=1}^{n} \frac{\partial^2 \Pi}{\partial x_i \partial x_j} \delta x_j^* \delta x_i^* < 0 \tag{2.19}$$

则系统的平衡是不稳定的。

　　运用 Lagrange 定理，对比式 (2.14) 与式 (2.19)，可以得到更一般的关于系统稳定或不稳定的判定条件。

　　如果系统的势能 Π 是足够光滑的，在平衡状态附近 Π 的改变量可以表示为

$$\delta\Pi = \mathrm{d}\Pi + \frac{1}{2!}\mathrm{d}^2\Pi + \cdots + \frac{1}{m!}\mathrm{d}^m\Pi + \cdots$$

则当其第一个不为零的项 $\mathrm{d}^k\Pi$ 的 k 为奇数时，系统的平衡是不稳定的。而当 k 为偶数时，若 $\mathrm{d}^k\Pi > 0$，则系统的平衡是稳定的；若 $\mathrm{d}^k\Pi < 0$，则系统的平衡是不稳定的。

　　应当说，在系统的广义力是有势的情形下，对于保守的静力学系统，静力学判据与能量判据是等价的。

下面举例说明能量判据的具体应用。

例 2.3　球摆平衡的稳定性。

如图 2.3 所示，质点约束在半径为 R 的球面上。在重力场的作用下，显然，质点在 O 点 $(x,y,z)=(0,0,0)$ 和 B 点 $(x,y,z)=(0,0,2R)$，即质点在球的最低点与最高点处于平衡位置。质点所受重力场的势能为 $U=mgz$，很明显，当约束在球面上的质点处于球的最低点 O 时 z 最小，因而这时 U 取严格极小。根据 Lagrange 定理，质点在 O 处的平衡是稳定的。当质点处于球的最高点 B 时，势能 U 取极大。这时，当质点受扰动后势能的改变量小于零。因而按照式 (2.19)，质点在 B 处的平衡不稳定。

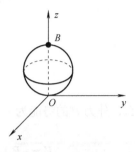

图 2.3　球摆

例 2.4　如图 2.4(a) 所示，以 R 为半径的大球内有一重量为 Q、半径为 r 的小球，小球上有一铅直力 P。已知各处接触皆光滑，试求系统处于稳定平衡的条件。

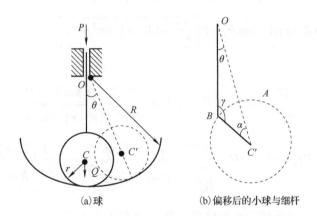

(a) 球　　　　　　　　(b) 偏移后的小球与细杆

图 2.4　小球平衡系统

设小球的球心由 C 移动到 C'，对应在大球内移动了一个偏角 θ，取 θ 为系统的广义位移。由于偏角 θ，小球的球心 C 在铅直方向向上移动了 $(R-r)(1-\cos\theta)$，因此小球在 C' 处的势能变为

$$U=Q(R-r)(1-\cos\theta)$$

而当小球球心沿大球偏转 θ 角时，刚性细杆铅直向下的位移为

$$\Delta=OB-(R-2r)$$

在 $\triangle OBC'$ 中（图 2.4(b)）应用正弦定理，有

$$\frac{\sin\theta}{r}=\frac{\sin\gamma}{R-r}=\frac{\sin\alpha}{OB}$$

故

$$\sin\gamma=\left(\frac{R}{r}-1\right)\sin\theta,\quad \cos\gamma=-\sqrt{1-\left(\frac{R}{r}-1\right)^2\sin^2\theta},\quad OB=\frac{\sin\alpha}{\sin\theta}r$$

由

$$\sin\alpha = \sin\left[\pi-(\gamma+\theta)\right] = \sin\gamma\cos\theta + \cos\gamma\sin\theta$$

有

$$OB = \left[\left(\frac{R}{r}-1\right)\cos\theta - \sqrt{1-\left(\frac{R}{r}-1\right)^2\sin^2\theta}\right]r$$

那么，外力 P 的势能为

$$V = -P\Delta = P\left\{R-2r+\left[\sqrt{1-\left(\frac{R}{r}-1\right)^2\sin^2\theta}-\left(\frac{R}{r}-1\right)\cos\theta\right]r\right\}$$

系统的总势能为

$$\Pi = U + V = Q(R-r)(1-\cos\theta) + P\left[R-2r+\sqrt{r^2-(R-r)^2\sin^2\theta}-(R-r)\cos\theta\right]$$

$$= (P+Q)(R-r)(1-\cos\theta) + P\left[\sqrt{r^2-(R-r)^2\sin^2\theta}-r\right]$$

并且

$$\frac{\mathrm{d}\Pi}{\mathrm{d}\theta} = (Q+P)(R-r)\sin\theta - \frac{P(R-r)^2\sin\theta\cos\theta}{\sqrt{r^2-(R-r)^2\sin^2\theta}}$$

$$\frac{\mathrm{d}^2\Pi}{\mathrm{d}\theta^2} = (Q+P)(R-r)\cos\theta - \frac{P(R-r)^4\sin^2\theta\cos^2\theta}{\sqrt{\left[r^2-(R-r)^2\sin^2\theta\right]^{3/2}}} - \frac{P(R-r)^2\cos 2\theta}{\left[r^2-(R-r)^2\sin^2\theta\right]^{1/2}}$$

由 $\dfrac{\mathrm{d}\Pi}{\mathrm{d}\theta}=0$，可知 $\theta=0$ 是系统的平衡位置。将 $\theta=0$ 代入上式得

$$\frac{\mathrm{d}^2\Pi}{\mathrm{d}\theta^2}\bigg|_{\theta=0} = (Q+P)(R-r) - \frac{P(R-r)^2}{r}$$

根据 Lagrange 定理，若系统在 $\theta=0$ 处于稳定平衡状态，必须满足 $\dfrac{\mathrm{d}^2\Pi}{\mathrm{d}\theta^2}\bigg|_{\theta=0}>0$，即要求

$$Q+P > P\left(\frac{R}{r}-1\right)$$

即 $Q>P\left(\dfrac{R}{r}-2\right)$，这就是系统在平衡位置 $\theta=0$ 处于平衡的条件。

例 2.5 如图 2.5 所示，长为 L、宽为 a 的立柱，两端受外力载荷 P 作用，求立柱的临界载荷。

对于立柱，当外力作用时，外力沿其作用方向位移，立柱产生变形。外力降低了位能，即外力做功，称为外功。立柱积蓄了应变能，称为储能，即应力所做的功，又称内功。设以 U_e 代表外功，U_i 代表内功。U_i 包括两种储能：一种是由于立柱的缩短；另一种是由于立柱的弯

曲。当 $U_i > U_e$ 时，由于弯曲所增加的内功，大于 P 位移所做的外功，若没有侧力维持弯曲形状，则立柱必然恢复直形，即如图 2.5(a) 所示的稳定状态。

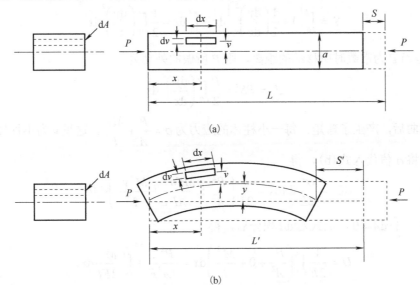

图 2.5　两端受力作用的立柱

若 $U_i < U_e$，由于 P 位移所做的外功，大于立柱弯曲所做的内功，则立柱继续弯曲不止，就呈不稳定状态。若 $U_i = U_e$，就呈中立状态，即临界状态。因为立柱在临界状态前是直的，只缩短而不弯曲，到临界状态才弯曲，储能可分别计算，即一部分是由于缩短；另一部分是由于弯曲，如图 2.5(b) 所示。

由图 2.5(a) 来看，$P = \dfrac{SAE}{L}$，外功为

$$U_e = \int_0^s \left(\frac{SAE}{L}\right) \mathrm{d}s = \frac{P^2 L}{2AE} \tag{a}$$

式中，E 为材料的弹性模量。就内功来说，可将立柱分为很多长为 $\mathrm{d}x$、剖面积为 $\mathrm{d}A$ 的小柱，其应力为 σ，则小柱的缩短量为 $\sigma \mathrm{d}x / E$，其平衡力为 $\sigma \mathrm{d}A$，其储能为

$$\mathrm{d}U_i = \frac{\sigma^2 \mathrm{d}x \mathrm{d}A}{2E} \tag{b}$$

将上式积分，得全部储能为

$$U = \int_0^s \mathrm{d}A - \int_0^s \mathrm{d}x \tag{c}$$

可知，内功与外功相等，符合功能守恒原理。再就图 2.5(b) 来看，设中心线的方程以 $y = \varphi(x)$ 表示，则

$$S' = \int_0^L \mathrm{d}s - \int_0^L \mathrm{d}x$$

这里

$$\mathrm{d}s = \left(\mathrm{d}x^2 + \mathrm{d}y^2\right)^{1/2} = \mathrm{d}x \left[1 + \frac{1}{2}\left(\frac{\mathrm{d}y}{\mathrm{d}x}\right)^2 + \cdots\right]$$

如果将 $\dfrac{\mathrm{d}y}{\mathrm{d}x}$ 高于二次的项略去，则

$$S' = \int_0^L\left[1+\frac{1}{2}\left(\frac{\mathrm{d}y}{\mathrm{d}x}\right)^2\right]\mathrm{d}x - \int_0^L \mathrm{d}x = \frac{1}{2}\int_0^L\left(\frac{\mathrm{d}y}{\mathrm{d}x}\right)^2\mathrm{d}x$$

式中，S' 是当 P 为常数时所移动的距离，则 P 所做的外功为

$$U_{\mathrm{e}} = PS' = \frac{P}{2}\int_0^L\left(\frac{\mathrm{d}y}{\mathrm{d}x}\right)^2\mathrm{d}x$$

立柱弯曲后，产生了弯矩，每一小柱体的应力为 $\sigma = \dfrac{P}{A}+\dfrac{Mv}{I}$。这里 v 为小柱体到立柱中层的距离。将 σ 值代入式(b)，得

$$\mathrm{d}U_{\mathrm{i}} = \frac{\sigma^2}{2E}\mathrm{d}A\mathrm{d}x = \frac{1}{2E}\left(\frac{P^2}{A^2}+\frac{2PMv}{AI}+\frac{M^2v^2}{I^2}\right)\mathrm{d}A\mathrm{d}x$$

因 $\int v^2\mathrm{d}A = I$，$\int v\mathrm{d}A = 0$，上式对 $\mathrm{d}A$ 积分后，得

$$U = \frac{1}{2E}\int_0^L\left(\frac{P^2}{A^2}+0+\frac{M^2}{I}\right)\mathrm{d}x = \frac{P^2L}{2A^2E}+\int_0^L\frac{M^2}{2EI}\mathrm{d}x$$

将上式与式(c)比较，右边最后一项是由于立柱弯曲所做的内功，使整个内功和外功相等，得

$$\frac{PS}{2}+PS' = \left[\frac{P^2L}{2A^2E}+\frac{P}{2}\int_0^L\left(\frac{\mathrm{d}y}{\mathrm{d}x}\right)^2\mathrm{d}x\right]_{外功} = \left[\frac{P^2L}{2A^2E}+\int_0^L\frac{M^2\mathrm{d}x}{2EI}\right]_{内功}$$

使上式成立的条件为

$$\frac{P}{2}\int_0^L\left(\frac{\mathrm{d}y}{\mathrm{d}x}\right)^2\mathrm{d}x = \int_0^L\frac{M^2\mathrm{d}x}{2EI} \tag{d}$$

因 y 与 L 相比，其值很小，$\dfrac{M}{EI}$ 可用 $\dfrac{\mathrm{d}^2y}{\mathrm{d}x^2}$ 来代替，则式(d)可写成

$$\frac{P}{2}\int_0^L\left(\frac{\mathrm{d}y}{\mathrm{d}x}\right)^2\mathrm{d}x = \frac{EI}{2}\int_0^L\left(\frac{\mathrm{d}^2y}{\mathrm{d}x^2}\right)^2\mathrm{d}x \tag{e}$$

以上条件适合与否，纯是曲线形状的设置问题。当所设置的曲线与立柱的实际中心曲线完全符合时，就能得到完全正确的答案。事实上即使所设置的曲线和实际不太符合，误差也很小，这是能量法的价值所在。立柱实际弯曲情形有时很复杂，仍可以设置一个符合边界条件的近似曲线，以得到近似答案。两端铰接的理想立柱的实际曲线是一条正弦曲线。包括钣金立柱在内的各种失稳曲线，多近似地用正弦曲线表示，因为正弦曲线在运算上容易处理。

对于图 2.5(b)所示的弯曲形状，设其曲线为

$$y = \delta\sin\left(\frac{\pi x}{L}\right)$$

则

$$\frac{\mathrm{d}y}{\mathrm{d}x} = \frac{\pi\delta}{L}\cos\frac{\pi x}{L}$$

上式适合边界条件：当 $x = \dfrac{L}{2}$ 时，$\dfrac{\mathrm{d}y}{\mathrm{d}x} = 0$。

又

$$\frac{M}{EI} = \frac{\mathrm{d}^2 y}{\mathrm{d}x^2} = -\frac{\pi^2 \delta}{L^2} \sin \frac{\pi x}{L}$$

上式仍适合 $x = 0$ 与 $x = L$ 时，$M = 0$ 的边界条件。将上值代入式 (d) 和式 (e) 中，得

$$U_e = \frac{P}{2} \int_0^L \frac{\pi^2 \delta^2}{L^2} \cos^2 \left(\frac{\pi x}{L} \right) \mathrm{d}x = \frac{P \pi^2 \delta^2}{2L^2} \int_0^L \left(\frac{1}{2} + \frac{1}{2} \cos \frac{2\pi x}{L} \right) \mathrm{d}x = \frac{P \pi^2 \delta^2}{4L^2}$$

$$U_i = \frac{EI}{2} \int_0^L \left(\frac{\pi^2 \delta}{L^2} \sin \frac{\pi x}{L} \right)^2 \mathrm{d}x = \frac{EI \pi^4 \delta^2}{2L^4} \int_0^L \sin^2 \left(\frac{\pi x}{L} \right) \mathrm{d}x = \frac{EI \pi^4 \delta^2}{4L^4}$$

使 $U_i = U_e$，得 $P_{cr} = \dfrac{\pi^2 EI}{L^2}$，与用微分平衡方程法求得的答案相同，说明所设置的曲线是正确的。

内外功对 δ 的变化，求得如下：

$$\frac{\partial U_e}{\partial \delta} = \frac{P \pi^2 \delta}{2L^2}, \quad \frac{\partial U_i}{\partial \delta} = \frac{EI \pi^4 \delta}{2L^4} = \frac{P_{cr} \pi^2 \delta}{2L^2}$$

当 $P < P_{cr}$ 时，内功的增加率大于外功的增加率，若无侧力存在，则立柱必恢复直立状态。当 $P > P_{cr}$ 时，内功的增加率小于外功的增加率，即使没有侧力存在，立柱也要继续弯曲。当 $P = P_{cr}$ 时，两者的增加率相等，在什么位置都是平衡的，故属于中立状态，即临界状态。

2.3　动力稳定性及判定方法

2.3.1　动力稳定性的概念

前面对稳定性问题给出了两种提法，并讨论了相应的稳定性判据。这两种提法及其相应的判据，具有简单明了的意义。但是它们也有一定的局限性，一方面它们只能处理平衡状态的稳定性，另一方面判据不够完备。在某些情况下，当采用静力学判据时，应当十分小心。例如，在研究随动载荷作用下的压杆稳定性问题时发现，其平衡状态按静力学观点是稳定的而按动力学观点却是不稳定的。这说明即使是讨论平衡状态的稳定性，仅用静力学观点也是不够的。下面先举一个简单例子，来说明将稳定性的提法及判据加以推广，即讨论动力稳定性的必要性。

例 2.6　处于原点的质点如图 2.6 所示。其质量为 1，在 x 轴上所受的外力是

$$f(x) = \begin{cases} 0 & (x = 0) \\ -2\,\mathrm{sgn}\,x + \phi(\dot{x}) & (x \neq 0) \end{cases}$$

式中

$$\phi(\dot{x}) = \begin{cases} -\mathrm{sgn}\,\dot{x} & (\dot{x} = 0) \\ \mathrm{sgn}\,\dot{x} & (\dot{x} \neq 0) \end{cases}$$

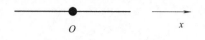

图 2.6　受水平力的质点

显然，质点在原点处平衡。质点朝着离开原点的方向运动时受一指向原点的力的作用，力的大小为 1。质点朝着原点的方向运动时受一指向原点、大小为 3 的力作用。因而在原点附近总有 $\delta f \delta x < 0$ 成立，根据静力学判据，系统在原点的平衡稳定。

现在，设质点在原点有一个任意小的扰动位移 $x = \varepsilon > 0$，初速度为零。这时质点受 -3 的力作用，质点将向着原点运动，当质点回到原点时系统的能量方程为

$$\frac{1}{2}\dot{x}_0^2 = 3\varepsilon$$

式中，$\dot{x}_0$ 表示质点在原点的速度。质点继续离开原点往左运动，令运动到 x_1 处时 $\dot{x}_1 = 0$，x_1 即为质点向左所到达的最远点。由能量方程

$$x_1 \cdot 1 = \frac{1}{2}\left(\dot{x}_1^2 - \dot{x}_0^2\right)$$

得

$$x_1 = -\frac{1}{2}\dot{x}_0^2 = -3\varepsilon$$

同理，质点再向右运动，经过原点抵达最右边速度为零的点 x_2 时，$x_2 = 3 \times (3\varepsilon) = 3^2 \varepsilon$。来回 n 次后，质点距原点 $3^n \varepsilon$。也就是说，无论 ε 如何小，只要 n 充分大，总可以达到离原点充分远处。这样的平衡自然不稳定，这与静力学判据的结论截然相反。

从牛顿(Newton)力学来看，质点受力的方向和质点速度的方向是两回事，它们完全可以不重合，甚至是完全相反的方向。例 2.6 中，质点离开平衡点时受到的力虽然指向平衡点，但每通过一次平衡点，质点便获得更大的动能。静力学判据忽略了质点的惯性，把力的方向和质点运动的方向当作一回事，才导致了例 2.6 中在所谓稳定的状态下，出现了质点受任何微小扰动便可以离开平衡点到达任意远的荒谬结果。

例 2.6 说明，单凭质点离开平衡点受力的方向来判断平衡是否稳定，在某些情况下是不够的。尽管在许多场合下仍然可以由它得到有用的结果，但必须引入更为精确的稳定性提法及相应的判据，这就是动力稳定性的问题。

例 2.7　承受纵向压力的 Euler 压杆如图 2.7 所示。

设杆的横向挠度为 w，基于动力学原理，列出其运动方程为

$$\frac{\partial^4 w}{\partial x^4} + \beta \frac{\partial^2 w}{\partial x^2} + \alpha \frac{\partial^2 w}{\partial t^2} = 0$$

式中，$\beta = \dfrac{P}{EJ}$；$\alpha = \dfrac{m}{EJ}$；EJ 为杆的抗弯刚度；m 为杆的线密度；杆长 l 设为 1。

边界条件为

$$w = 0，\frac{\partial^2 w}{\partial x^2} = 0 \quad（x = 0 \text{ 和 } x = 1）$$

显然，$w \equiv 0$ 是系统的一个平衡状态，下面讨论它的稳定性。

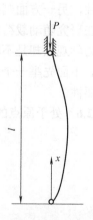

图 2.7　纵向受力的 Euler 压杆

取尺度为

$$\rho_0 = \sup\left|\frac{\partial^2 w}{\partial x^2}\right| + \sup\left|\frac{\partial w}{\partial t}\right|$$

Movchan-Liapunov 泛函分析为

$$V = c\int_0^1\left[\left(\frac{\partial^2 w}{\partial x^2}\right)^2 - \beta\left(\frac{\partial w}{\partial x}\right)^2 + \alpha\left(\frac{\partial w}{\partial t}\right)^2\right]dx$$

式中，c 为正常数。按照静力稳定性方程

$$\frac{d^4 w}{dx^4} + \lambda\frac{\partial^2 w}{\partial t^2} = 0$$

以及两端简支边界条件，可求得上述方程的最小特征值均是 $\lambda = x^2$，且有下列不等式成立：

$$\lambda\int_0^1\left(\frac{\partial w}{\partial x}\right)^2 dx \leqslant \int_0^1\left(\frac{\partial^2 w}{\partial x^2}\right)^2 dx \Rightarrow \lambda\int_0^1 w^2 dx \leqslant \int_0^1\left(\frac{\partial w}{\partial x}\right)^2 dx$$

这两个不等式的证明可参阅 Fihdgeingolts 著的《微积分学教程》一书。

利用以上不等式，有

$$V \geqslant c\int_0^1\left[(\lambda-\beta)\left(\frac{\partial w}{\partial x}\right)^2 + \alpha\left(\frac{\partial w}{\partial t}\right)^2\right]dx \geqslant c(\lambda-\beta)\int_0^1\left(\frac{\partial w}{\partial x}\right)^2 dx \geqslant c(\lambda-\beta)\rho^2$$

与

$$V = c\int_0^1\left[\left(\frac{\partial^2 w}{\partial x^2}\right)^2 + \alpha\left(\frac{\partial w}{\partial t}\right)^2\right]dx \leqslant c\left(\sup\left|\frac{\partial^2 w}{\partial x^2}\right|^2 + \alpha\sup\left|\frac{\partial w}{\partial t}\right|^2\right) \leqslant c_1\rho_0^2$$

式中，β 是正常数；$c_1 = \max(1,\alpha)$；c 也是正常数。由此可知 ρ 是 t 的连续函数且有界，由

$\rho^2 < c_2\rho_0^2\left(c_2 > \frac{c_1}{c(\lambda-\beta)} = \frac{\max(1,\alpha)}{c(\lambda-\beta)} > 0,\text{当}\lambda > \beta \text{时}\right)$ 可知 ρ 关于 ρ_0 是连续的。对于泛函 V，由

于 $\frac{dV}{dt} = 0$，因而其关于 t 是不增的，且当 $\lambda > \beta$ 时其关于 ρ 是正定的，根据 Movchan-Liapunov

稳定准则，可以判定当 $\lambda > \beta$ 时 Euler 压杆在 $w \equiv 0$ 是稳定的。$\lambda > \beta$ 的条件意味着 $\frac{P}{EJ} < \pi^2$，

即对于简支 Euler 压杆，$P < \pi^2 EJ$ 时在 $w \equiv 0$ 处动力稳定，对于其他边界条件也可进行类似的讨论。

关于力学系统动力稳定性的研究可以追溯到 1885 年庞加莱(Poincaré)对天体演化规律的定性研究。Poincaré 第一次引入了动力系统的概念，并用定性方法讨论了它的全局行为。随后，1892 年 Liapunov 给出了动力稳定性的严格定义，同时还具体提供了判定系统稳定和失稳的两种方法，从而奠定了动力稳定性理论。

2.3.2 Liapunov 稳定性的定义

设系统由广义位移 $x = (x_1, x_2, \cdots, x_n)$ 所确定，运动方程为

$$\dot{x} = f(x,t) \tag{2.20}$$

若满足式 (2.20) 与初始条件 $x(t_0) = x_0$ 的解为 $x^0(t)$，假定另一个初始条件 $x(t_0) = \tilde{x}_0$，且满足

式 (2.20) 与这个初始条件的解为 $\tilde{x}(t)$。定义在 t 时刻这两个解的距离为

$$\rho(t) = \rho\left(x^0(t), \tilde{x}(t)\right) = \sqrt{\sum_{i=1}^{n}\left(x_i^0(t) - \tilde{x}_i^0(t)\right)^2} \qquad (2.21)$$

显然有

$$\rho_0 = \rho(t_0) = \sqrt{\sum_{i=1}^{n}\left(x_{0i} - \tilde{x}_{0i}\right)^2}$$

定义 2.1（Liapunov 稳定性定义） 若系统满足运动方程 (2.20) 及初始条件 $x(t_0) = x_0$ 的解为 $x^0(t)$，而在另一给定初始条件 $x(t_0) = \tilde{x}_0$ 下满足式 (2.20) 的另一解为 $\tilde{x}(t)$，此两解在 t 时刻的距离由式 (2.21) 所定义。如果对于任意 $\varepsilon > 0$，都存在 $\delta > 0$，当 $\rho(t_0) < \delta$ 时，恒有 $\rho(t) < \varepsilon$，$\forall t > t_0$，则称运动 $x^0(t)$ 是稳定的，有时也称为 Liapunov 稳定。

如果 $x^0(t)$ 是 Liapunov 稳定的，而且存在 $\delta_0 > 0$，只要 $\rho(t_0) < \delta_0$ 时就有

$$\lim_{t \to \infty} \rho(t) = 0$$

则称 $x^0(t)$ 渐近稳定。

Liapunov 稳定性意味着：系统的一个给定的解稳定，当且仅当对于所有时刻 $t > t_0$，从给定解的邻域出发的所有解仍然在这一给定解的邻域中。

显然，如果一个运动是渐近稳定的，则它一定是稳定的。反过来，如果一个运动是稳定的，它却不一定是渐近稳定的。

为了今后讨论的方便，下面将以上定义的描述略作形式上的改变。如果引入变换：

$$x(t) = y(t) + x^0(t) \qquad (2.22)$$

式中，$x^0(t)$ 是满足式 (2.20) 与初始条件 $x(t_0) = x_0$ 的解，那么将式 (2.22) 代入式 (2.20)，并令 $t = \tau + t_0$，有

$$\dot{y} = f\left(y + x^0, \tau + t_0\right) - \dot{x}^0\left(\tau + t_0\right) = F(y, \tau) \qquad (2.23)$$

式中，"." 可看作对新自变量 τ 的微分。同时，对初始条件也有变换：

$$x(t_0) = y(t_0) + x_0$$

并令 $\tau = 0$，即 $t = t_0$，于是对自变量 τ 显然有

$$y(0) = x(0) - x_0 = y_0 \qquad (2.24)$$

式 (2.23) 与式 (2.24) 就是新的运动方程与初始值。从物理上讲，这种变换是将一个讨论运动状态 $x^0(t)$ 的稳定性问题转化为一个讨论平衡状态 $y \equiv 0$ 是否稳定的问题。

不妨将新的变量 y 仍记为 x，τ 仍记为 t，即

$$\dot{x} = f(x, t) \qquad (2.25)$$

这里 $f(0, t) = 0$，$x(0) = 0$，x 为改变量，$x \equiv 0$ 对应未扰动解。这个方程也称为改变量方程。于是，讨论系统的稳定性问题即讨论 $x \equiv 0$ 的稳定性，这时

$$\rho(t) = \sqrt{\sum_{i=1}^{n} x_i^2(t)}$$

如果对于任意正数 $\varepsilon > 0$，都存在正数 $\delta > 0$，当 $\rho(0) < \delta$ 时，永远有 $\rho(t) < \varepsilon$，则称 $x(t) \equiv 0$ 是稳定的。如果还存在 δ_0，使 $\rho(0) < \delta_0$ 时，有

$$\lim_{t\to\infty}\rho(t)=0$$

则称 $x(t)\equiv 0$ 为渐近稳定的。若不满足上述条件，则称 $x(t)\equiv 0$ 不稳定。

由以上定义不难证明，$x(t)\equiv 0$ 是稳定的，则原动力系统满足给定初始值的解是唯一的；反之，如果解不唯一，则 $x(t)\equiv 0$ 一定是不稳定的。为了判定系统的运动 $x(t)$ 是否稳定，Liapunov 先后提出了两种判定方法。

2.3.3　Liapunov 第一方法（间接法）

前面已引入变换 (2.22)，得到了关于改变量 $y(t)=x(t)-x^0(t)$ 的方程。将 y 重记为 x，则得到改变量方程：

$$\dot{x}=f(x,t)，\qquad x(0)=0 \tag{2.26}$$

有时也称式 (2.26) 为偏差方程或扰动方程。

考虑系统为自治系统的情形，即式 (2.26) 中第一式右端项与 t 无关的情形。这时，可以将式 (2.26) 中第一式的右端项展为 x 的幂级数形式，且只取第一项，得

$$\dot{x}=Ax+R(x) \tag{2.27}$$

式中，A 为 n 阶常数矩阵；$R(x)$ 称为余项。

对于方程 (2.27)，如果略去 $R(x)$，而只考虑下述齐次线性方程组：

$$\dot{x}=Ax \tag{2.28}$$

这时，解的稳定性很易于讨论。因为齐次线性方程组的解的线性组合仍是解，零解一定是解，因而可以寻求它的基础解系。只要弄清了相应的齐次线性方程组基础解系的性质，则它全部解的性质都清楚了。

Poincaré 曾证明，在 $x=0$ 的某个领域内，当 x 趋于零时，余项 $R(x)$ 作为高阶小量也趋于零，则方程 (2.26) 所对应的自治系统在 $x=0$ 处解的稳定性可由其齐次线性方程组 (2.28) 的解的稳定性来确定。这样根据矩阵理论，判别方程 (2.28) 全部解的稳定性后，即可得知方程 (2.26) 所对应的自治系统的解的稳定性。Liapunov 第一方法是基于线性化方程解的稳定性来讨论的，方法本身虽然易于了解，但涉及许多复杂的计算，这在使用上是十分不方便的。因此，就产生了另一类方法，即 Liapunov 第二方法，也称为 Liapunov 直接法。

2.3.4　Liapunov 第二方法（直接法）

Liapunov 第二方法的基本精神是：对于给定的动力系统如果存在某个具有一定特点的函数，则系统稳定。它并不限于考虑线性化的系统，也不限于在平衡的小邻域内来讨论，更重要的是，它不需要求解动力系统的运动方程，就可研究它的稳定性问题。当然，构造这样的函数，即通常所称的 **Liapunov 函数**也不是总能做到的。

在介绍该方法之前，先给出标量函数 $V(x)$ 的几个定义。

假设 $V(x)$ 是在包含原点的某个区域 $\Omega\subseteq D$ 上定义的连续可微的单值函数（对于全局稳定性问题取 $\Omega=R^n$），且 $V(x)=0$。

定义 2.2　设 Ω 为原点的某个邻域，若对于任何 $x\in\Omega/\{0\}$ 有 $V(x)>0(<0)$，则称 $V(x)$ 为**正定(负定)函数**，正定和负定函数合称为**定号函数**。

定义 2.3　设 Ω 为原点的某个邻域，若对于任何 $x \in \Omega$ 有 $V(x) \geqslant 0 (\leqslant 0)$，则称 $V(x)$ 为**常正(常负)函数**，也称为**半正定(半负定)函数**。常正和常负函数合称为**常号函数**。

定义 2.4　若 $V(x)$ 不是常号函数，即此时它在原点的任意小的邻域内既可取到正值，也可取到负值，则称为**变号函数**，也称为**不定函数**。

下面举几个简单的例子说明以上定义（取 $n=3$）。

$V(x_1, x_2, x_3) = a_1 x_1^2 + a_2 x_2^2 + a_3 x_3^2 \, (a_1, a_2, a_3 > 0)$，是正定函数。

$V(x_1, x_2, x_3) = x_1^2 + x_2^2$ 是常正函数，但不是正定函数，因为 $V \geqslant 0$，但对于任何点 $(0, 0, x_3)$，$x_3 \in R$，都有 $V = 0$。

$V(x_1, x_2, x_3) = x_1^2 + (x_2 + x_3)^2$ 是常正函数，但不是正定函数，因为 $V \geqslant 0$，但对于满足 $x_1 = 0$，$x_2 = -x_3$ 的一切点都有 $V = 0$。

$V(x_1, x_2, x_3) = x_1^2 + 2x_2^2 - x_3^2$ 是变号函数。

现在介绍 Liapunov 直接法的要点。首先讨论自治系统，设 $x = x(t)$ 是自治系统：

$$\dot{x} = f(x) \quad (x \in U \subseteq R^n) \tag{2.29}$$

且令 $f = (f_1, f_2, \cdots, f_n)^{\mathrm{T}}$，将它们代入标量函数 $V = V(x)$ 中，根据系统 (2.29) 所得到的对时间 t 的导数为

$$\frac{\mathrm{d}V(x)}{\mathrm{d}t} = \sum_{k=1}^{n} \frac{\partial V(x)}{\partial x_k} \frac{\mathrm{d}x_k}{\mathrm{d}t} = \sum_{k=1}^{n} \frac{\partial V(x)}{\partial x_k} \cdot f_k = \nabla V \cdot f$$

称 $\dfrac{\mathrm{d}V(x)}{\mathrm{d}t}$ 为 $V(x)$ 沿系统 (2.29) 的解（即状态轨线）对 t 的全导数，且简记为 $\dfrac{\mathrm{d}V}{\mathrm{d}t}$。其中 $\nabla V = \left(\dfrac{\partial V}{\partial x_1}, \dfrac{\partial V}{\partial x_2}, \cdots, \dfrac{\partial V}{\partial x_n} \right)^{\mathrm{T}}$ 是函数 V 的梯度。由以上可知，无须知道系统 (2.29) 的解，即可以求出 $\dfrac{\mathrm{d}V}{\mathrm{d}t}$。

首先，从几何上说明自治系统的 Liapunov 直接法判定零解稳定性的基本思想。为简单起见，研究 $n=2$ 的情况。设 $V(x_1, x_2)$ 是正定函数，对充分小的 $C > 0$，$V(x_1, x_2) = C$ 都确定了一个包含原点的封闭曲线，当 C 减小并趋于零时，封闭曲线向内收缩并最终收缩为原点。如果函数 V 沿状态轨线对 t 的全导数 $\dfrac{\mathrm{d}V}{\mathrm{d}t}$ 是常负函数，则 V 沿状态轨线只可能减少或保持不变，因此状态轨线只能从 $V(x_1, x_2) = C$ 曲线的外部进入内部，或停留在此曲线上，这表明原点是稳定的；如果 $\dfrac{\mathrm{d}V}{\mathrm{d}t}$ 是负定函数，则 V 沿状态轨线只会减少，因此状态轨线只能从 $V(x_1, x_2) = C$ 曲线的外部进入内部。随着时间的增加，它将越来越接近原点，且当 $t \to +\infty$ 时趋于原点，这表明原点是渐近稳定的，如图 2.8 所示。

下面介绍自治系统的 Liapunov 直接法的基本定理及后来的推广结果。这些定理的证明可参考有关专著。

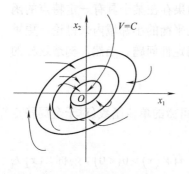

图 2.8　自治系统

定理 2.2（Liapunov 渐近稳定性定理）　若存在定号函数 $V(x)$，关于系统 (2.29) 的全导数 $\dfrac{\mathrm{d}V}{\mathrm{d}t}$ 为与 $V(x)$ 符号相反的定号函数，则系统 (2.29) 的零解渐近稳定。

定理 2.3（Liapunov 渐近不稳定性定理）　若存在函数 $V(x)$，关于系统 (2.29) 的全导数 $\dfrac{\mathrm{d}V}{\mathrm{d}t}$ 为定号的，但在原点的任何邻域内均有点 x_0，使得 $V(x_0)\dfrac{\mathrm{d}V(x_0)}{\mathrm{d}t}>0$，则系统 (2.29) 的零解不稳定。另外，若 $V(x)$ 为正定（负定）函数，关于系统 (2.29) 的全导数可写为

$$\frac{\mathrm{d}V}{\mathrm{d}t}=\lambda V(x)+U(x)$$

式中，λ 是正常数；$U(x)$ 恒等于零或是常正（常负）函数，则系统 (2.29) 的零解不稳定。

现在举几个例子来说明动力稳定性与静力稳定性的不同，以及 Liapunov 直接法的应用。

例 2.8　随动载荷作用下的压杆。

随动载荷作用下的压杆如图 2.9 所示，压杆的一端固定，另一端一直作用有沿杆轴切向方向的压力 P。设杆本身的质量可略去，而在自由端有一集中质量 M，但 M 引起的牵引力可略去。杆长为 l，杆的自由端与 x 轴的偏离为 f，杆端切向与 x 轴的夹角为 θ。

首先按静力学判据进行讨论，列出杆的平衡微分方程为

$$EI\frac{\mathrm{d}^2 w}{\mathrm{d}x^2}=P(f-w)-P\theta(l-x) \qquad\text{(a)}$$

式中，w 为杆的挠度；EI 为杆的抗弯刚度。方程是在小挠度的情形下列出的。

图 2.9　随动载荷作用下的压杆

方程 (a) 的通解为

$$w=c_1\sin kx+c_2\cos kx+f-\theta(l-x) \qquad\text{(b)}$$

这里 $k^2=P/(EI)$。将通解 (b) 代入边界条件：$w(0)=w'(0)=0$，$w(l)=f$，$w'(l)=\theta$，得

$$c_2+f-\theta l=0$$
$$kc_1+\theta=0$$
$$c_1\sin kl+c_2\cos kl=0$$
$$c_1\cos kl-c_2\sin kl=0$$

按照临界条件 (2.12)，c_1、c_2、f、θ 不全为零，则必有

$$\begin{vmatrix} 0 & 1 & 1 & -l \\ k & 0 & 0 & 1 \\ \sin kl & \cos kl & 0 & 0 \\ c_1\cos kl & -c_2\sin kl & 0 & 0 \end{vmatrix}=0$$

这里，系数行列式的值为 $-k$。仅当 $k=0$ 时系统有非零解，这意味着 $P=0$ 时系统有非零解，显然不可能。这说明实际上当 $P=0$ 时，系统只有零解且稳定，而且对于任何的 P 值，系统也都稳定。

下面从动力学的观点加以讨论。设给系统一个小扰动，则系统的扰动方程为

$$EI\frac{\partial^2 w}{\partial X^2}=P(f-w)-P\theta(l-x)-M(l-x)\frac{\mathrm{d}^2 f}{\mathrm{d}t^2} \tag{c}$$

令 $w=w(x)\mathrm{e}^{\mathrm{i}\omega t}$，$f=F(x)\mathrm{e}^{\mathrm{i}\omega t}$，$\theta=\Theta(x)\mathrm{e}^{\mathrm{i}\omega t}$，并代入扰动方程，得

$$\frac{\partial^2 w}{\partial X^2}+k^2 w=k^2 F+\left(\frac{M\omega^2}{EI}F-k^2\Theta\right)(l-x)$$

其通解为

$$w(x)=c_1\sin kx+c_2\cos kx+F+\left(\frac{M\omega^2}{EI}F-k^2\Theta\right)(l-x) \tag{d}$$

代入边界条件：$w(0)=w'(0)=0$，$w(l)=F$，$w'(l)=\Theta$，得

$$\begin{cases} c_2+F+\left(\dfrac{M\omega^2}{EIk^2}F-\Theta\right)l=0 \\ kc_1-\left(\dfrac{M\omega^2}{EIk^2}F-k^2\Theta\right)=0 \\ c_1\sin kl+c_2\cos kl=0 \\ c_1 k\cos kl-c_2 k\sin kl-\left(\dfrac{M\omega^2}{EIk^2}F-k^2\Theta\right)=\Theta \end{cases}$$

要使 c_1、c_2、F 和 Θ 不全为零，频率 ω 应满足频率方程：

$$\begin{vmatrix} 0 & 1 & 1+\dfrac{M\omega^2}{EIk^2}l & -l \\ k & 0 & -\dfrac{M\omega^2}{EIk^2} & k^2 \\ \sin kl & \cos kl & 0 & 0 \\ k\cos kl & -k\sin kl & -\dfrac{M\omega^2}{EIk^2} & k^2-1 \end{vmatrix}=0$$

展开即为

$$\frac{M\omega^2 l}{EI}\left[1-k^2+k^2(\cos kl+\sin kl)\right]-k^3\sin kl=0 \tag{e}$$

故

$$\omega=\pm\sqrt{\frac{EI}{Ml}\frac{k^3\sin kl}{1-k^2+k^2(\cos kl+\sin kl)}}$$

当根式内取负值时，ω 为虚数，此时杆的挠度将按指数增长，系统的零解不稳定。

例2.9　弹性旋转杆与圆盘系统的临界速度。

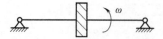

简支杆的中点有一质量为 M、转动惯量为 J 的圆盘，如图2.10所示。

系统在匀角速度 ω 下旋转。设系统中点挠度为 w，转角为 θ。显然 $\dot\theta=\omega$，$w=0$ 是这个问题

图2.10　中点固定有旋转圆盘的简支杆系统

的一个运动状态。现在讨论这个状态的稳定性，根据材料力学，设 EI 为梁的抗弯刚度，简支

梁中点挠度与支座反力的关系是 $w = \dfrac{Pl^3}{48EI}$，系统的运动方程为

$$\begin{cases} M\left(w - w\dot{\theta}^2\right) = -\dfrac{48EI}{l^3}w \\ J\ddot{\theta} + M\left(w^2\ddot{\theta} + 2w\dot{w}\dot{\theta}\right) = 0 \end{cases} \tag{a}$$

将式(a)中的第二式积分一次，得

$$J\dot{\theta} + Mw^2\dot{\theta} = 常数$$

考虑初始条件：$\theta_0 = w_0 = 0$，$\dot{\theta} = \omega$，$\dot{w}_0 = 0$，得

$$\dot{\theta} = \frac{J\omega}{J + Mw^2}$$

代入式(a)中的第一式得

$$\ddot{w} = \left[\frac{J^2\omega^2}{\left(J + Mw^2\right)^2} - \frac{48EI}{Ml^3}\right]w$$

当 w 很小时可以略去 w^2，则有

$$\ddot{w} = \left(\omega^2 - \frac{48EI}{Ml^3}\right)w \tag{b}$$

如果将方程(b)两边乘以 $\dot{w}$，从 $t = 0$ 到 t 积分，并考虑初始条件，则得能量形式的方程：

$$\frac{1}{2}\dot{w}^2 = \frac{1}{2}\left(\omega^2 - \frac{48EI}{Ml^3}\right)w^2$$

即

$$\dot{w} = \pm\sqrt{\omega^2 - \frac{48EI}{Ml^3}}\,w \tag{c}$$

从式(c)可以看出，当 $\omega < \sqrt{\dfrac{48EI}{Ml^3}}$ 时，右端是虚数，说明在 $w_0 \neq 0$，$\dot{w}_0 \neq 0$ 的初始条件下系统振动不可能增长，系统稳定。当 $\omega > \sqrt{\dfrac{48EI}{Ml^3}}$ 时，右端为实数，且当根号前取正号时，系统除有 $w \equiv 0$ 的平衡解外，还有随时间增长的非零解存在，系统不稳定，称 $\omega_{cr} = \sqrt{\dfrac{48EI}{Ml^3}}$ 为临界转速。

例 2.10　研究系统

$$\begin{cases} \dot{x} = y - x\left(x^2 + y^2\right) \\ \dot{y} = -x - y\left(x^2 + y^2\right) \end{cases}$$

零解的稳定性。

取 $V(x,y) = x^2 + y^2$，它是正定函数，又

$$\frac{\mathrm{d}V}{\mathrm{d}t} = \frac{\partial V}{\partial x}\dot{x} + \frac{\partial V}{\partial y}\dot{y} = 2x\left[y - x\left(x^2 + y^2\right)\right] + 2y\left[-x - y\left(x^2 + y^2\right)\right] = -2\left(x^2 + y^2\right)^2$$

是负定函数。由定理 2.2 可知零解渐近稳定。

例 2.11　考虑非线性自由振动系统零解的稳定性：

$$m\ddot{x} = -K\left(x + x^3\right) - \alpha\dot{x}$$

式中，m 为质量，K 为弹簧刚度系数，α 为阻尼系数（m、K 和 α 均为正数）。

设 $y = \dot{x}$，取 $V(x,y) = \dfrac{1}{2}my^2 + K\left(\dfrac{x^2}{2} + \dfrac{x^4}{2}\right)$，它是正定函数，直接计算出

$$\frac{\mathrm{d}V(x,y)}{\mathrm{d}t} = K\left(x + x^3\right)y + my\left[-\frac{K}{m}\left(x + x^3\right) - \frac{\alpha}{m}y\right] = -\alpha y^2 \leqslant 0$$

可知 $\dfrac{\mathrm{d}V}{\mathrm{d}t}$ 是与 V 反号的常号函数，由定理 2.2 可知，该系统的零解稳定。但这里 $\dfrac{\mathrm{d}V}{\mathrm{d}t}$ 不是定号函数，故不能断定解在 $(0,0)$ 点附近是否渐近稳定。

为此，进一步取

$$V_1(x,y) = \frac{1}{2}my^2 + \beta xy + K\left(\frac{x^2}{2} + \frac{x^4}{2}\right)$$

且改写为

$$V_1(x,y) = \frac{m}{2}\left(y + \frac{\beta}{m}x\right)^2 + \frac{1}{2}\left(K - \frac{\beta^2}{m}\right)x^2 + \frac{K}{2}x^4$$

当 $(x,y) \neq (0,0)$，且 $K - \dfrac{\beta^2}{m} > 0$ 时，$V_1(x,y) > 0$，又

$$\frac{\mathrm{d}V_1(x,y)}{\mathrm{d}t} = -\frac{\beta K}{m}x^4 - \left(\alpha - \beta - \frac{\beta\alpha^2}{4Km}\right)y^2 - \beta\frac{K}{m}\left(x + \frac{2y}{K}\right)^2$$

当 $(x,y) \neq (0,0)$ 且 $0 < \beta < \dfrac{\alpha}{1 + \dfrac{\alpha^2}{4Km}}$ 时，$\dfrac{\mathrm{d}V_1(x,y)}{\mathrm{d}t} < 0$。因而取 β 充分小时，由所取得的 Liapunov

函数 $V_1(x,y)$ 能判定该系统的零解渐近稳定。

对于系统是非自治的情形，其稳定性定理阐述如下。

定理 2.4　如果对系统 (2.26) 存在单值可微函数 $V(x_1, x_2, \cdots, x_n, t)$ 满足以下条件：

(1) $V(x_1, x_2, \cdots, x_n, t) \geqslant W(x_1, x_2, \cdots, x_n)$ 对于任意 $t > 0$ 在 $x = 0$ 的邻域成立，这里 W 是与 t 无关的连续函数，并且在同一邻域内 $W \geqslant 0$，且在原点处有严格极小值 $W(0) = 0$；

(2) 沿偏差方程的任一积分曲线有

$$\frac{\mathrm{d}V}{\mathrm{d}t} = \frac{\partial V}{\partial t} + \sum_{i=1}^{n}\frac{\partial V}{\partial x_i}\dot{x}_i \leqslant 0$$

对任意 $t > 0$ 在原点的邻域内成立，则系统在 $x = 0$ 处稳定。

关于稳定性和不稳定性的动力学判据，还有许多适用于不同具体情况的定理。这里就不一一介绍了。必须说明的是，Liapunov 第二方法在应用中技巧性比较强，需根据具体问题来构造 Liapunov 判据，而且不便于直接计算。它的优点在于可以严格证明一类问题的稳定性，是定性分析的有力工具。

2.4　结构的稳定问题

2.4.1　分岔点型稳定问题

现在讨论长度为 l 的刚性杆，下端为铰支座，有一转动刚度系数为 K 的弹簧，如图 2.11 所示。

从竖直方向开始计量的转角 φ 为广义位移，ε 为初始转角。系统的势能为

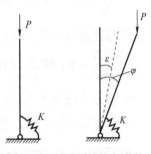

$$\Pi = U - P\Delta = \frac{1}{2}K(\varphi - \varepsilon)^2 - Pl(1 - \cos\varphi) \qquad (2.30)$$

由平衡条件 $\dfrac{\partial \Pi}{\partial \varphi} = 0$，得

$$K(\varphi - \varepsilon) - Pl\sin\varphi = 0$$

图 2.11　下端用铰支与弹簧
相连接的刚性杆

或

$$\frac{Pl}{K} = \frac{\varphi - \varepsilon}{\sin\varphi} \qquad (2.31)$$

平衡状态的载荷-广义位移曲线为平衡路径。式(2.31)就是图 2.11 所示系统的平衡路径的方程式，其响应曲线是图 2.12 中标有 ε 值的曲线。

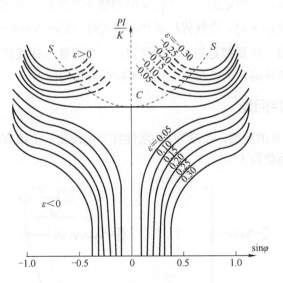

图 2.12　分岔点失稳的 SCS 图

由临界条件 $\dfrac{\partial^2 \Pi}{\partial \varphi^2} = 0$，得

$$K - Pl\cos\varphi = 0$$

或

$$\frac{Pl}{K} = \sec\varphi \tag{2.32}$$

这里，临界条件式(2.32)在图 2.12 中表示为临界曲线 SCS。

当 $\dfrac{\partial^2 \Pi}{\partial \varphi^2} > 0$，即 $K - Pl\cos\varphi > 0$，$\dfrac{Pl}{K} < \sec\varphi$ 时，系统处于稳定平衡状态，这就是图 2.12 中位于临界曲线 SCS 下面的实线曲线。

当 $\dfrac{\partial^2 \Pi}{\partial \varphi^2} < 0$，即 $K - Pl\cos\varphi < 0$，$\dfrac{Pl}{K} > \sec\varphi$ 时，系统处于不稳定平衡状态，这就是图 2.12 中位于临界曲线 SCS 上面的虚线曲线。

从平衡路径图看出，对于完善系统$(\varepsilon = 0)$，当载荷逐渐增大时，载荷-位移的点从原点到 C，然后有 $\varepsilon = 0$ 的曲线分支。C 点为临界点，此时 $\dfrac{P_{cr}l}{K} = 1$，于是临界力为 $P_{cr} = \dfrac{K}{l}$。所以纵坐标 $\dfrac{Pl}{K}$ 也就是 $\dfrac{P}{P_{cr}}$，即以临界力为标准的无量纲载荷值。

因此，当 $P \leqslant P_{cr}$ 时压杆只有竖直平衡位置为稳定平衡位置。这种情况下即使有了偏离，也由于外力较小而弹簧刚度系数大，弹簧的恢复力矩大，足以克服外力矩，使杆回到初始的平衡位置，所以初始平衡位置是稳定的。当力 P 超过 P_{cr} 值时，载荷-位移点可能沿纵坐标轴继续上升，也可能沿 $\varepsilon = 0$ 的曲线向两侧移动。这是两个分支，前者(杆保持竖直位置，即 $\sin\varphi = 0$)在临界曲线上面，所以是不稳定的；后者$(\varepsilon = 0)$曲线在临界曲线下面，所以是稳定的。对于其他有初始缺陷的情况$(\varepsilon \neq 0)$，当载荷从零开始增大时，变形从 $\varphi = \varepsilon$ 开始逐渐增大，曲线都在临界曲线的下面，每一位置都是稳定平衡位置，一般弹性压杆就属于上述情况。因为就实际压杆来说，难免存在缺陷，所以实际上几乎不存在失稳的问题。

2.4.2　极值点型稳定问题

讨论如图 2.13 所示的模型，长度为 l 的刚性杆下端铰支，上端有始终保持水平的侧向支撑弹簧，其弹簧刚度系数为 K。

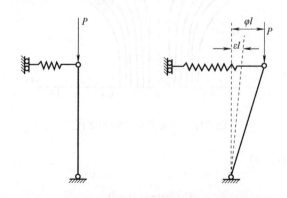

图 2.13　下端铰支、上端侧向弹簧支撑的刚性杆

杆端水平位移用 φl 表示，初始偏离为 εl，取 φ 为广义位移。系统的势能为

$$\Pi = \frac{1}{2} K l^2 (\varphi - \varepsilon)^2 - Pl \left(1 - \sqrt{1 - \varphi^2}\right) \tag{2.33}$$

平衡路径方程为 $\dfrac{\partial \Pi}{\partial \varphi} = 0$，即

$$\frac{\partial \Pi}{\partial \varphi} = K l^2 (\varphi - \varepsilon) - \frac{P\varphi l}{\sqrt{1 - \varphi^2}} = 0$$

或

$$\frac{P}{Kl} = \sqrt{1 - \varphi^2} \left(1 - \frac{\varepsilon}{\varphi}\right) \tag{2.34}$$

其平衡路径图为图 2.14 中标有 ε 值的各条曲线。

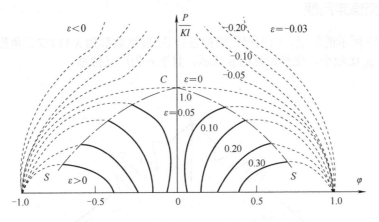

图 2.14　极值点失稳的 SCS 图

系统的临界条件为 $\dfrac{\partial^2 \Pi}{\partial \varphi^2} = 0$，即

$$\frac{\partial^2 \Pi}{\partial \varphi^2} = K l^2 - \frac{Pl}{\sqrt{1 - \varphi^2}} - \frac{Pl\varphi^2}{\left(1 - \varphi^2\right)^{3/2}} = K l^2 - \frac{Pl}{\left(1 - \varphi^2\right)^{3/2}} = 0$$

或

$$\frac{P}{Kl} = \left(1 - \varphi^2\right)^{3/2} \tag{2.35}$$

这在图 2.14 中用临界曲线 SCS 表示。

当 $\dfrac{\partial^2 \Pi}{\partial \varphi^2} > 0$，即 $K l^2 - \dfrac{Pl}{\left(1 - \varphi^2\right)^{3/2}} > 0$ 或 $\dfrac{P}{Kl} < \left(1 - \varphi^2\right)^{3/2}$ 时，系统处于稳定平衡状态，在图 2.14

中用临界曲线 SCS 下面的实线曲线表示。

当 $\dfrac{\partial^2 \Pi}{\partial \varphi^2} < 0$，即 $K l^2 - \dfrac{Pl}{\left(1 - \varphi^2\right)^{3/2}} < 0$ 或 $\dfrac{P}{Kl} > \left(1 - \varphi^2\right)^{3/2}$ 时，系统处于不稳定平衡状态，在

图 2.14 中用临界曲线 SCS 上面的虚线曲线表示。

对于完善系统，C 点为临界点，此时 $\dfrac{P_{cr}}{Kl}=1$，临界力为 $P_{cr}=Kl$。因此纵坐标实际是无量纲载荷 $\dfrac{P}{P_{cr}}$，平衡路径实际是无量纲化的载荷-位移曲线。

各平衡路径的方程为 φl，临界曲线 SCS 的方程为 $\dfrac{\partial^2 \Pi}{\partial \varphi^2}=\dfrac{\partial}{\partial \varphi}\left(\dfrac{\partial \Pi}{\partial \varphi}\right)=0$，因此两者的交点在各平衡路径曲线的极值点(现在是最高点)处。载荷-位移点沿平衡路径曲线上升，到达极值点时，平衡从稳定转为不稳定，杆件丧失了继续承载的能力，称为极值点失稳问题。受轴向压力的筒和壳的失稳就属于这种类型。直杆拉伸出现细颈时的塑性失稳问题也是一种极值点失稳。从图 2.14 还可以看出，对于这种类型的问题，微小的初始缺陷(用 ε 表示)将使结构的承载能力降低很多。

2.4.3 跳跃型稳定问题

讨论图 2.15 所示的模型，两根相同的弹性杆(刚度系数都为 K)构成三角形浅拱。初始位置用 φ_0 表示，φ_0 比较小，变形位置用 φ 表示，且取 φ 为广义位移。

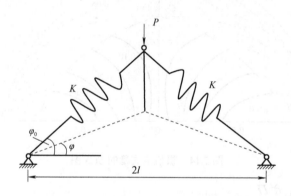

图 2.15 两弹性杆组成的三角形浅拱

系统的势能为

$$\Pi = U + V$$

式中

$$U = 2\times\frac{1}{2}K\left(\frac{l}{\cos\varphi_0}-\frac{l}{\cos\varphi}\right)^2,\quad V=-P\Delta=-Pl(\tan\varphi_0-\tan\varphi)$$

如果 φ_0 和 φ 都比较小，由

$$\frac{1}{\cos\varphi_0}=\left(1-\frac{\varphi_0^2}{2!}+\frac{\varphi_0^4}{4!}-\cdots\right)^{-1}\approx 1+\frac{\varphi_0^2}{2},\quad \tan\varphi_0=\varphi_0+\frac{\varphi_0^3}{3}+\frac{2\varphi_0^5}{15}+\cdots\approx\varphi_0$$

$$\frac{1}{\cos\varphi}\approx 1+\frac{\varphi^2}{2},\quad \tan\varphi\approx\varphi$$

所以

$$\Pi = \frac{1}{4}Kl^2\left(\varphi^4 - 2\varphi_0{}^2\varphi^2 + \varphi_0{}^4\right) - Pl(\varphi_0 - \varphi) \tag{2.36}$$

平衡条件为 $\frac{\partial \Pi}{\partial \varphi} = 0$，即

$$\frac{\partial \Pi}{\partial \varphi} = Kl^2\varphi\left(-\varphi_0{}^2 + \varphi^2\right) + Pl = 0$$

或

$$\frac{P}{Kl} = \varphi\left(\varphi_0{}^2 - \varphi^2\right) \tag{2.37}$$

平衡路径如图 2.16 所示。

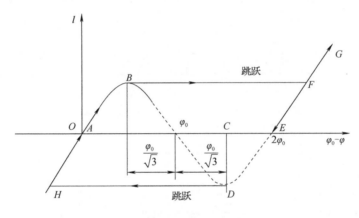

图 2.16 跳跃失稳

临界条件为 $\frac{\partial^2 \Pi}{\partial \varphi^2} = 0$，即

$$\frac{\partial^2 \Pi}{\partial \varphi^2} = Kl^2\left(3\varphi^2 - \varphi_0{}^2\right) = 0$$

或

$$\varphi = \pm\frac{\varphi_0}{\sqrt{3}} \tag{2.38}$$

实际的角位移为 $\varphi_0 - \varphi$，则式 (2.38) 可改写为

$$\varphi_0 - \varphi = \left(1 \mp \frac{\sqrt{3}}{3}\right)\varphi_0$$

这在图 2.16 中由 B 点和 D 点表示。

当 $\dfrac{\partial^2 \Pi}{\partial \varphi^2} > 0$，即 $3\varphi^2 > \varphi_0^2$，$\varphi_0 - \varphi < \left(1 - \dfrac{\sqrt{3}}{3}\right)\varphi_0$，$\varphi_0 - \varphi > \left(1 + \dfrac{\sqrt{3}}{3}\right)\varphi_0$ 时，系统处于稳定平衡状态，这两段在图 2.16 中用实线曲线表示。

当 $\dfrac{\partial^2 \Pi}{\partial \varphi^2} < 0$，即 $3\varphi^2 < \varphi_0^2$，$\left(1 - \dfrac{\sqrt{3}}{3}\right)\varphi_0 < \varphi_0 - \varphi < \left(1 + \dfrac{\sqrt{3}}{3}\right)\varphi_0$ 时，系统处于不稳定平衡状态，此段在图 2.16 中用虚线曲线表示。

平衡路径图用 $\varphi_0 - \varphi$ 作为横坐标，因为其能表示实际经过的位移。当载荷逐渐增大时，载荷-位移点沿 AB 线上升，到 B 点为临界状态，在载荷不变的条件下，跳跃到新的稳定平衡状态 F 点，此时将有振动，直到因阻尼而停止振动。此后，如果进一步加载，将沿 FG 线上升；如果卸载，则沿 FE 线下降。若再反向加力，则沿 ED 线到达临界状态 D 点，然后跳跃到稳定平衡状态 H 点。某些扁壳形构件就有这种跳跃现象。

第3章 结构的非线性稳定理论

结构的非线性稳定理论研究主要有三类分析方法：一是大挠度理论；二是初始后屈曲理论；三是非线性前屈曲一致理论。这三类理论被视为结构非线性稳定性分析的基础和支柱。本章以细长压杆为例，来说明前两类理论的基本思想和分析方法；以圆柱薄壳为例，来说明最后一类理论的基本思想和分析方法。

3.1 结构的非线性稳定概念

3.1.1 结构的非线性稳定

关于结构的塑性屈曲问题，虽然对其给予了很大的关注，但进展一直缓慢，主要原因是塑性屈曲在物理本质上与经典弹性失稳有着许多差别。塑性屈曲本身的非线性性质和非保守性质使人们必须去探索在经典失稳问题中并不存在的现象和概念。塑性屈曲载荷不能单值定义，在尚利(Shanley)的提法下，它是一个阶段值。当在结构系统的非弹性稳定性分析中引入初始缺陷之后，情况就更复杂了。一个无缺陷的完善结构系统在弹性变形阶段失稳时，对于初始缺陷是敏感的。如受外压的球壳和受轴压的柱壳，在弹性变形阶段失稳时，对于初始缺陷极度敏感；而在塑性变形阶段屈曲时，对于初始缺陷就不像在弹性变形阶段失稳时那么敏感了。对静水外压下环肋圆柱壳和锥壳的塑性屈曲进行理论分析发现，随着初始缺陷参数的增大和前屈曲塑性程度的充分发展，极值点附近的初始后屈曲载荷-挠度曲线将越来越趋于平坦，极值点失稳问题逐渐过渡为一种强度控制问题。

对于压杆的塑性屈曲问题研究，主要有双模量理论与切线模量理论，其中理论推导严密的双模量理论与实际结果符合得不好，而近似推算的切线模量理论与实验结果比较接近。科学家一直找不到合理的解释，直到1947年，在精确实验的基础上，Shanley 提出了一个简单的模型，很好地解释了上面的问题。Shanley 模型表明，当加载到达切线模量载荷后，直杆就开始了弯曲，切线模量载荷是可能的最低分岔性载荷，但这时载荷仍可继续增加，虽然这时压杆已经失去了它的直线形状，却并没有失去它的平衡稳定性。这样，在压杆塑性屈曲问题中，必须抛弃失稳时载荷保持不变的经典弹性失稳概念。Shanley 模型又表明，虽然切线模量理论的载荷值可被超过，但是双模量理论的载荷值却是无法达到的，压杆的实际最大载荷将在两种理论的预测值之间，并且比较靠近切线模量理论载荷值。事实上，双模量理论的实质是将弹性稳定性的经典概念在非弹性稳定性问题上的推广和应用。对于 Shanley 模型也不应简单地理解为再一次重新恢复到切线模量理论的立场。Shanley 的贡献在于揭露了压杆塑性失稳问题的实质。

在1950年前后，对于平板和壳体进行了广泛的塑性屈曲实验。但是应用简单的塑性增量理论计算所得的分岔点载荷值要比平板和壳体的实验结果高得多。如果运用物理意义上不够严格的塑性形变理论，所得到的结果却又与实验结果比较符合。后来，布达道夫(Budadolf)讨论了这些分歧，并提出塑性滑移理论，但实验不能证明 Budadolf 的理论。

3.1.2　各向同性塑性结构稳定

应用塑性形变理论和塑性增量理论，针对各向同性硬化的可压缩性材料，在 Shanley 的全面继续加载失稳准则的提法下，建立各向同性塑性结构的稳定性理论。

1. 普朗特-罗伊斯(Prandtl-Reuss)理论

1)应变增量

设 $\mathrm{d}\varepsilon_{ij}$ 是材料单元体在连续加载过程中的无限小应变增量，$\mathrm{d}\varepsilon_{ij}$ 由瞬时变形形状确定，并定义

$$\mathrm{d}\varepsilon_{ij} = \frac{1}{2}\left[\frac{\partial}{\partial x_j}(\mathrm{d}u_i) + \frac{\partial}{\partial x_i}(\mathrm{d}u_j)\right]$$

式中，$\mathrm{d}u_i(i=1,2,3)$ 是一点位移增量的矢量，一点的瞬时位置为 x_i。

材料单元体的应变 ε_{ij} 分成弹性应变 $\varepsilon_{ij}^{\mathrm{e}}$ 和塑性应变 $\varepsilon_{ij}^{\mathrm{p}}$ 两部分，得

$$\varepsilon_{ij} = \varepsilon_{ij}^{\mathrm{e}} + \varepsilon_{ij}^{\mathrm{p}}$$

弹性应变增量和应力增量按线性弹性定律有

$$\mathrm{d}\varepsilon_{ij}^{\mathrm{e}} = \frac{\mathrm{d}s_{ij}}{2G} + (1-2v)\delta_{ij}\frac{\mathrm{d}\sigma_0}{E}$$

式中，$\mathrm{d}s_{ij}$ 是应力偏量的增量；G 是剪切弹性系数；v 是泊松比；E 是纵向弹性系数。应力偏量 s_{ij} 为

$$s_{ij} = \sigma_{ij} - \delta_{ij}\sigma_0$$

式中，δ_{ij} 是单位矩阵，即 $\delta_{ij} = \begin{cases}0(i \neq j) \\ 1(i = j)\end{cases}$；$\sigma_0$ 是平均应力，即 $\sigma_0 = \frac{\sigma_{ij}}{3}$，则平均应力增量 $\mathrm{d}\sigma_0$ 为

$$\mathrm{d}\sigma_0 = \frac{1}{3}\mathrm{d}\sigma_{ij}$$

于是应变增量可以写成弹性应变增量和塑性应变增量之和：

$$\mathrm{d}\varepsilon_{ij} = \mathrm{d}\varepsilon_{ij}^{\mathrm{e}} + \mathrm{d}\varepsilon_{ij}^{\mathrm{p}}$$

2)应变能密度增量

每单位体积应力在应变增量 $\mathrm{d}\varepsilon_{ij}$ 上做的功等于体积的应变能密度增量，应变能密度的总增量 $\mathrm{d}W = \sigma_{ij}\mathrm{d}\varepsilon_{ij}$，弹性应变能密度增量 $\mathrm{d}W_{\mathrm{e}} = \sigma_{ij}\mathrm{d}\varepsilon_{ij}^{\mathrm{e}}$，则塑性应变能密度增量 $\mathrm{d}W_{\mathrm{p}}$ 为

$$\mathrm{d}W_{\mathrm{p}} = \mathrm{d}W - \mathrm{d}W_{\mathrm{e}} = \sigma_{ij}\mathrm{d}\varepsilon_{ij}^{\mathrm{p}}$$

3)塑性应力-应变关系

按 Prandtl-Reuss 理论，塑性应力-应变增量之间的关系为

$$\mathrm{d}\varepsilon_{ij}^{\mathrm{p}} = h(\sigma_{ij})\frac{\partial g(\sigma_{ij})}{\partial \sigma_{ij}}\mathrm{d}f(\sigma_{ij}) \tag{3.1}$$

式中，$f(\sigma_{ij})$ 是一个加载函数。作为屈服准则，假设屈服只取决于应力偏量，体积变形不产生塑性变形，则屈服准则简化为

$$f(J_2, J_3) = 0$$

式中，J_2 和 J_3 分别是应力偏量的第二和第三不变量，可表示为

$$J_2 = \frac{1}{2} s_{ij} s_{ji}, \quad J_3 = \frac{1}{3} s_{ij} s_{jk} s_{kl}$$

假设屈服轨迹仅有一个独立参数且依赖于应变，则

$$f(J_2, J_3) = C$$

于是应变历史只通过独立参数 C 而进入加载函数。这样，在中性变载时 C=const，就有加载函数 $df = 0$，即

$$df = \frac{\partial f}{\partial \sigma_{ij}} d\sigma_{ij} = \frac{\partial f(J_2, J_3)}{\partial J_2} dJ_2 + \frac{\partial f(J_2, J_3)}{\partial J_3} dJ_3 = 0$$

再设中性变载时，不产生附加的塑性应变增量，即 $d\varepsilon_{ij} = 0$，则有

$$d\varepsilon_{ij}^{p} = G_{ij} df$$

式中，G_{ij} 是一个对称张量；且 $G_{ij} = G_{ij}(\sigma_{ij})$ 是应力分量的函数，它是应变历史的函数，但不是应力增量的函数。

对于 G_{ij} 有两个限制条件：

(1) 必须有 $G_{ij} = 0$，以保证塑性体积变化等于零；

(2) G_{ij} 的主轴（也就是塑性应变张量的主轴）与应力主轴相重合。

为了满足条件 (1) 和 (2)，设

$$G_{ij} = h(\sigma_{ij}) \frac{\partial g(\sigma_{ij})}{\partial \sigma_{ij}}$$

式中，函数 $h(\sigma_{ij}) = h(J_2, J_3)$；$g(\sigma_{ij}) = g(J_2, J_3)$。当然，$h$ 和 g 都有可能是应变历史的函数，则有

$$d\varepsilon_{ij}^{p} = h \frac{\partial g}{\partial \sigma_{ij}} df$$

这样就证明了式 (3.1)，其中 $g = g(\sigma_{ij})$ 称为塑性势函数。令 $g = f$，有

$$d\varepsilon_{ij}^{p} = h \left(\frac{\partial f}{\partial \sigma_{ij}} \right) \left(\frac{\partial f}{\partial \sigma_{mn}} \right) d\sigma_{mn} \tag{3.2}$$

这里表明 $f(\sigma_{ij})$ 是继续屈服函数，也就是加载函数为

$$\begin{cases} df > 0 & \text{（加载）} \\ df = 0 & \text{（中性变载）} \end{cases}$$

2. 莱维-米泽斯(Levy-Mises)理论

1) Levy-Mises 方程

Levy 和 Mises 提出应力偏量和应变增量之间的关系式为

$$\frac{\mathrm{d}\varepsilon_x}{s_x} = \frac{\mathrm{d}\varepsilon_y}{s_y} = \frac{\mathrm{d}\varepsilon_z}{s_z} = \frac{\mathrm{d}\gamma_{yz}}{\tau_{yz}} = \frac{\mathrm{d}\gamma_{zx}}{\tau_{zx}} = \frac{\mathrm{d}\gamma_{xy}}{\tau_{xy}}$$

或者写成

$$\mathrm{d}\varepsilon_{ij} = s_{ij}\mathrm{d}\lambda \tag{3.3}$$

式中，$\mathrm{d}\lambda$ 是一个标量比例因子。Levy 和 Mises 用的是总应变增量 $\mathrm{d}\varepsilon_{ij}$，而不是塑性应变增量 $\mathrm{d}\varepsilon_{ij}^{\mathrm{p}}$，所以式(3.3)只对于弹性应变假想为零的刚塑性材料才可严格应用。普朗特(Prandtl)将 Levy-Mises 方程推广到包括弹性应变分量的平面问题中，罗伊斯(Reuss)则在更一般的情况下得出

$$\mathrm{d}\varepsilon_{ij}^{\mathrm{p}} = s_{ij}\mathrm{d}\lambda \tag{3.4}$$

引入 Mises 函数 J_2 作为各向同性硬化材料的加载函数，则有

$$f = f(J_2), \quad f = J_2 \tag{3.5}$$

于是

$$f = g = J_2 = \frac{1}{2}s_{ij}s_{ji}, \quad \frac{\partial f}{\partial\sigma_{ij}} = s_{ij}$$

因此得 $\mathrm{d}\varepsilon_{ij}^{\mathrm{p}} = \dfrac{\partial f}{\partial\sigma_{ij}}\mathrm{d}\lambda$，从式(3.3)可知

$$\mathrm{d}\lambda = h\mathrm{d}f = h\left(\frac{\partial f}{\partial\sigma_{mn}}\right)\mathrm{d}\sigma_{mn}$$

式中，$\mathrm{d}f = \mathrm{d}J_2$（因为 $f = J_2$），于是可写出应力应变增量的关系式为

$$\mathrm{d}\varepsilon_{ij} = \mathrm{d}\varepsilon_{ij}^{\mathrm{p}} + \mathrm{d}\varepsilon_{ij}^{\mathrm{e}} = \left[\frac{\mathrm{d}s_{ij}}{2G} + (1-2\nu)\delta_{ij}\frac{\mathrm{d}\sigma_0}{E}\right] + h(J_2)\frac{\partial f}{\partial\sigma_{ij}}\frac{\partial f}{\partial\sigma_{mn}}\mathrm{d}\sigma_{mn}$$

引入下面的关系式：

$$f = J_2, \quad \frac{\partial f}{\partial\sigma_{ij}} = s_{ij}, \quad \frac{\partial f}{\partial\sigma_{mn}}\mathrm{d}\sigma_{mn} = \mathrm{d}J_2$$

则由上式可得

$$\mathrm{d}\varepsilon_{ij} = \left[\frac{1+\nu}{E}\mathrm{d}s_{ij} + \frac{1-2\nu}{E}\delta_{ij}\mathrm{d}\sigma_0\right] + h(J_2)s_{ij}\mathrm{d}J_2 \tag{3.6}$$

式中，应力偏量的第二不变量 J_2 为

$$J_2 = \frac{1}{6}\left[(\sigma_x-\sigma_y)^2 + (\sigma_x-\sigma_z)^2 + (\sigma_z-\sigma_y)^2 + 6(\tau_{xy}^2+\tau_{yz}^2+\tau_{zx}^2)\right] \tag{3.7}$$

这里，J_2 与通用的应力强度 T 或 σ_i 的关系式为

$$J_2 = T^2 = \frac{1}{3}\sigma_i^2 \tag{3.8}$$

2) $h(J_2)$ 的确定

函数 $h(J_2)$ 可由材料的单向拉伸实验确定(设顺 x 轴方向拉伸)。

$$s_x = \sigma_x - \sigma_0 = \frac{2}{3}\sigma_x，\quad s_y = \sigma_y - \sigma_0 = -\frac{1}{3}\sigma_x，\quad s_{xy} = \tau_{xy} = 0$$

按式(3.6)，有

$$\begin{cases} \mathrm{d}\varepsilon_x = \dfrac{1}{E}\mathrm{d}\sigma_x + h(J_2)\mathrm{d}J_2\dfrac{2}{3}\sigma_x \\[2mm] \mathrm{d}\varepsilon_y = -\dfrac{\nu}{E}\mathrm{d}\sigma_x + h(J_2)\mathrm{d}J_2\left(-\dfrac{1}{3}\sigma_x\right) \\[2mm] \mathrm{d}\gamma_{xy} = \dfrac{1}{G}\mathrm{d}\tau_{xy} = 0 \end{cases} \tag{3.9}$$

将式(3.8)代入式(3.9)的第一式，得

$$\mathrm{d}\varepsilon_x = \frac{1}{E}\mathrm{d}\sigma_x + h(J_2)\left(\frac{2}{3}\sigma_x\mathrm{d}\sigma_x\right)\left(\frac{2}{3}\sigma_x\right)$$

$$\Rightarrow \frac{\mathrm{d}\varepsilon_x}{\mathrm{d}\sigma_x} = \frac{1}{E} + h(J_2)\frac{4}{9}\sigma_x^2$$

$$\Rightarrow \frac{1}{E_t^0} = \frac{1}{E} + h(J_2)\frac{4}{3}J_2$$

式中

$$h(J_2) = \frac{3}{4J_2}\left(\frac{1}{E_t^0} - \frac{1}{E}\right) \tag{3.10}$$

式中，$E_t^0 = \dfrac{\mathrm{d}\sigma_x}{\mathrm{d}\varepsilon_x}$，是单向拉伸曲线($\sigma_x$-$\varepsilon_x$ 曲线)的切线模量，则式(3.10)也可写成

$$h(J_2) = \frac{9}{4\sigma_i^2}\left(\frac{1}{E_t^0} - \frac{1}{E}\right) \tag{3.11}$$

在塑性阶段有

$$h(J_2) = \frac{9}{4}\frac{1}{E\sigma_i^2}\left(\frac{E}{E_t^0} - 1\right) > 0$$

当处于弹性阶段时，$E_t^0 = E$ 和 $h(J_2) = 0$。

3)应力应变增量的展开形式及弹塑性失稳系数

设结构发生弹塑性失稳时，由分岔型屈曲所引起的应力应变增量之间的关系式为式(3.6)，它的展式为

$$\begin{cases} \mathrm{d}\varepsilon_x = \dfrac{1}{E}\Big[\mathrm{d}\sigma_x - \nu\big(\mathrm{d}\sigma_y + \mathrm{d}\sigma_z\big)\Big] + h(J_2)\mathrm{d}J_2\big(\sigma_x - \sigma_0\big) \\[2mm] \mathrm{d}\varepsilon_y = \dfrac{1}{E}\Big[\mathrm{d}\sigma_y - \nu\big(\mathrm{d}\sigma_x + \mathrm{d}\sigma_z\big)\Big] + h(J_2)\mathrm{d}J_2\big(\sigma_y - \sigma_0\big) \\[2mm] \mathrm{d}\varepsilon_z = \dfrac{1}{E}\Big[\mathrm{d}\sigma_z - \nu\big(\mathrm{d}\sigma_x + \mathrm{d}\sigma_y\big)\Big] + h(J_2)\mathrm{d}J_2\big(\sigma_z - \sigma_0\big) \\[2mm] \mathrm{d}\gamma_{yz} = \dfrac{2(1+\nu)}{E}\mathrm{d}\tau_{yz} + 2h(J_2)\mathrm{d}J_2\tau_{yz} \\[2mm] \mathrm{d}\gamma_{zx} = \dfrac{2(1+\nu)}{E}\mathrm{d}\tau_{zx} + 2h(J_2)\mathrm{d}J_2\tau_{zx} \\[2mm] \mathrm{d}\gamma_{xy} = \dfrac{2(1+\nu)}{E}\mathrm{d}\tau_{xy} + 2h(J_2)\mathrm{d}J_2\tau_{xy} \end{cases} \tag{3.12}$$

写成张量形式为

$$\mathrm{d}\varepsilon_{ij} = [a_{ij}]\mathrm{d}\sigma_{ij} \tag{3.13}$$

为使系数无量纲化，令

$$[A_{ij}] = E[a_{ij}] \tag{3.14}$$

于是式(3.13)可写为

$$\mathrm{d}\varepsilon_{ij} = \frac{[A_{ij}]}{E}\mathrm{d}\sigma_{ij} \tag{3.15}$$

展开式为

$$\begin{cases} \mathrm{d}\varepsilon_x = a_{11}\mathrm{d}\sigma_x + a_{12}\mathrm{d}\sigma_y + a_{13}\mathrm{d}\sigma_z + a_{14}\mathrm{d}\tau_{yz} + a_{15}\mathrm{d}\tau_{zx} + a_{16}\mathrm{d}\tau_{xy} \\ \mathrm{d}\varepsilon_y = a_{21}\mathrm{d}\sigma_x + a_{22}\mathrm{d}\sigma_y + a_{23}\mathrm{d}\sigma_z + a_{24}\mathrm{d}\tau_{yz} + a_{25}\mathrm{d}\tau_{zx} + a_{26}\mathrm{d}\tau_{xy} \\ \vdots \\ \mathrm{d}\gamma_{xy} = a_{61}\mathrm{d}\sigma_x + a_{62}\mathrm{d}\sigma_y + a_{63}\mathrm{d}\sigma_z + a_{64}\mathrm{d}\tau_{yz} + a_{65}\mathrm{d}\tau_{zx} + a_{66}\mathrm{d}\tau_{xy} \end{cases}$$

式中，系数 a_{ij} 是对称张量：$a_{ij} = a_{ji}$ $(i,j = 1,2,3,4,5,6)$。

式(3.13)的逆形式为

$$\mathrm{d}\sigma_{ij} = [b_{ij}]\mathrm{d}\varepsilon_{ij} \tag{3.16}$$

引入无量纲化系数 B_{ij}，则

$$\big[B_{ij}\big] = \frac{1}{E_1}\big[b_{ij}\big], \quad E_1 = \frac{E}{1-\nu^2}, \quad \mathrm{d}\sigma_{ij} = E_1\big[B_{ij}\big]\mathrm{d}\varepsilon_{ij}$$

展开式为

$$\begin{cases} \mathrm{d}\sigma_x = b_{11}\mathrm{d}\varepsilon_x + b_{12}\mathrm{d}\varepsilon_y + b_{13}\mathrm{d}\varepsilon_z + b_{14}\mathrm{d}\gamma_{yz} + b_{15}\mathrm{d}\gamma_{zx} + b_{16}\mathrm{d}\gamma_{xy} \\ \mathrm{d}\sigma_y = b_{21}\mathrm{d}\varepsilon_x + b_{22}\mathrm{d}\varepsilon_y + b_{23}\mathrm{d}\varepsilon_z + b_{24}\mathrm{d}\gamma_{yz} + b_{25}\mathrm{d}\gamma_{zx} + b_{26}\mathrm{d}\gamma_{xy} \\ \vdots \\ \mathrm{d}\tau_{xy} = b_{61}\mathrm{d}\varepsilon_x + b_{62}\mathrm{d}\varepsilon_y + b_{63}\mathrm{d}\varepsilon_z + b_{64}\mathrm{d}\gamma_{yz} + b_{65}\mathrm{d}\gamma_{zx} + b_{66}\mathrm{d}\gamma_{xy} \end{cases} \tag{3.17}$$

式中

$$b_{ij} = b_{ji} \quad (i,j = 1,2,3,4,5,6)$$

应力偏量的第二不变量增量 $\mathrm{d}J_2$ 为

$$\mathrm{d}J_2 = \frac{1}{3}\Big[\big(2\sigma_x - \sigma_y - \sigma_z\big)\mathrm{d}\sigma_x + \big(2\sigma_y - \sigma_x - \sigma_z\big)\mathrm{d}\sigma_y + \big(2\sigma_z - \sigma_y - \sigma_x\big)\mathrm{d}\sigma_z$$
$$+6\big(\tau_{yz}\mathrm{d}\tau_{yz} + \tau_{zx}\mathrm{d}\tau_{zx} + \tau_{xy}\mathrm{d}\tau_{xy}\big)\Big]$$

或者用应力偏量来表示，则有

$$\mathrm{d}J_2 = s_x\mathrm{d}\sigma_x + s_y\mathrm{d}\sigma_y + s_z\mathrm{d}\sigma_z + 2\big(\tau_{yz}\mathrm{d}\tau_{yz} + \tau_{zx}\mathrm{d}\tau_{zx} + \tau_{xy}\mathrm{d}\tau_{xy}\big)$$

式中，应力偏量分别为

$$\begin{cases} s_x = \sigma_x - \sigma_0 = \dfrac{2\sigma_x - \sigma_y - \sigma_z}{3} \\[3mm] s_y = \sigma_y - \sigma_0 = \dfrac{2\sigma_y - \sigma_x - \sigma_z}{3} \\[3mm] s_z = \sigma_z - \sigma_0 = \dfrac{2\sigma_z - \sigma_y - \sigma_x}{3} \end{cases}$$

将以上关系式代入式(3.12)，得弹塑性失稳系数 a_{ij}，具体见**附录 1**。这样，一共得到了 36 个系数，由于对称性，其中 21 个是独立的弹塑性失稳系数 a_{ij}。它们表示了结构发生塑性屈曲时，塑性应力场和应变场之间存在的各向异性性质与材料本身的各向异性性质不同。它们不仅包含了反映材料塑性发展程度的模量 E_i 和 E_t，还依赖于应力状态本身的大小和性质。

3. 亨基-那达依(Hencky-Nadai)理论

1) 应力-应变关系

Hencky-Nadai 应力-应变关系为

$$\varepsilon_{ij} = \left[\frac{s_{ij}}{2G} + \frac{1-2\nu}{E}\delta_{ij}\sigma_0\right] + g(\sigma_i)s_{ij} \tag{3.18}$$

其展开形式为

$$\begin{cases} \varepsilon_x = \dfrac{1}{E}\Big[\sigma_x - \nu(\sigma_y + \sigma_z)\Big] + g(\sigma_i)s_x \\[3mm] \varepsilon_y = \dfrac{1}{E}\Big[\sigma_y - \nu(\sigma_x + \sigma_z)\Big] + g(\sigma_i)s_y \\[3mm] \varepsilon_z = \dfrac{1}{E}\Big[\sigma_z - \nu(\sigma_x + \sigma_y)\Big] + g(\sigma_i)s_z \\[3mm] \gamma_{yz} = \dfrac{1}{G}\tau_{yz} + 2g(\sigma_i)\tau_{yz} \\[3mm] \gamma_{zx} = \dfrac{1}{G}\tau_{zx} + 2g(\sigma_i)\tau_{zx} \\[3mm] \gamma_{xy} = \dfrac{1}{G}\tau_{xy} + 2g(\sigma_i)\tau_{xy} \end{cases} \tag{3.19}$$

式中，塑性函数 $g(\sigma_i)$ 由单向拉伸实验确定。将

$$s_z = \sigma_z - \sigma_0 = \frac{2}{3}\sigma_{xy}, \quad \sigma_y = \sigma_x = \tau_{xy} = \tau_{yz} = \tau_{zx} = 0$$

代入式(3.19)，得

$$\varepsilon_x = \frac{1}{E}\sigma_x + \frac{2}{3}g(\sigma_i)\sigma_x, \quad g(\sigma_i) = \frac{3}{2}\left(\frac{1}{E_s^0} - \frac{1}{E}\right) \tag{3.20}$$

式中，$E_s^0 = \dfrac{\sigma_x}{\varepsilon_x}$ 是单向拉伸曲线的割线模量。

2)材料的可压缩性影响

为了考虑材料的可压缩性影响，将剪切割线模量 G_s 分为弹性部分 G_e 和塑性部分 G_p：

$$\frac{1}{G_s} = \frac{1}{G_e} + \frac{1}{G_p}$$

在进入塑性流动之后，$\nu = \dfrac{1}{2}$，引入 $G_s = \dfrac{E_s}{3}$，$E_s = \dfrac{\sigma_i}{\varepsilon_i}$ 和 $G_p = \dfrac{E_p}{3}$，则上式可化为

$$\frac{1}{E_s} = \frac{2(1+\nu)}{3E} + \frac{1}{E_p} \tag{3.21}$$

按伊柳辛(Ilyushin)的应力-应变关系，得

$$\begin{cases} \varepsilon_x - \varepsilon_0 = \dfrac{3\varepsilon_i}{2\sigma_i}(\sigma_x - \sigma_0) \\[2mm] \varepsilon_y - \varepsilon_0 = \dfrac{3\varepsilon_i}{2\sigma_i}(\sigma_y - \sigma_0) \\[2mm] \varepsilon_z - \varepsilon_0 = \dfrac{3\varepsilon_i}{2\sigma_i}(\sigma_z - \sigma_0) \\[2mm] \gamma_{yz} = \dfrac{3\varepsilon_i}{\sigma_i}\tau_{yz} \\[2mm] \gamma_{zx} = \dfrac{3\varepsilon_i}{\sigma_i}\tau_{zx} \\[2mm] \gamma_{xy} = \dfrac{3\varepsilon_i}{\sigma_i}\tau_{xy} \end{cases} \tag{3.22}$$

式中，ε_0 是体积应变，因为体积变形总是弹性的，所以 $\varepsilon_0 = \sigma_0\dfrac{1-2\nu}{E}$，代入式(3.22)，得

$$\begin{cases} \varepsilon_x = \dfrac{3\sigma_x}{2E_s} - \left(\dfrac{3}{2E_s} - \dfrac{1-2\nu}{E} \right)\sigma_0 \\[2mm] \varepsilon_y = \dfrac{3\sigma_y}{2E_s} - \left(\dfrac{3}{2E_s} - \dfrac{1-2\nu}{E} \right)\sigma_0 \\[2mm] \varepsilon_z = \dfrac{3\sigma_z}{2E_s} - \left(\dfrac{3}{2E_s} - \dfrac{1-2\nu}{E} \right)\sigma_0 \\[2mm] \gamma_{yz} = \dfrac{3\tau_{yz}}{E_s} \\[2mm] \gamma_{zx} = \dfrac{3\tau_{zx}}{E_s} \\[2mm] \gamma_{xy} = \dfrac{3\tau_{xy}}{E_s} \end{cases} \tag{3.23}$$

将式 (3.21) 的 $\dfrac{1}{E_s}$ 代入式 (3.23)，得

$$\begin{cases} \varepsilon_x = \dfrac{1}{E}\left[\sigma_x - \nu(\sigma_y + \sigma_z) \right] + \dfrac{3(\sigma_x - \sigma_0)}{2E_p} \\[2mm] \varepsilon_y = \dfrac{1}{E}\left[\sigma_y - \nu(\sigma_x + \sigma_z) \right] + \dfrac{3(\sigma_y - \sigma_0)}{2E_p} \\[2mm] \varepsilon_z = \dfrac{1}{E}\left[\sigma_z - \nu(\sigma_x + \sigma_y) \right] + \dfrac{3(\sigma_z - \sigma_0)}{2E_p} \\[2mm] \gamma_{yz} = \dfrac{2(1+\nu)}{E}\tau_{yz} + \dfrac{3\tau_{yz}}{E_p} \\[2mm] \gamma_{zx} = \dfrac{2(1+\nu)}{E}\tau_{zx} + \dfrac{3\tau_{zx}}{E_p} \\[2mm] \gamma_{xy} = \dfrac{2(1+\nu)}{E}\tau_{xy} + \dfrac{3\tau_{xy}}{E_p} \end{cases} \tag{3.24}$$

对比式 (3.19) 和式 (3.24)，得

$$g(\sigma_i) = \dfrac{3}{2E_p} = \dfrac{3}{2}\left(\dfrac{1}{E_s^0} - \dfrac{1}{E} \right) \tag{3.25}$$

将式 (3.25) 的 E_p^{-1} 代入式 (3.21)，得

$$\dfrac{1}{E_s} = \dfrac{1}{E_s^0} - \dfrac{1-2\nu}{3E} \quad \text{或} \quad \dfrac{1}{E_s^0} = \dfrac{1}{E_s} + \dfrac{1-2\nu}{3E} \tag{3.26}$$

以上公式证明了只有当 $\nu = 0.5$ 时（即体积不可压缩性假设），σ_i-ε_i 曲线才与单向拉伸曲线重合。

将函数 $g(\sigma_i)$ 由单向应力状态推广到一般应力状态时，式(3.20)的第二式成为

$$g(\sigma_i)=\frac{3}{2}\left(\frac{1}{E_s}-\frac{1}{E}+\frac{1-2\nu}{3E}\right) \tag{3.27}$$

引入弹塑性变形时的横向变形系数 $(\mu)_2$：

$$(\mu)_2=-\frac{\varepsilon_y}{\varepsilon_x}$$

若考虑材料的可压缩性影响，则吉拉尔达(Giralda)和威尔达昂(Verdaan)用式(3.28)来表示 $(\mu)_2$ 为

$$(\mu)_2=\frac{1}{2}-\left(\frac{1}{2}-\nu\right)\frac{E_s^0}{E} \tag{3.28}$$

现在，进一步证明式(3.26)和式(3.28)等价，也就是说，采用修正体积压缩模数的方法(式(3.26))和修正横向变形系数的方法，考虑材料的体积可压缩性影响在本质上是一样的。

证明：在 x 方向受单向拉伸应力 σ_x 时(设 ε_x 为正)，从式(3.19)可得

$$\varepsilon_y=\left[-\frac{\nu}{E}-\frac{1}{3}g(\sigma_i)\right]\sigma_x，\text{即}\sigma_x=-\varepsilon_y\left[\frac{\nu}{E}+\frac{1}{3}g(\sigma_i)\right]^{-1}$$

将上式代入式(3.26)，得

$$\frac{\varepsilon_i}{\sigma_i}=\frac{\varepsilon_x}{\sigma_x}-\frac{1-2\nu}{3E}=-\frac{\varepsilon_x}{\varepsilon_y}\left[\frac{\nu}{E}+\frac{1}{3}g(\sigma_i)\right]-\frac{1-2\nu}{3E}$$

引入 $-\mu=\dfrac{\varepsilon_y}{\varepsilon_x}$，则上式就可以写成

$$\frac{1}{E_s^0}+\frac{1-2\nu}{3E}=\frac{1}{\mu}\left[\frac{\nu}{E}+\frac{1}{3}g(\sigma_i)\right]\Rightarrow\frac{1}{E_s^0}=\frac{1}{\mu}\left\{\frac{\nu}{E}+\frac{1}{3}\left[\frac{3}{2}\left(\frac{1}{E_s}+\frac{1-2\nu}{3E}-\frac{1}{E}\right)\right]\right\}$$

再一次在上式中运用式(3.26)，得

$$(\mu)_2=\frac{1}{2}-\left(\frac{1}{2}-\nu\right)\frac{E_s^0}{E} \qquad\text{(证毕)}$$

3) 全量理论的弹塑性失稳系数

对于全量理论，在本节主要讨论 Hencky-Nadai 理论，弹塑性失稳时，在 Shanley 的全面继续加载的提法下，弹塑性初始屈曲将引起应力增量 $\mathrm{d}\sigma_{ij}$ 和应变增量 $\mathrm{d}\varepsilon_{ij}$，它们之间的关系为

$$\mathrm{d}\varepsilon_{ij}=\left(\frac{\partial\varepsilon_{ij}}{\partial\sigma_{ij}}\right)\mathrm{d}\sigma_{ij} \tag{3.29}$$

由此得到属于形变理论(全量理论)的弹塑性失稳系数 a_{ij} 为

$$\left[a_{ij}\right]=\frac{\partial\varepsilon_{ij}}{\partial\sigma_{ij}} \tag{3.30}$$

现在，以系数 a_{11} 为例说明推导过程：

$$a_{11} = \frac{\partial \varepsilon_x}{\partial \sigma_x} = \frac{\partial \varepsilon_x^e}{\partial \sigma_x} + \frac{\partial \varepsilon_x^p}{\partial \sigma_x}$$

式中

$$\frac{\partial \varepsilon_x^e}{\partial \sigma_x} = \frac{1}{E} , \qquad \frac{\partial \varepsilon_x^p}{\partial \sigma_x} = \frac{\partial g}{\partial \sigma_x} s_x + g(\sigma_i) \frac{\partial s_x}{\partial \sigma_x} = \frac{9}{4} \frac{1}{\sigma_i^2} \left(\frac{1}{E_t} - \frac{1}{E_s} \right) s_x^2 + \left(\frac{1}{E_s^0} - \frac{1}{E} \right)$$

具体系数 a_{ij} 见**附录 2**，以上得到的结果和增量理论一样，形变理论的弹塑性失稳系数一共是 36 个，由于对称性，也有 21 个独立系数，它们仍然反映屈曲时应力场和应变场的各向异性性质。退化到弹性情况时，各向异性性质消失。

按形变理论，失稳时由屈曲引起的应力增量和应变增量之间的关系式为

$$d\varepsilon_{ij} = [a_{ij}] d\sigma_{ij}$$

或者令 $[A_{ij}] = E[a_{ij}]$，得

$$d\varepsilon_{ij} = \frac{1}{E} [A_{ij}] d\sigma_{ij}$$

这与增量理论的关系式(3.13)和式(3.15)的形式完全相同。因此，在分岔型屈曲状态下，由两种基本塑性理论可以得到统一形式的应力应变增量关系式。

3.1.3　各向异性塑性结构稳定

1. 屈服准则

仅考虑每一点上具有三个互相垂直对称平面的各向异性体，这些平面的交线为各向异性体的主轴(正交各向异性体)。对于这类各向异性体，可假定屈服准则是应力分量的二次式，这一简单的屈服准则在各向异性程度趋于零时，可以归结为 Mises 屈服条件。

设屈服准则为

$$2f(\sigma_{ij}) = F(\sigma_y - \sigma_z)^2 + G(\sigma_z - \sigma_x)^2 + H(\sigma_x - \sigma_y)^2 + 2L\tau_{yz}^2 + 2M\tau_{zx}^2 + 2N\tau_{xy}^2 = 1 \quad (3.31)$$

式中，F、G、H、L、M 和 N 是瞬时各向异性状态的特征参量。

设 σ_{sx}、σ_{sy} 和 σ_{sz} 是在各向异性主方向上的拉伸屈服极限，于是有

$$\frac{1}{\sigma_{sx}^2} = G + H , \qquad \frac{1}{\sigma_{sy}^2} = F + H , \qquad \frac{1}{\sigma_{sz}^2} = G + F \quad (3.32)$$

由式(3.32)，有

$$2F = \frac{1}{\sigma_{sy}^2} + \frac{1}{\sigma_{sz}^2} - \frac{1}{\sigma_{sx}^2} , \qquad 2G = \frac{1}{\sigma_{sx}^2} + \frac{1}{\sigma_{sz}^2} - \frac{1}{\sigma_{sy}^2} , \qquad 2H = \frac{1}{\sigma_{sx}^2} + \frac{1}{\sigma_{sy}^2} - \frac{1}{\sigma_{sz}^2}$$

式中，F、G 和 H 之中只有一个可以为负，这种为负的可能性只在屈服应力相差很大时才可能出现。

再设 τ_{syz}、τ_{szx} 和 τ_{sxy} 是对应于各向异性主轴的剪切屈服应力，于是有

$$2L = \tau_{syz}^{-2} , \qquad 2M = \tau_{szx}^{-2} , \qquad 2N = \tau_{sxy}^{-2} \quad (3.33)$$

由式(3.33)可见 L、M 和 N 恒为正。

屈服准则(3.31)还可写成

$$2f\left(\sigma_{ij}\right)=\left[(G+H)\sigma_x^2-2H\sigma_x\sigma_y+\left(F+H\right)\sigma_y^2+2N\tau_{xy}^2\right]$$
$$-2\left(G\sigma_x+F\sigma_y\right)\sigma_z+2\left(L\tau_{yz}^2+M\tau_{zx}^2\right)+\left(F+G\right)\sigma_z^2=1$$

在各向同性体情况下，各向同性是球对称的，这时有

$$L=M=N=3F=3G=3H$$

在这种情况下屈服准则(3.31)就退化为 Mises 屈服条件。

2. 应力应变增量之间的关系

设方程(3.31)的 $f(\sigma_{ij})$ 是塑性势函数，类似 Levy-Mises 方程，取

$$\begin{cases} d\varepsilon_x = d\lambda\left[H\left(\sigma_x-\sigma_y\right)+G\left(\sigma_x-\sigma_z\right)\right] \\ d\varepsilon_y = d\lambda\left[F\left(\sigma_y-\sigma_x\right)+H\left(\sigma_y-\sigma_z\right)\right] \\ d\varepsilon_z = d\lambda\left[G\left(\sigma_z-\sigma_y\right)+F\left(\sigma_z-\sigma_x\right)\right] \\ d\gamma_{yz} = d\lambda L\tau_{yz} \\ d\gamma_{zx} = d\lambda M\tau_{zx} \\ d\gamma_{xy} = d\lambda N\tau_{xy} \end{cases} \tag{3.34}$$

在用实验确定各向异性性质时，假定各向异性分布均匀，可在其中某一方向割出一个拉伸试件。设沿平行于各向异性 x 轴割出试样，其应变增量的比例为

$$d\varepsilon_x : d\varepsilon_y : d\varepsilon_z = (G+H):(-H):(-G) \tag{3.35}$$

利用关系式(3.32)和式(3.35)，可将 Prandtl-Reuss 定律推广到正交各向异性体，按照增量理论，有

$$d\varepsilon_{ij} = d\varepsilon_{ij}^e + d\varepsilon_{ij}^p$$

式中，弹性应变增量部分 $d\varepsilon_{ij}^e$ 为

$$\begin{cases} d\varepsilon_x^e = \dfrac{1}{E_1}\left[d\sigma_x - \nu_1\left(d\sigma_y+d\sigma_z\right)\right] \\ d\varepsilon_y^e = \dfrac{1}{E_2}\left[d\sigma_y - \nu_2\left(d\sigma_x+d\sigma_z\right)\right] \\ d\varepsilon_z^e = \dfrac{1}{E_3}\left[d\sigma_z - \nu_3\left(d\sigma_x+d\sigma_y\right)\right] \\ d\gamma_{yz}^e = \dfrac{1}{G_{23}}d\tau_{yz} \\ d\gamma_{zx}^e = \dfrac{1}{G_{31}}d\tau_{zx} \\ d\gamma_{xy}^e = \dfrac{1}{G_{12}}d\tau_{xy} \end{cases} \tag{3.36}$$

塑性应变增量部分 $\mathrm{d}\varepsilon_{ij}^{\mathrm{p}}$ 为

$$
\begin{cases}
\mathrm{d}\varepsilon_x^{\mathrm{p}} = \mathrm{d}\lambda\left[H(\sigma_x-\sigma_y)+G(\sigma_x-\sigma_z)\right]\\
\mathrm{d}\varepsilon_y^{\mathrm{p}} = \mathrm{d}\lambda\left[F(\sigma_y-\sigma_x)+H(\sigma_y-\sigma_z)\right]\\
\mathrm{d}\varepsilon_z^{\mathrm{p}} = \mathrm{d}\lambda\left[G(\sigma_z-\sigma_y)+F(\sigma_z-\sigma_x)\right]\\
\mathrm{d}\gamma_{yz}^{\mathrm{p}} = \mathrm{d}\lambda L\tau_{yz}\\
\mathrm{d}\gamma_{zx}^{\mathrm{p}} = \mathrm{d}\lambda M\tau_{zx}\\
\mathrm{d}\gamma_{xy}^{\mathrm{p}} = \mathrm{d}\lambda N\tau_{xy}
\end{cases}
\tag{3.37}
$$

式中

$$
\mathrm{d}\varepsilon_{ij}^{\mathrm{p}} = \mathrm{d}\lambda\frac{\partial f(\sigma_{ij})}{\partial\sigma_{ij}} = h(f)\frac{\partial f}{\partial\sigma_{ij}}\mathrm{d}f
\tag{3.38}
$$

因此，得

$$
\begin{cases}
\left(\dfrac{\partial f}{\partial\sigma_{ij}}\right)_x = H(\sigma_x-\sigma_y)+G(\sigma_x-\sigma_z)\\[2mm]
\left(\dfrac{\partial f}{\partial\sigma_{ij}}\right)_y = F(\sigma_y-\sigma_x)+H(\sigma_y-\sigma_z)\\[2mm]
\left(\dfrac{\partial f}{\partial\sigma_{ij}}\right)_z = G(\sigma_z-\sigma_y)+F(\sigma_z-\sigma_x)\\[2mm]
\left(\dfrac{\partial f}{\partial\sigma_{ij}}\right)_{yz} = L\tau_{yz}\\[2mm]
\left(\dfrac{\partial f}{\partial\sigma_{ij}}\right)_{zx} = M\tau_{zx}\\[2mm]
\left(\dfrac{\partial f}{\partial\sigma_{ij}}\right)_{xy} = N\tau_{xy}
\end{cases}
\tag{3.39}
$$

而且

$$
\mathrm{d}\lambda = h(f)\mathrm{d}f
\tag{3.40}
$$

塑性势函数 $f(\sigma_{ij})$ 为

$$
\begin{aligned}
f(\sigma_{ij}) = \frac{1}{2}\Big[&(G+H)\sigma_x^2 - 2H\sigma_x\sigma_y + (F+H)\sigma_y^2 + 2N\tau_{xy}^2\\
&-2(G\sigma_x+F\sigma_y)\sigma_z + 2(L\tau_{yz}^2+M\tau_{zx}^2)+(G+F)\sigma_z^2\Big]
\end{aligned}
\tag{3.41}
$$

于是得

$$
\begin{aligned}
\mathrm{d}f = &\left[(G+H)\sigma_x-(H\sigma_y+G\sigma_z)\right]\mathrm{d}\sigma_x + \left[(F+H)\sigma_y-(H\sigma_x+F\sigma_z)\right]\mathrm{d}\sigma_y\\
&\left[(G+F)\sigma_z-(F\sigma_y+G\sigma_x)\right]\mathrm{d}\sigma_z + 2L\tau_{yz}\mathrm{d}\tau_{yz} + 2M\tau_{zx}\mathrm{d}\tau_{zx} + 2N\tau_{xy}\mathrm{d}\tau_{xy}
\end{aligned}
\tag{3.42}
$$

式 (3.40) 中的 $h(f)$ 要由三个拉伸实验和三个纯扭转实验确定。

这里 x 方向的单向拉伸有

$$\mathrm{d}\varepsilon_x = \frac{\mathrm{d}\sigma_x}{E_1} + (H+G)\sigma_x \mathrm{d}\lambda = \frac{\mathrm{d}\sigma_x}{E_1} + (H+G)\sigma_x h(f)\mathrm{d}f$$

式中，f 和 $\mathrm{d}f$ 在单向拉伸情况下有

$$f = \frac{1}{2}(G+H)\sigma_x^2, \quad \mathrm{d}f = (G+H)\sigma_x \mathrm{d}\sigma_x$$

所以

$$\mathrm{d}\varepsilon_x = \frac{1}{E_1}\mathrm{d}\sigma_x + (G+H)^2 \sigma_x^2 h(f)\mathrm{d}\sigma_x$$

引入 x 方向拉伸曲线的切线模量 $\dfrac{1}{E_\mathrm{t}^0} = \dfrac{\mathrm{d}\varepsilon_x}{\mathrm{d}\sigma_x}$，并注意到

$$f = \frac{1}{2}(G+H)\sigma_x^2$$

则得

$$h_x(f) = \frac{1}{2(G+H)f}\left(\frac{1}{E_{\mathrm{t}1}^0} - \frac{1}{E_1}\right)$$

从 y 方向和 z 方向的单向拉伸实验，同样得到

$$h_y(f) = \frac{1}{2(G+H)f}\left(\frac{1}{E_{\mathrm{t}2}^0} - \frac{1}{E_2}\right), \quad h_z(f) = \frac{1}{2(G+H)f}\left(\frac{1}{E_{\mathrm{t}3}^0} - \frac{1}{E_3}\right)$$

从 τ_{yz} 的纯扭转实验可得

$$\mathrm{d}\gamma_{yz} = \frac{1}{G_{23}}\mathrm{d}\tau_{yz} + L\tau_{yz}\mathrm{d}\lambda$$

在纯扭转情况下有

$$f = L\tau_{yz}^2, \quad \mathrm{d}f = 2L\tau_{yz}\mathrm{d}\tau_{yz}$$

所以

$$\frac{\mathrm{d}\gamma_{yz}}{\mathrm{d}\tau_{yz}} = \frac{1}{G_{23}} + 2Lfh(f)$$

式中，G_{23} 是剪切弹性模量，设扭转硬化曲线（τ_{yz}-γ_{yz} 曲线）的剪切塑性模量 $G_{23}^{\mathrm{p}} = \dfrac{\mathrm{d}\tau_{yz}}{\mathrm{d}\gamma_{yz}}$，则

$$h_{yz}(f) = \frac{1}{2Lf}\left(\frac{1}{G_{23}^{\mathrm{p}}} - \frac{1}{G_{23}}\right)$$

从 τ_{zx} 和 τ_{xy} 的纯扭转实验，同理可得

$$h_{zx}(f) = \frac{1}{2Mf}\left(\frac{1}{G_{31}^{\mathrm{p}}} - \frac{1}{G_{31}}\right), \quad h_{xy}(f) = \frac{1}{2Nf}\left(\frac{1}{G_{12}^{\mathrm{p}}} - \frac{1}{G_{12}}\right)$$

3. 弹塑性失稳系数

由式 (3.36) 和式 (3.37)，以 $\mathrm{d}\varepsilon_x$ 为例，写出应力应变增量关系式：

$$\mathrm{d}\varepsilon_x = \frac{1}{E_1}\left[\mathrm{d}\sigma_x - \nu_1\left(\mathrm{d}\sigma_y + \mathrm{d}\sigma_z\right)\right] + \left[H\left(\sigma_x - \sigma_y\right) + G\left(\sigma_x - \sigma_z\right)\right]h_x\left(f\right)\mathrm{d}f$$

将式 (3.42) 中的 $\mathrm{d}f$ 代入上式，得

$$\mathrm{d}\varepsilon_x = a_{11}\mathrm{d}\sigma_x + a_{12}\mathrm{d}\sigma_y + a_{13}\mathrm{d}\sigma_z + a_{14}\mathrm{d}\tau_{yz} + a_{15}\mathrm{d}\tau_{zx} + a_{16}\mathrm{d}\tau_{xy}$$

对比以上两个公式，得到结构弹塑性失稳系数 $a_{1j}\,(j=1,2,3,4,5,6)$，见**附录 3**。

同理可得

$$\mathrm{d}\varepsilon_y = \frac{1}{E_2}\left[\mathrm{d}\sigma_y - \nu_2\left(\mathrm{d}\sigma_x + \mathrm{d}\sigma_z\right)\right] + \left[F\left(\sigma_y - \sigma_x\right) + H\left(\sigma_y - \sigma_z\right)\right]h_y\left(f\right)\mathrm{d}f$$

$$= a_{21}\mathrm{d}\sigma_x + a_{22}\mathrm{d}\sigma_y + a_{23}\mathrm{d}\sigma_z + a_{24}\mathrm{d}\tau_{yz} + a_{25}\mathrm{d}\tau_{zx} + a_{26}\mathrm{d}\tau_{xy}$$

$$\mathrm{d}\varepsilon_z = \frac{1}{E_3}\left[\mathrm{d}\sigma_z - \nu_3\left(\mathrm{d}\sigma_x + \mathrm{d}\sigma_y\right)\right] + \left[G\left(\sigma_z - \sigma_x\right) + F\left(\sigma_z - \sigma_y\right)\right]h_z\left(f\right)\mathrm{d}f$$

$$= a_{31}\mathrm{d}\sigma_x + a_{32}\mathrm{d}\sigma_y + a_{33}\mathrm{d}\sigma_z + a_{34}\mathrm{d}\tau_{yz} + a_{35}\mathrm{d}\tau_{zx} + a_{36}\mathrm{d}\tau_{xy}$$

于是，得结构弹塑性失稳系数 $a_{ij}\,(i=2,3;\,j=1,2,3,4,5,6)$，见**附录 3**。

由 $\mathrm{d}\gamma_{yz} = \mathrm{d}\gamma_{yz}^{\mathrm{e}} + \mathrm{d}\gamma_{yz}^{\mathrm{p}}$ 得

$$\mathrm{d}\gamma_{yz} = \frac{1}{G_{23}}\mathrm{d}\tau_{yz} + \mathrm{d}\lambda L\tau_{yz} = \frac{1}{G_{23}}\mathrm{d}\tau_{yz} + \frac{1}{2f}\left(\frac{1}{G_{23}^{\mathrm{p}}} - \frac{1}{G_{23}}\right)\tau_{yz}\mathrm{d}f$$

$$\mathrm{d}\gamma_{zx} = \frac{1}{G_{31}}\mathrm{d}\tau_{zx} + \mathrm{d}\lambda M\tau_{zx} = \frac{1}{G_{31}}\mathrm{d}\tau_{zx} + \frac{1}{2f}\left(\frac{1}{G_{31}^{\mathrm{p}}} - \frac{1}{G_{31}}\right)\tau_{zx}\mathrm{d}f$$

$$\mathrm{d}\gamma_{xy} = \frac{1}{G_{12}}\mathrm{d}\tau_{xy} + \mathrm{d}\lambda N\tau_{xy} = \frac{1}{G_{12}}\mathrm{d}\tau_{xy} + \frac{1}{2f}\left(\frac{1}{G_{12}^{\mathrm{p}}} - \frac{1}{G_{12}}\right)\tau_{xy}\mathrm{d}f$$

于是，得结构弹塑性失稳系数 $a_{ij}\,(i=4,5,6;\,j=1,2,3,4,5,6)$，见**附录 3**。

4. 退化到各向同性情况

塑性势函数 $f(\sigma_{ij})$ 为

$$2f\left(\sigma_{ij}\right) = F\left(\sigma_y - \sigma_z\right)^2 + G\left(\sigma_z - \sigma_x\right)^2 + H\left(\sigma_x - \sigma_y\right)^2 + 2L\tau_{yz}^2 + 2M\tau_{zx}^2 + 2N\tau_{xy}^2$$

$$2J_2 = \frac{1}{3}\left[\left(\sigma_y - \sigma_z\right)^2 + \left(\sigma_z - \sigma_x\right)^2 + \left(\sigma_x - \sigma_y\right)^2 + 6\left(\tau_{yz}^2 + \tau_{zx}^2 + \tau_{xy}^2\right)\right]$$

$$J_2 = T^2 = \frac{1}{3}\sigma_i^2$$

当屈服时 $\sigma_i = \sigma_{\mathrm{s}}$（屈服极限）。在各向同性硬化情况下，$f(\sigma_{ij}) = J_2$，有

$$F = G = H = \frac{1}{3}, \quad L = M = N = 1$$

将以上 F、G、H、L、M 和 N 值代入各向异性体的弹塑性失稳系数，就可退化为各向同性体的弹塑性失稳系数。

3.2　弹性压杆的大挠度理论

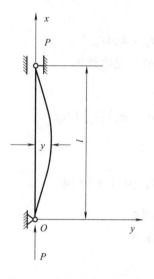

图 3.1　细长压杆受轴向压力

在材料力学中基于线性理论，导出了细长压杆受轴向压力 P 作用时的近似运动微分方程，如图 3.1 所示。

受轴向压力的细长压杆的近似运动微分方程为

$$EIy'' = -Py \tag{3.43}$$

式中，EI 为杆的抗弯刚度；y 为杆的横向挠度。边界条件：$y(0) = y(l) = 0$。显然，$y \equiv 0$ 是式(3.43)的一个解。

依照线性稳定性理论，零解的稳定性问题就是求解式(3.43)的线性特征值问题，得到其临界载荷为

$$P_{cr} = \frac{\pi^2 EI}{l^2} \tag{3.44}$$

设 $w_m = y\left(\dfrac{l}{2}\right)$ 为杆中点的挠度。当 $P < P_{cr}$ 时，杆有唯一的稳定解 $w_m = 0$；当 $P = P_{cr}$ 时，w_m 可以是任意值，这时出现一种随遇平衡的状态；当 $P > P_{cr}$ 时，只有一个不稳定解 $w_m = 0$。

这里，当 $P = P_{cr}$ 时，解失去了唯一性的意义，说明系统在临界点不稳定。这时，虽然确定了弹性压杆丧失直线平衡状态时的临界载荷，但是不能确定载荷到达及超过临界载荷时压杆的挠度。为解决这一问题，采用精确的挠度曲线微分方程，即考虑压杆变形的几何非线性，对其进行非线性稳定性分析。

现在，仍研究两端铰支受轴向压力 P 作用的细长压杆，如图 3.2 所示。考虑其变形的几何非线性，杆的曲率不再用 y'' 来近似，而采用精确的表达式 $\dfrac{\mathrm{d}\theta}{\mathrm{d}s}$。这里，$\theta$ 是杆弯曲时挠度曲线与 x 轴的夹角，s 是挠度曲线的弧长坐标。

由于杆的曲率半径 ρ 与弯矩 M 之间的关系为

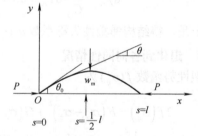

图 3.2　两端铰支受轴向压力 P 作用的细长压杆

$$\frac{1}{\rho} = \frac{\mathrm{d}\theta}{\mathrm{d}s} = \frac{M}{EI} = -\frac{Py}{EI}$$

所以有

$$EI \frac{\mathrm{d}\theta}{\mathrm{d}s} + Py = 0 \tag{3.45}$$

这是一个非线性方程，令 $k = \sqrt{\dfrac{P}{EI}}$，将式(3.45)对 s 微分，且注意到 $\dfrac{\mathrm{d}y}{\mathrm{d}s} = \sin\theta$，则杆的运动微分方程为

$$\frac{\mathrm{d}^2\theta}{\mathrm{d}s^2} + k^2 \sin\theta = 0 \tag{3.46}$$

边界条件为：$s=0$，$\theta=\theta_0$；$s=l$，$\theta=\pi-\theta_0$。

现在对方程(3.46)进行求解，将该方程乘以 $2\dfrac{\mathrm{d}\theta}{\mathrm{d}s}$，然后对 s 积分，得

$$\left(\frac{\mathrm{d}\theta}{\mathrm{d}s}\right)^2 - 2k^2\cos\theta = C$$

由边界条件，得 $C = -2k^2\cos\theta_0$，于是

$$\left(\frac{\mathrm{d}\theta}{\mathrm{d}s}\right)^2 = 2k^2\left(\cos\theta - \cos\theta_0\right) = 4k^2\left(\sin^2\frac{\theta_0}{2} - \sin^2\frac{\theta}{2}\right)$$

则

$$\frac{\mathrm{d}\theta}{\mathrm{d}s} = -2k\sqrt{\sin^2\frac{\theta_0}{2} - \sin^2\frac{\theta}{2}} \tag{3.47}$$

式中，负号是因为 $\dfrac{\mathrm{d}\theta}{\mathrm{d}s}$ 恒为负值。

现在引入新变量 φ，注意到 $\theta \leqslant \theta_0$，令

$$\sin\frac{\theta}{2} = \sin\frac{\theta_0}{2}\sin\varphi \tag{3.48}$$

将式(3.48)进行微分，得

$$\cos\frac{\theta}{2}\mathrm{d}\left(\frac{\theta}{2}\right) = \sin\frac{\theta_0}{2}\cos\varphi\mathrm{d}\varphi$$

令 $m = \sin\dfrac{\theta_0}{2}$，则

$$\sin\frac{\theta}{2} = m\sin\varphi, \quad \cos\frac{\theta}{2} = \sqrt{1 - m^2\sin^2\varphi}$$

于是由上式得

$$\frac{\mathrm{d}\theta}{\mathrm{d}s} = \frac{2m\cos\varphi}{\cos\dfrac{\theta}{2}}\frac{\mathrm{d}\varphi}{\mathrm{d}s} = \frac{2m\cos\varphi}{\sqrt{1 - m^2\sin^2\varphi}}\frac{\mathrm{d}\varphi}{\mathrm{d}s}$$

另外，由式(3.47)有

$$\frac{\mathrm{d}\theta}{\mathrm{d}s} = -2km\cos\varphi$$

令以上两式的右边相等，得

$$\mathrm{d}s = -\frac{1}{k}\frac{\mathrm{d}\varphi}{\sqrt{1 - m^2\sin^2\varphi}} \tag{3.49}$$

注意到当 $s=0$ 时，$\theta=\theta_0$，而 $\varphi=\dfrac{\pi}{2}$，因此积分得

$$s = -\frac{1}{k}\int_\varphi^{\pi/2} \frac{\mathrm{d}\varphi}{\sqrt{1 - m^2\sin^2\varphi}} \tag{3.50}$$

引入记号

$$F(m,\varphi) = \int_0^\varphi \frac{\mathrm{d}\varphi}{\sqrt{1-m^2\sin^2\varphi}} \quad \text{（第一类椭圆积分）}$$

$$F\left(m,\frac{\pi}{2}\right) = \int_0^{\pi/2} \frac{\mathrm{d}\varphi}{\sqrt{1-m^2\sin^2\varphi}} \quad \text{（第一类椭圆完全积分）}$$

则

$$ks = F\left(m,\frac{\pi}{2}\right) - F(m,\varphi)$$

当 $s=\dfrac{l}{2}$ 时，由对称性得 $\theta=0$，因此 $\varphi=0$，所以

$$\frac{kl}{2} = F\left(m,\frac{\pi}{2}\right) \tag{3.51}$$

由此方程可确定未知量 $m=\sin\dfrac{\theta_0}{2}$，即确定杆端转角 θ_0。

现在可求压杆挠度曲线上各点的坐标 x 和 y，从 $\dfrac{\mathrm{d}x}{\mathrm{d}s}=\cos\theta$ 和 $\dfrac{\mathrm{d}y}{\mathrm{d}s}=\sin\theta$ 出发，改用独立变量 φ，利用关系式 (3.48) 和式 (3.49) 得

$$\mathrm{d}x = \cos\theta\mathrm{d}s = -\frac{1}{k}\left(2\sqrt{1-m^2\sin^2\varphi} - \frac{1}{\sqrt{1-m^2\sin^2\varphi}}\right)\mathrm{d}\varphi$$

$$\mathrm{d}y = \sin\theta\mathrm{d}s = -\frac{2m}{k}\sin\varphi\mathrm{d}\varphi$$

积分以上两式，注意到当 $\varphi=\dfrac{\pi}{2}$ 时，$x=y=0$，得挠度曲线的参数方程为

$$x = \frac{1}{k}\left\{2\left[E\left(m,\frac{\pi}{2}\right) - E(m,\varphi)\right] - \left[F\left(m,\frac{\pi}{2}\right) - F(m,\varphi)\right]\right\} \tag{3.52}$$

式中

$$E(m,\varphi) = \int_0^\varphi \sqrt{1-m^2\sin^2\varphi}\,\mathrm{d}\varphi \quad \text{（第二类椭圆积分）}$$

$$E\left(m,\frac{\pi}{2}\right) = \int_0^{\pi/2} \sqrt{1-m^2\sin^2\varphi}\,\mathrm{d}\varphi \quad \text{（第二类椭圆完全积分）}$$

椭圆积分式中的 $m=\sin\dfrac{\theta_0}{2}$ 称为**椭圆积分的模量**，而 φ 称为**椭圆积分的幅角**。

根据方程 (3.51) 求临界力，由

$$\frac{l}{2}\sqrt{\frac{P}{EI}} = F\left(m,\frac{\pi}{2}\right)$$

得

$$P = \frac{4EI}{l^2}F^2\left(m,\frac{\pi}{2}\right) \tag{3.53}$$

当 m 从零增大到 1 时,第一类椭圆完全积分从 $\dfrac{\pi}{2}$ 增大到无穷大,因此,$F\left(m,\dfrac{\pi}{2}\right)$ 的最小值为 $\dfrac{\pi}{2}$。

所以,当 $\dfrac{kl}{2} < \dfrac{\pi}{2}$ 时,方程无解,此时压杆的平衡形式只可能是直线。而当 $kl = \pi$ 时,得

$$P = P_{\mathrm{cr}} = \frac{\pi^2 EI}{l^2}$$

这就是欧拉临界力。

当 $P > P_{\mathrm{cr}}$ 时,可能有曲线的平衡形式。根据式(3.51),每个力 P 都对应确定的 m 值,而由式(3.52),这又与确定的挠度曲线相对应。

现在来确定力 P 与中点挠度 $w_{\mathrm{m}} = y\left(\dfrac{l}{2}\right) = w$ 的关系式,对于中点,$\theta = 0$,由 $\sin\dfrac{\theta}{2} = m\sin\varphi$,可知 $\varphi = 0$,且此时 $y = w$,则由式(3.52),得

$$w = \frac{2m}{k} \tag{3.54}$$

弯曲变形后,两端点间的距离 l' 是杆坐标 $x_{中点}$ 的 2 倍,得

$$l' = 2x_{中点} = \frac{2}{k}\left[2E\left(m,\frac{\pi}{2}\right) - F\left(m,\frac{\pi}{2}\right)\right] \tag{3.55}$$

将力 P、中点挠度 w 及两端点的距离 l' 无量纲化,得

$$\frac{P}{P_{\mathrm{cr}}} = \left[\frac{2F\left(m,\dfrac{\pi}{2}\right)}{\pi}\right]^2, \quad \frac{w}{l} = \frac{m}{F\left(m,\dfrac{\pi}{2}\right)}, \quad \frac{l'}{l} = \frac{2E\left(m,\dfrac{\pi}{2}\right)}{F\left(m,\dfrac{\pi}{2}\right)} - 1 \tag{3.56}$$

式(3.56)中的有关数值见表 3.1。

表 3.1　式(3.56)中的有关数值

θ_0	$m^2 = \sin^2\left(\dfrac{\theta_0}{2}\right)$	$F\left(m,\dfrac{\pi}{2}\right)$	$E\left(m,\dfrac{\pi}{2}\right)$	$\dfrac{P}{P_{\mathrm{cr}}} = \left(\dfrac{2F}{\pi}\right)^2$	$\dfrac{w}{l} = \dfrac{m}{F}$	$\dfrac{l'}{l} = \dfrac{2E}{F} - 1$
10°	0.00760	1.57379	1.56781	1.0038	0.0554	0.9924
20°	0.03015	1.58284	1.55889	1.0154	0.1097	0.9697
30°	0.06699	1.59814	1.54415	1.0351	0.1620	0.9324
60°	0.25000	1.68575	1.46746	1.1517	0.2966	0.7410
90°	0.50000	1.85407	1.35064	1.3932	0.3814	0.4569
114°	0.70337	2.0804	1.23966	1.7541	0.4031	0.1918
130° 40′	0.82583	2.3203	1.16073	2.1820	0.3917	0.0005
150°	0.93301	2.76806	1.07641	3.1054	0.3490	−0.2223
170°	0.99240	3.83174	1.01266	5.9505	0.2600	−0.4714
175°	0.99810	4.52020	1.00383	8.2809	0.2210	−0.5222
177°	0.99931	5.02990	1.00155	10.2537	0.1987	−0.6018
179°	0.99992	6.12780	1.00021	15.2184	0.1632	−0.6736

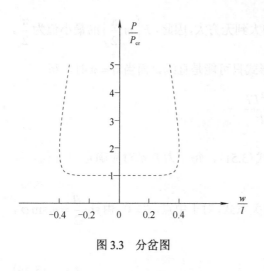

图 3.3　分岔图

绘出的 P-w 关系如图 3.3 所示。

当 $P = P_{cr}$ 时，并不是一个随遇平衡位置，平衡路径在此处分为三个分支。由静力学判据易于验证，当 $P > P_{cr}$ 时，在 $w = 0$ 的分支上平衡似乎不稳定；在另两个分支上平衡稳定，且这两个分支完全对称。但实际上的平衡只能沿着某一分支实现，并不具有对称性。

由图 3.3 可知，力 P 超过临界力后，挠度的增加很快。当力 P 超过临界力 0.4% 时，挠度已为杆长的 5%；而当力 P 超过临界力 1.5% 时，挠度已达杆长的 10%；当 $\dfrac{P}{P_{cr}} = 1.754$ 时，挠度达到

最大值为 40.31%；而当 $\dfrac{P}{P_{cr}} = 2.182$ 时，杆的两端相遇；当力 P 再进一步增大时，力 P 将成为拉力，此时细长杆的左、右两部分互相交叉。由于力 P 超过临界力 P_{cr} 后，挠度增加很快，所以压杆载荷超过临界力的情况十分危险。

图 3.3 揭示了系统对参数 P 的大范围依赖关系。研究表明：对于一个力学系统的稳定性问题，不能限于讨论在给定的载荷 P 之下判断平衡是否稳定，更不能限于探求临界载荷 P_{cr}，而是要给出平衡状态随参数 P 变化的整个平衡路径(平衡路径又常称为平衡解曲线，或简称为解曲线)。在解曲线上发生分岔的点具有特殊的地位，如图 3.3 中 $\dfrac{P}{P_{cr}} = 1$ 的点，这类点称为分岔点，本节中的这种分岔属于静态分岔。

3.3　初始后屈曲理论

初始后屈曲理论又称渐近屈曲理论，它是由 Koiter 建立的。Koiter 以分岔点附近足够小的邻域作为研究对象，采用摄动法，根据能量原理和稳定性的能量判据，讨论了下列问题：

(1) 确定完善结构对应于分岔点的临界载荷；

(2) 确定分岔点附近平衡状态的渐近解；

(3) 用能量判据判别基本状态、分岔点及初始后屈曲状态的稳定性；

(4) 研究初始缺陷对结构后屈曲行为的影响。

3.3.1　Koiter 理论

Koiter 讨论的是弹性静力保守系统，且假定载荷依赖于唯一的参数 λ。对于弹性保守系统，其势能 Π 为应变能 U 与外力势能 V 的总和，即

$$\Pi = U + V = \int_A (u^0, v^0, w^0, \lambda) \mathrm{d}A \tag{3.57}$$

式中，u^0、v^0 和 w^0 为结构中面的位移分量。

根据势能极值原理，势能的一阶变分 $\delta\Pi = 0$ 可给出控制所有平衡路径的非线性平衡方程。令

$$u^0 = u_0 + u_1, \quad v^0 = v_0 + v_1, \quad w^0 = w_0 + w_1 \tag{3.58}$$

式中，(u^0, v^0, w^0) 是在初始路径上，即基本状态上的平衡构形，它对应于邻近临界点的某一载荷参数 λ；(u_1, v_1, w_1) 为运动许可的微小位移增量。

为叙述简便，现以一维问题为例，分析图 3.4 所示的平衡路径，其中 I 为**基本状态**，或称为**前屈曲状态**。在基本状态下，位移 u_0 记为 $u_0(\lambda)$，它是载荷参数 λ 的连续可微函数。当 $\lambda = 0$ 时，$u_0(\lambda) = 0$；当 $0 < \lambda < \lambda_1$ 时，基本状态的平衡稳定，λ_1 为载荷参数的临界值；当 $\lambda \geqslant \lambda_1$ 时，基本状态的平衡不稳定，在临界点处平衡方程的另一解从基本状态中分岔出来，形成平衡路径分支 II，称为**基本状态的邻近状态**，或后屈曲状态。因而临界点又称分岔点（若存在更高阶的分岔点，将有相应的其他后屈曲状态），在分岔点处，分支 I 和 II 的稳定性发生变化。图 3.4 中的实线表示稳定分支，虚线表示不稳定分支。一般而言，临界点可有两个相当的准则来表征：其一是，在临界点处，在相同的载荷作用下，存在运动许可的无限近的平衡构形；其二是稳定性的能量判据。

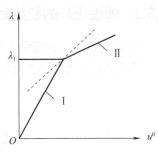

图 3.4　平衡路径

由式(3.57)得，当一维弹性系统从基本状态 I 通过运动许可的附加位移场 u_1，得到与之相邻的构形 II 时，其势能 Π 的增量为

$$\Delta\Pi[\lambda, u_1] = \Pi_2[\lambda, u_0 + u_1] - \Pi_1[\lambda, u_0] \tag{3.59}$$

将泛函 $\Delta\Pi$ 对 u_1 作泰勒(Taylor)展开，得

$$\Delta\Pi = \frac{1}{2!}\delta^2\Pi + \frac{1}{3!}\delta^3\Pi + \frac{1}{4!}\delta^4\Pi + \cdots \tag{3.60}$$

式中，一阶变分项 $\delta\Pi = 0$，因为 u_0 为平衡构形，且 u_1 为小量，所以式中右边不为零的项均大于后继各项之和。

根据稳定性的能量判据，基本状态 I 的分岔点 $(u_1 = 0)$ 稳定的充要条件是：对于一切运动许可的邻近状态（u_1 的模足够小），其势能的增量恒非负，即

$$\Delta\Pi[\lambda, u_1] \geqslant 0 \tag{3.61}$$

由式(3.60)可知，要满足条件(3.61)，仅需势能的二阶变分满足式(3.62)，即

$$\delta^2\Pi \geqslant 0 \tag{3.62}$$

式(3.62)为弹性保守系统保持基本状态稳定平衡的充要条件。

从式(3.62)可知，基本状态 I 和分岔点稳定的必要条件是势能的二阶变分非负，即对于一个足够小的载荷，位移增量 u_1 所有可能的变化都使 $\delta^2\Pi \geqslant 0$。而作为连续体的弹性系统，其临界载荷的定义是使系统从基本状态 I 变化到邻近状态 II 时的最低载荷，则至少有一个 u_1 值将使 $\delta^2\Pi < 0$。

结合条件(3.62)，得到确定基本状态 I 上分岔点的条件为

$$\delta^2\Pi = 0 \tag{3.63}$$

即弹性保守系统处于临界状态时，系统势能的二阶变分等于零。而使 $\delta^2\Pi = 0$ 的非零位移 u_1 及

相应的载荷参数 λ_1 分别称为**屈曲模态**和**临界载荷参数**。须注意，这里的屈曲模态与经典理论中的一致，且一般说来，屈曲模态有几个，记为 $u_1^i\,(i=1,2,\cdots,n)$。显然，线性组合 $\sum a_i u_1^i$ 也为屈曲形状。

邻近状态 II 取决于后屈曲平衡路径中初始段的状态，这需要考察分岔点是属于基本状态 I 的稳定部分还是属于基本状态 I 的不稳定部分。因为临界点处势能的二阶变分为零，且由式(3.60)，势能增量 $\Delta\Pi$ 的正负将由更高阶的变分项来确定，因此为了回答上述问题，需根据分岔点稳定性的充要条件(3.61)，来研究势能的二阶变分以上的高阶变分。

3.3.2　弹性压杆的初始后屈曲分析

现将 Koiter 理论应用于不可压缩杆的弹性后屈曲问题，考察轴向压力 P 作用下的两端简支等截面直杆，如图 3.5 所示。

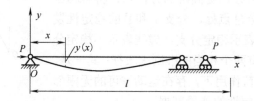

图 3.5　轴向压力 P 作用下的两端简支等截面直杆

这时，杆处于不弯曲时的直线构形，且总保持这一平衡状态，即基本状态 I，同时假设杆的中心线不发生伸长或缩短。压杆在它的一个主平面内的弯曲状态视为状态 II，用挠度 $y(x)$ 表示。状态 I 下的弹性应变能为零；状态 II 下，每单位长度杆的弹性应变能等于 $\frac{1}{2}EI\kappa^2$，其中 κ 为曲率，EI 为抗弯刚度。端部载荷的势能减少为载荷 P 与端部移动距离 Δ 的乘积，即 $V=-P\Delta$。

对于不考虑轴向变形的压杆，由材料力学可知

$$\kappa=\pm\frac{\dfrac{\mathrm{d}^2 y}{\mathrm{d}x^2}}{\sqrt{1-\left(\dfrac{\mathrm{d}y}{\mathrm{d}x}\right)^2}} \tag{3.64}$$

$$\Delta=\int_0^1\left[1-\sqrt{1-\left(\frac{\mathrm{d}y}{\mathrm{d}x}\right)^2}\right]\mathrm{d}x \tag{3.65}$$

于是，从状态 I 过渡到状态 II，势能增量的表达式为

$$\Delta\Pi[P,y]=\frac{1}{2}EI\int_0^1\frac{\left(\dfrac{\mathrm{d}^2 y}{\mathrm{d}x^2}\right)^2}{1-\left(\dfrac{\mathrm{d}y}{\mathrm{d}x}\right)^2}\mathrm{d}x+P\int_0^1\left[\sqrt{1-\left(\frac{\mathrm{d}y}{\mathrm{d}x}\right)^2}-1\right]\mathrm{d}x \tag{3.66}$$

引入下列无量纲参数：

$$\xi = \frac{x}{l}, \quad \psi = \frac{y}{l}, \quad \lambda = \frac{Pl^2}{\pi^2 EI}, \quad \Delta\overline{\Pi} = \frac{2\Delta\Pi l}{EI}$$

则式 (3.66) 的无量纲表达式为

$$\Delta\overline{\Pi}[\lambda,\psi] = \int_0^1 \frac{\psi''^2}{1-\psi'^2}\mathrm{d}\xi + 2\pi^2\lambda\int_0^1\left(\sqrt{1-\psi'^2}-1\right)\mathrm{d}\xi \tag{3.67}$$

式中，"′"表示对自变量求导。将式 (3.67) 中的被积函数作 Taylor 展开，且略去 ψ 的各阶导数中高于四次幂的项，得

$$\Delta\overline{\Pi} = \frac{1}{2!}\delta^2\overline{\Pi} + \frac{1}{4!}\delta^4\overline{\Pi} \tag{3.68}$$

式中，势能的一阶变分项和三阶变分项均为零，势能的一阶变分项恒为零，二阶和四阶变分项分别为

$$\frac{1}{2!}\delta^2\overline{\Pi} = \int_0^1\left(\psi''^2 - \pi^2\lambda\psi'^2\right)\mathrm{d}\xi, \quad \frac{1}{4!}\delta^4\overline{\Pi} = \int_0^1\left(\psi'^2\psi''^2 - \frac{1}{4}\pi^2\lambda\psi'^2\right)\mathrm{d}\xi$$

根据式 (3.62)，确定基本状态及分岔点稳定的条件是：$\delta^2\Pi$ 半正定。为此要求

$$\delta\left(\frac{1}{2!}\delta^2\overline{\Pi}\right) = 0 \tag{3.69}$$

则有

$$\begin{aligned}
\delta\left(\frac{1}{2!}\delta^2\overline{\Pi}\right) &= \delta\int_0^1\left(\psi''^2 - \pi^2\lambda\psi'^2\right)\mathrm{d}\xi \\
&= 2\left(\psi''\delta\psi'\big|_0^1 + \psi''\delta\psi\big|_0^1 - \pi^2\lambda\psi'\delta\psi\big|_0^1\right) + 2\int_0^1(\psi''' + \pi^2\lambda\psi'')\delta\psi\mathrm{d}\xi \\
&= 0
\end{aligned}$$

由 $\delta\psi$ 的任意性，根据上式，得到确定屈曲形状和临界载荷的控制方程：

$$\psi''' + \pi^2\lambda\psi'' = 0 \tag{3.70}$$

相应的边界条件为

$$\psi(0) = \psi(1) = \psi''(0) = \psi''(1) = 0 \tag{3.71}$$

方程 (3.70) 的一般解为

$$\psi = A + B\xi + C\cos\pi\sqrt{\lambda}\xi + D\sin\pi\sqrt{\lambda}\xi \tag{3.72}$$

由边界条件 (3.71) 和式 (3.72)，只能容许 D 取非零值。这个值当且仅当下式成立时才存在，即

$$\pi\sqrt{\lambda} = k\pi \quad (k=1,2,\cdots)$$

因此，方程 (3.70) 满足边界条件 (3.71)，具有非零解的载荷参数最小值为 1，即 $\lambda_1 = 1$，对应的特征函数为

$$\psi_1 = \sin\pi\xi \tag{3.73}$$

这一函数通过引入条件 $\psi_1 = 1$（当 $\xi = \frac{1}{2}$ 时）而正则化。对应的屈曲载荷 $P_{\mathrm{cr}} = \frac{\pi^2 EI}{l^2}$，这便是熟知的欧拉临界载荷。

又因为式(3.68)中没有势能的三阶变分项，所以确定临界状态稳定性的量为

$$\frac{1}{4!}\delta^4\overline{\varPi} = \int_0^1\left(\psi_1'^2\psi_1''^2 - \frac{1}{4}\pi^2\lambda\psi_1'^2\right)\mathrm{d}\xi = \frac{\pi^6}{32} \tag{3.74}$$

此值恒为正，则由稳定性条件(3.71)可知，在此屈曲载荷下的平衡稳定。

按照 Koiter 理论，对式(3.70)应用势能极值原理，得到确定邻近状态Ⅱ后屈曲平衡路径的非线性微分方程。然而，该方程的求解十分困难，采用近似方法，研究λ_1附近的后屈曲平衡路径。设在与屈曲载荷相邻的载荷(对应到载荷参数为λ)作用下，式(3.73)所示的特征函数的幅值为a。由于限定研究λ_1附近的初始后屈曲行为，$\lambda-\lambda_1$为一小量。难以预料，后屈曲平衡状态应与某一些经典屈曲模态接近，令

$$\psi = a_i\psi_i + \Delta \qquad (i=1,2,\cdots,n) \tag{3.75}$$

式中，a_i是小量；Δ为高阶小量，且假定Δ与ψ_i正交。详尽的分析表明，在后屈曲性态分析中若取一次近似，则仅需在二次变分中考虑与λ有关的项。于是对势能增量的二阶变分在λ_1处展开，得

$$\frac{1}{2!}\delta^2\overline{\varPi}[\lambda,\psi] = \frac{1}{2!}\delta^2\overline{\varPi}[\lambda_1,\psi] + (\lambda-\lambda_1)\frac{1}{2!}\left(\delta^2\overline{\varPi}[\lambda_1,\psi]\right)' + \cdots \tag{3.76}$$

将式(3.75)代入式(3.76)，固定屈曲模态的幅值$a_i=a_1=a$，考察势能增量泛函对Δ的最小化，在一次近似的情况下，取$\psi = a\psi_1$，则势能增量泛函是关于幅值a的简单代数函数。设该函数为$F(\lambda,a)$，且注意到式(3.76)中右边第一项为零值，则有

$$F(\lambda,a) = (\lambda-\lambda_1)F_2(a) + F_4(a) \tag{3.77}$$

式中

$$F_2(a) = \left(\frac{1}{2!}\delta^2\overline{\varPi}[\psi_1]\right)'a^2 = -\frac{\pi^4a^2}{2}, \quad F_4(a) = \left(\frac{1}{4!}\delta^4\overline{\varPi}[\psi_1]\right)a^4 = \frac{\pi^6a^4}{32}$$

于是，式(3.77)可写为

$$F(\lambda,a) = -\frac{\pi^4a^2}{2}(\lambda-\lambda_1) + \frac{\pi^6a^4}{32} \tag{3.78}$$

应用驻值定理$\dfrac{\mathrm{d}F(\lambda,a)}{\mathrm{d}a}=0$，得到后屈曲模态的幅值为

$$a = \pm\frac{2\sqrt{2}}{\pi}\sqrt{\lambda-\lambda_1} \tag{3.79}$$

式(3.79)即为无量纲载荷参数λ与a之间的关系式。

3.4 非线性前屈曲一致理论

非线性前屈曲一致理论是经典线性理论的完善化，适用于前屈曲应力状态变化较大的情形(如扁壳)。该理论所考虑的是完善结构，不能对带有初始缺陷的结构进行稳定性分析。同时，该理论只研究分岔屈曲情形，不分析极值屈曲，也不讨论后屈曲行为。考虑到在很多情况下，人们最关心的问题是屈曲何时发生，而不一定研究屈曲后的行为，因而该理论仍有很强的实用价值。

3.4.1　完善圆柱薄壳的稳定性求解

求解前屈曲状态是从 Donnell 基本方程组出发的，如式(3.80)所示：

$$\frac{\partial N_x}{\partial x}+\frac{\partial N_{xy}}{\partial y}=0 , \quad \frac{\partial N_{xy}}{\partial x}+\frac{\partial N_y}{\partial y}=0 \tag{3.80}$$

该方程组是由 9 个方程组成的完全方程组，加上前屈曲的边界条件可求出方程组的 9 个未知数（$N_{x\mathrm{I}}$、$N_{y\mathrm{I}}$、$N_{xy\mathrm{I}}$、$\varepsilon_{x\mathrm{I}}$、$\varepsilon_{y\mathrm{I}}$、$\gamma_{xy\mathrm{I}}$、$U_{\mathrm{I}}$、$V_{\mathrm{I}}$、$W_{\mathrm{I}}$），前屈曲的边界条件和实际边界条件一致，这也是该理论称为"一致理论"的原因。

设前屈曲变形对称，这时方程组(3.80)变成

$$\frac{\mathrm{d}N_{x\mathrm{I}}}{\mathrm{d}x}=0, \quad \frac{\mathrm{d}N_{xy\mathrm{I}}}{\mathrm{d}y}=0, \quad D\frac{\mathrm{d}^4W_{\mathrm{I}}}{\mathrm{d}x^4}-\frac{N_{y\mathrm{I}}}{R}-N_{x\mathrm{I}}\frac{\mathrm{d}^2W_{\mathrm{I}}}{\mathrm{d}x^2}=0 \tag{3.81}$$

式中，D 为长度；R 为半径。

$$N_{x\mathrm{I}}=\frac{Et}{1-v^2}\left(\varepsilon_{x\mathrm{I}}+v\varepsilon_{y\mathrm{I}}\right), \quad N_{y\mathrm{I}}=\frac{Et}{1-v^2}\left(\varepsilon_{y\mathrm{I}}+v\varepsilon_{x\mathrm{I}}\right), \quad N_{xy\mathrm{I}}=\frac{1}{2}\frac{Et}{1+v}\gamma_{xy\mathrm{I}}$$

$$\varepsilon_{x\mathrm{I}}=\frac{\mathrm{d}U_{\mathrm{I}}}{\mathrm{d}x}+\frac{1}{2}\left(\frac{\mathrm{d}W_{\mathrm{I}}}{\mathrm{d}x}\right)^2, \quad \varepsilon_{y\mathrm{I}}=-\frac{W_{\mathrm{I}}}{R}, \quad \gamma_{xy\mathrm{I}}=\frac{\mathrm{d}V_{\mathrm{I}}}{\mathrm{d}x}$$

式中，t 为力；v 为泊松比。

将壳体的内力、变形分为 I、II 两个状态表示的前屈曲状态，II 状态表示由于屈曲，前屈曲状态的内力、应变和位移增加的一个无限小量，即

$$\begin{cases}N_x=N_{x\mathrm{I}}(x)+N_{x\mathrm{II}}(x,y)\\N_y=N_{y\mathrm{I}}(x)+N_{y\mathrm{II}}(x,y)\\N_{xy}=N_{xy\mathrm{I}}(x)+N_{xy\mathrm{II}}(x,y)\end{cases}, \begin{cases}\varepsilon_x=\varepsilon_{x\mathrm{I}}(x)+\varepsilon_{x\mathrm{II}}(x,y)\\\varepsilon_y=\varepsilon_{y\mathrm{I}}(x)+\varepsilon_{y\mathrm{II}}(x,y)\\\gamma_{xy}=\gamma_{xy\mathrm{I}}(x)+\gamma_{xy\mathrm{II}}(x,y)\end{cases}, \begin{cases}U=U_{\mathrm{I}}(x)+U_{\mathrm{II}}(x,y)\\V=V_{\mathrm{I}}(x)+V_{\mathrm{II}}(x,y)\\W=W_{\mathrm{I}}(x)+W_{\mathrm{II}}(x,y)\end{cases} \tag{3.82}$$

将式(3.82)代入式(3.80)，减去关于状态 I 的相应方程，略去与状态 II 各参量有关的非线性项后，可得全部屈曲方程为

$$\begin{cases}\dfrac{\partial N_{x\mathrm{II}}}{\partial x}+\dfrac{\partial N_{xy\mathrm{II}}}{\partial y}=0\\[2mm]\dfrac{\partial N_{xy\mathrm{II}}}{\partial x}+\dfrac{\partial N_{y\mathrm{II}}}{\partial y}=0\\[2mm]D\nabla^4W_{\mathrm{II}}-\dfrac{N_{y\mathrm{II}}}{R}-\left(N_{x\mathrm{I}}\dfrac{\partial^2W_{\mathrm{II}}}{\partial x^2}+2N_{xy\mathrm{I}}\dfrac{\partial^2W_{\mathrm{II}}}{\partial x y}+N_{y\mathrm{I}}\dfrac{\partial^2W_{\mathrm{II}}}{\partial y^2}+N_{x\mathrm{II}}\dfrac{\mathrm{d}^2W_{\mathrm{I}}}{\mathrm{d}x^2}\right)=q\end{cases} \tag{3.83}$$

式中

$$N_{x\mathrm{II}}=\frac{Et}{1-v^2}\left(\varepsilon_{x\mathrm{II}}+v\varepsilon_{y\mathrm{II}}\right), \quad N_{y\mathrm{II}}=\frac{Et}{1-v^2}\left(\varepsilon_{y\mathrm{II}}+v\varepsilon_{x\mathrm{II}}\right), \quad N_{xy\mathrm{II}}=\frac{1}{2}\frac{Et}{1+v}\gamma_{xy\mathrm{II}}$$

$$\varepsilon_{x\mathrm{II}}=\frac{\partial U_{\mathrm{II}}}{\partial x}+\frac{\mathrm{d}W_{\mathrm{I}}}{\mathrm{d}x}\frac{\partial W_{\mathrm{II}}}{\partial x}, \quad \varepsilon_{y\mathrm{II}}=\frac{\partial V_{\mathrm{II}}}{\partial y}+\frac{W_{\mathrm{II}}}{R}, \quad \gamma_{xy\mathrm{II}}=\frac{\partial V_{\mathrm{II}}}{\partial x}+\frac{\partial U_{\mathrm{II}}}{\partial y}+\frac{\mathrm{d}W_{\mathrm{I}}}{\mathrm{d}x}\frac{\partial W_{\mathrm{II}}}{\partial y}$$

这是关于状态 II 参量的齐次方程组，将解出的状态 I 参量代入后，求解该齐次方程组的特征值即可得出失稳临界力。

3.4.2 有限长圆柱壳受轴向压缩分析

这里针对有限长圆柱壳受轴向压缩进行分析，有

$$U_{\mathrm{I}} = U_{\mathrm{I}}(x), \quad V_{\mathrm{I}} = 0, \quad W_{\mathrm{I}} = W_{\mathrm{I}}(x), \quad N_{xy\mathrm{I}} = 0 \tag{3.84}$$

由于

$$\varepsilon_{y\mathrm{I}} = -\frac{W_{\mathrm{I}}}{R} = \frac{1}{Et}(N_{y\mathrm{I}} - \nu N_{x\mathrm{I}}), \quad N_{y\mathrm{I}} = -\frac{Et}{R}W_{\mathrm{I}} + \nu N_{x\mathrm{I}}, \quad N_{x\mathrm{I}} = -\frac{P}{2\pi R} \tag{3.85}$$

将式(3.85)代入式(3.81)的第三式，得

$$D\frac{\mathrm{d}^4 W_{\mathrm{I}}}{\mathrm{d}x^4} - N_{x\mathrm{I}}\frac{\mathrm{d}^2 W_{\mathrm{I}}}{\mathrm{d}x^2} + \frac{Et}{R^2}W_{\mathrm{I}} - \frac{\nu}{R}N_{x\mathrm{I}} = 0 \tag{3.86}$$

式(3.86)为常系数常微分方程式，其解可表达为

$$W_{\mathrm{I}} = 2\nu\rho K P_x\left(1 + A_1\sin\frac{\alpha_1 x}{R}\,\mathrm{sh}\,\frac{\alpha_2 x}{R} + A_2\cos\frac{\alpha_1 x}{R}\,\mathrm{ch}\,\frac{\alpha_2 x}{R}\right) \tag{3.87}$$

式中

$$\rho = \frac{1}{\sqrt{12(1-\nu^2)}}\frac{t}{R}, \quad P_x = -\frac{P}{4\pi E\rho t}, \quad K = \frac{1}{\sqrt{2\rho}}, \quad \alpha_1 = K\sqrt{1+P_x}, \quad \alpha_2 = K\sqrt{1-P_x}$$

积分常数 A_1 和 A_2 由边界条件决定。

将 W_{I}、$N_{x\mathrm{I}}$ 和 $N_{y\mathrm{I}}$ 代入式(3.83)，得非线性前屈曲分析的分支载荷。八类边界条件如表 3.2 所示。

表 3.2　八类边界条件

边界类型	边界条件
C_1	$W = W_{,x} = U = V = 0$
C_2	$W = W_{,x} = U = N_{xy} = 0$
C_3	$W = W_{,x} = N_x = V = 0$
C_4	$W = W_{,x} = N_x = N_{xy} = 0$
S_1	$W = W_{,xx} = U = V = 0$
S_2	$W = W_{,xx} = U = N_{xy} = 0$
S_3	$W = W_{,xx} = N_x = V = 0$
S_4	$W = W_{,xx} = N_x = N_{xy} = 0$

图 3.6 给出了前屈曲非线性效应下的应力参数 k_x 与几何参数 Z 的关系曲线。

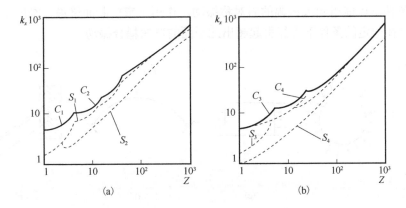

图 3.6   应力参数 k_x 与几何参数 Z 的关系曲线

对于圆柱薄壳受外压作用的情况，Yamaki 于 1969 年给出了前屈曲非线性效应的结果，如图 3.7 所示。

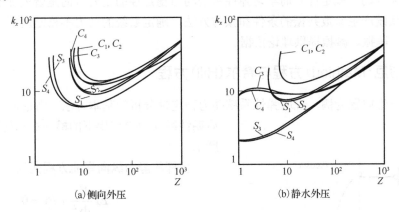

图 3.7   圆柱薄壳受外压作用的结果

3.5   弹性系统的动力稳定性

弹性系统的动力稳定性理论研究弹性体在动载荷作用下的稳定性问题。本章限于讨论动载荷为周期性载荷的情况，此类问题的特点是载荷以参数的形式列入系统的动力平衡方程中，这种载荷称为**参数载荷**。下面举例说明动力稳定性理论的研究对象。

在直杆上作用周期性的纵向载荷(图 3.8(a))，若其幅值小于临界值，则一般来说，杆件只产生纵向振动。但是，当扰动频率 θ 与杆的横向固有振动频率 ω 之间的比值一定时，杆件的直线形式将变为动力不稳定，发生横向振动，其振幅迅速地增加到很大的数值。共振(即参数共振)开始时的频率比值不同于一般强迫振动共振时的频率比值，对于足够小的纵向力幅值来说，此比值具有形式：$\theta = 2\omega$。受均布径向载荷压缩的圆环(图 3.8(b))一般来说只产生径向压缩。但是，在载荷频率与圆环的固有弯曲振动频率之间的比值一定时，圆环原来的形状将变为动力不稳定，发生强烈的弯曲振动。作用于板中央平面上的周期力(图 3.8(c))在一定的条件下可能引起剧烈的横向振动。作用于拱上的周期力(图 3.8(d))一般只引起对称振动，但在一定的条件下可能引起大振幅的斜对称振动。作用于窄横断面梁最大刚度平面内的周期力(图 3.8(e))在一定的条件下可能引起超出此平面的弯扭耦合振动。

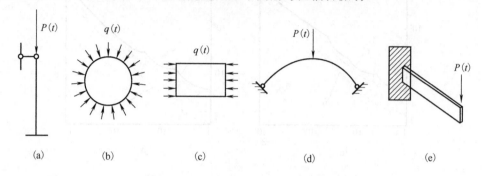

$$\text{(a)} \qquad \text{(b)} \qquad \text{(c)} \qquad \text{(d)} \qquad \text{(e)}$$

图 3.8　几种动力稳定性理论的研究对象

　　一般来说,在一定静载荷形式下可能丧失静力稳定性的结构,在同样形式的动载荷作用下也可能丧失其动力稳定性。而学习弹性系统动力稳定性的主要目的是研究处于参数载荷作用下的弹性系统产生参数共振的条件和预防方法,确定系统的动力不稳定区域,为工程结构的安全设计、隔振、减振提供理论依据。

3.5.1　马蒂厄(Mathieu)方程与希尔(Hill)方程

　　现在以一维问题为例,说明弹性系统动力稳定性分析的基本方法。考虑两端铰支直杆在周期性纵向力 P 作用下的横向振动问题,如图 3.9 所示。

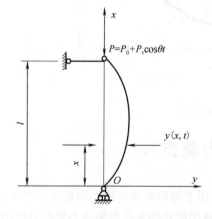

图 3.9　两端铰支直杆的横向振动问题

直杆的静力纵向弯曲方程式为

$$EI\frac{\mathrm{d}^2 y}{\mathrm{d}x^2} + Py = 0$$

式中,y 为杆的横向挠度;EI 为杆的抗弯刚度。上式经过两次微分后变为

$$EI\frac{\mathrm{d}^4 y}{\mathrm{d}x^4} + P\frac{\mathrm{d}^2 y}{\mathrm{d}x^2} = 0$$

假设系统处在纵向振动的共振之外,仅考虑密度为 $-m\dfrac{\partial^2 y}{\partial t^2}$ 的横向惯性力,这里 m 为杆单位长度的质量。于是可确定杆在任一瞬时的动力挠度 $y(x,t)$ 的运动控制方程为

$$EI\frac{\mathrm{d}^4 y}{\mathrm{d}x^4} + (P_0 + P_t \cos\theta t)\frac{\partial^2 y}{\partial x^2} + m\frac{\partial^2 y}{\partial t^2} = 0 \tag{3.88}$$

设满足两端铰支边界条件的形式解为

$$y(x,t) = f_k(t)\sin\frac{k\pi x}{l} \quad (k = 1,2,\cdots)$$

将上式代入式(3.88)，得

$$\frac{\mathrm{d}^2 f_k}{\mathrm{d}t^2} + \omega_k^2 \left(1 - \frac{P_0 + P_t \cos\theta t}{p_k^*}\right) f_k = 0 \quad (k = 1, 2, \cdots) \tag{3.89}$$

式中，p_k^* 为第 k 个固有振动频率下的纵向力分量。在式(3.89)中，对于不受载荷杆件的第 k 个固有振动频率，引入符号：

$$\omega_k = \frac{k^2 \pi^2}{l^2} \sqrt{\frac{EI}{m}}$$

而对于第 k 个临界力，引入符号：

$$P_k^{\mathrm{cr}} = \frac{k^2 \pi^2 EI}{l^2}$$

令 Ω_k 为纵向力定值分量 P_0 作用下杆的固有振动频率，μ_k 为激发系数，且定义

$$\Omega_k = \omega_k' \sqrt{1 - \frac{P_0}{P_k^{\mathrm{cr}}}} \; , \quad \mu_k = \frac{P_t}{2(P_k^{\mathrm{cr}} - P_0)}$$

则式(3.89)可化为

$$\frac{\mathrm{d}^2 f_k}{\mathrm{d}t^2} + \Omega_k^2 (1 - 2\mu_k \cos\theta t) f_k = 0$$

由于上式对所有振动形式，即对所有的 k 值都合适，故可省略掉下标 k，而将其写为

$$\ddot{f} + \Omega^2 (1 - 2\mu \cos\theta t) f = 0 \tag{3.90}$$

式中，上标 $(\cdot)$ 表示对时间 t 的微分，方程(3.90)就是著名的 **Mathieu 方程**。

在更普遍的情况下，即当纵向力按照规律

$$P(t) = P_0 + P_t \Phi(t)$$

变化时，且 $\Phi(t)$ 为具有周期 T 的周期函数：$\Phi(T + t) = \Phi(t)$，方程(3.90)可化为更具有普遍性的 Hill 方程：

$$\ddot{f} + \Omega^2 [1 - 2\mu \Phi(t)] f = 0 \tag{3.91}$$

3.5.2　动力不稳定区域的确定

现在研究方程(3.91)，其中 $\Phi(t)$ 为周期函数，且周期 $T = \dfrac{2\pi}{\theta}$。设 $\Phi(t)$ 可表示为收敛的 Fourier 级数形式：

$$\Phi(t) = \sum_{k=1}^{\infty} (\mu_k \cos k\theta t + \nu_k \sin k\theta t)$$

注意到当 t 增加一个周期时，由于 $\Phi(T + t) = \Phi(t)$，所以方程(3.91)的形式不变。因此，若 $f(t)$ 为方程(3.91)的任意一个特解，则 $f(t + T)$ 也是它的解。

设 $f_1(t)$、$f_2(t)$ 为方程(3.91)的任意两个线性独立解，则 $f_1(t + T)$ 与 $f_2(t + T)$ 也是它的解，且可将它们表示为原有函数的线性组合形式：

$$\begin{cases} f_1(t + T) = a_{11} f_1(t) + a_{12} f_2(t) \\ f_2(t + T) = a_{21} f_1(t) + a_{22} f_2(t) \end{cases} \tag{3.92}$$

这里，给 t 增加一个周期，得出原有解系的线性变换。选择一对解 $f_1^*(t)$ 和 $f_2^*(t)$ 使变换中的副系数为零，即 $a_{12}=a_{21}=0$。在这种情况下，变换具有最简单的形式：

$$f_1^*(t+T)=\rho_1 f_1^*(t)，\quad f_2^*(t+T)=\rho_2 f_2^*(t)$$

式中，$a_{11}=\rho_1$；$a_{22}=\rho_2$。由线性变换理论，式(3.92)的系数矩阵可变换为最简单的对角线形式，且 ρ_1 和 ρ_2 为特征值，其由下面的特征方程来确定：

$$\begin{vmatrix} a_{11}-\rho & a_{12} \\ a_{21} & a_{22}-\rho \end{vmatrix}=0 \tag{3.93}$$

特征方程在 Hill 方程中起着重要作用，现在说明如何建立这个方程式。设 $f_1(t)$ 及 $f_2(t)$ 为方程(3.91)的两个线性独立解，其满足初始条件：

$$\begin{cases} f_1(0)=1,\ \dot{f}_1(0)=0 \\ f_2(0)=0,\ \dot{f}_2(0)=1 \end{cases} \tag{3.94}$$

在方程(3.92)中设 $t=0$，由初始条件，得

$$a_{11}=f_1(T)，\quad a_{21}=f_2(T)，\quad a_{12}=\dot{f}_1(T)，\quad a_{22}=\dot{f}_2(T)$$

这样，特征方程具有如下形式：

$$\begin{vmatrix} f_1(T)-\rho & \dot{f}_1(T) \\ f_2(T) & \dot{f}_2(T)-\rho \end{vmatrix}=0$$

展开该行列式后，得

$$\rho^2-2A\rho+B=0 \tag{3.95}$$

式中，$A=\dfrac{1}{2}\left[f_1(T)+\dot{f}_2(T)\right]$；$B=f_1(T)\dot{f}_2(T)+f_2(T)\dot{f}_1(T)$。按其本身的意义，特征方程式的根和它的系数不应依赖于原来所选定的解 $f_1(T)$ 和 $f_2(T)$，这就必须使特征方程的自由项恒等于 1，下面予以证明。

由于 $f_1(T)$ 和 $f_2(T)$ 是方程(3.91)的解，所以

$$\begin{cases} \ddot{f}_1+\Omega^2\left[1-2\mu\Phi(t)\right]f_1=0 \\ \ddot{f}_2+\Omega^2\left[1-2\mu\Phi(t)\right]f_2=0 \end{cases}$$

将第一式乘以 $f_2(T)$，第二式乘以 $f_1(T)$，两者相减，得

$$f_1(t)\ddot{f}_2(t)-f_2(t)\ddot{f}_1(t)=0$$

积分后，得

$$f_1(t)\dot{f}_2(t)-f_2(t)\dot{f}_1(t)=\text{const}$$

当 $t=T$ 时，上式左边部分的数值与式(3.95)中的自由项一致。为了确定上式右边的常数值，设 $t=0$，且利用初始条件(3.94)，得

$$f_1(t)\dot{f}_2(t)-f_2(t)\dot{f}_1(t)=1$$

这样，特征方程具有形式：

$$\rho^2-2A\rho+1=0 \tag{3.96}$$

显然，特征值 ρ_1、ρ_2 之间存在关系 $\rho_1\rho_2=1$。易于求得方程(3.91)的通解为

$$f(t)=C_1 x_1(t)\mathrm{e}^{\frac{t}{T}\ln\rho_1}+C_2 x_2(t)\mathrm{e}^{\frac{t}{T}\ln\rho_2} \tag{3.97}$$

若 $|A| = \dfrac{1}{2}\left|f_1(T) + \dot{f}_2(T)\right| > 1$，则由式(3.96)可知，两个特征值将均为实数，且其中一个根的模大于 1，此时方程(3.91)的通解将随时间而无限增长。但如果 $|A| < 1$，则特征方程有两个共轭复根，因为它们的乘积必须等于 1，所以它们的模也将等于 1。这样，复数特征根的情况对应于有限解的区域。而在有限解的区域与通解随时间无限增长的区域的分界线上，应满足条件：

$$\left|f_1(T) + \dot{f}_2(T)\right| = 2 \tag{3.98}$$

应用式(3.98)，则可以确定动力不稳定区域的边界。但是，为得到式(3.98)，最低限度要知道在第一个振动周期内的特解，而这在计算上是十分困难的，仅在个别情况下，形式为式(3.91)的微分方程才能以初等函数做出积分。

3.5.3 临界频率方程

在给定 Φ 为级数形式的任意周期函数的情况下，下面阐述一种确定动力不稳定区域边界的一般方法。上面已经说明，实数特征根的区域与方程(3.91)的无限增长解的区域相重合，复数特征根的区域相当于有限(近似周期)解，而实数特征根和复数特征根区域的分界线相当于重根。另外，由 $\rho_1\rho_2 = 1$，得出这些根是 $\rho_1 = \rho_2 = 1$，或是 $\rho_1 = \rho_2 = -1$。则由解系变换的最简单形式可知，在第一种情况下微分方程的解为周期为 $T = \dfrac{2\pi}{\theta}$ 的周期函数，在第二种情况下其解的周期为 $2T$。

这样，无限增长解的区域与稳定区域被周期 T 及 $2T$ 不断分隔开来。更确切地说，**周期相同的两个解包围着不稳定区域，而周期不同的两个解包围着稳定区域**。最后一个性质可用下面的道理来阐明：设在根 $\rho = 1$ 及 $\rho = -1$ 间存在实根区域(不稳定区域)，则由于特征根随微分方程的系数而变的连续关系，在它们中间应有一个根 $\rho = 0$，而这是不可能的，即说明在根 $\rho = 1$ 和 $\rho = -1$ 间包围着复数区域，也就是稳定区域。

由上述可见，确定动力不稳定区域边界的问题，归结为要找出使得给定的微分方程具有周期 T 和 $2T$ 的周期解条件。周期解存在的条件可以用"小参数法"求得。这里将激发系数 μ 作为小参数，将 $f(t)$ 按 μ 的幂级数形式展开，即令

$$f = f_0 + \mu f_1 + \mu^2 f_2 + \cdots$$

将上式代入方程(3.91)，令 μ 的同次项系数相等，便得到常系数微分方程组，此方程组可用逐次近似法来求解。

但也可直接寻找方程(3.91)的三角级数形式的周期解。现在，以 Mathieu 方程(3.90)为例予以说明。设 $f(t)$ 的周期为 $2T$，则其解的形式为

$$f(t) = \sum_{k=1,3,5}^{\infty}\left(a_k \sin\frac{k\theta t}{2} + b_k \cos\frac{k\theta t}{2}\right) \tag{3.99}$$

将其代入式(3.90)中，令 $\sin\dfrac{k\theta t}{2}$ 及 $\cos\dfrac{k\theta t}{2}$ 的同类项系数相等，可得到关于 a_k 及 b_k 的线性齐次代数方程组，且仅当其系数行列式为零时才有非零解，于是有

$$\begin{vmatrix} 1 \pm \mu - \dfrac{\theta^2}{4\Omega^2} & -\mu & 0 & \cdots \\[2mm] -\mu & 1 - \dfrac{9\theta^2}{4\Omega^2} & -\mu & \cdots \\[2mm] 0 & -\mu & 1 - \dfrac{25\theta^2}{4\Omega^2} & \cdots \\[2mm] \cdots & \cdots & \cdots & \end{vmatrix} = 0 \qquad (3.100)$$

这个联系着外载荷频率与杆件的固有振动频率和纵向力数值的方程式为**临界频率方程**。临界频率是指对应于不稳定区域边界的外载荷频率 θ^*。从方程(3.100)可找出由周期为 $2T$ 的周期解所包围的不稳定区域。

为了确定由周期为 T 的周期解所包围的不稳定区域，可用类似的方法处理。设 $f(t)$ 的周期为 T，则其解的形式为

$$f(t) = b_0 + \sum_{k=2,4,6}^{\infty} \left(a_k \sin \frac{k\theta t}{2} + b_k \cos \frac{k\theta t}{2} \right) \qquad (3.101)$$

将其代入方程(3.90)中，施加与上面相同的步骤，得到下列频率方程：

$$\begin{vmatrix} 1 - \dfrac{\theta^2}{\Omega^2} & -\mu & 0 & \cdots \\[2mm] -\mu & 1 - \dfrac{4\theta^2}{\Omega^2} & -\mu & \cdots \\[2mm] 0 & -\mu & 1 - \dfrac{9\theta^2}{\Omega^2} & \cdots \\[2mm] \cdots & \cdots & \cdots & \cdots \end{vmatrix} = 0 \qquad (3.102)$$

$$\begin{vmatrix} 1 & -\mu & 0 & 0 & \cdots \\[2mm] -2\mu & 1 - \dfrac{\theta^2}{\Omega^2} & -\mu & 0 & \cdots \\[2mm] 0 & -\mu & 1 - \dfrac{4\theta^2}{\Omega^2} & -\mu & \cdots \\[2mm] 0 & 0 & -\mu & 1 - \dfrac{9\theta^2}{\Omega^2} & \cdots \\[2mm] \cdots & \cdots & \cdots & \cdots & \cdots \end{vmatrix} = 0 \qquad (3.103)$$

以上为无穷阶行列式，可以证明它们是绝对收敛的。

根据临界频率方程(3.100)、方程(3.102)和方程(3.103)，即可确定动力不稳定区域。这里先说明动力不稳定区域分布的一般性质，首先，考虑纵向力的周期分量非常小的情况。

假设在方程(3.100)、方程(3.102)和方程(3.103)中的 $\mu \to 0$，可以发现，当 μ 值非常小时，周期为 $2T$ 的解成对出现在频率 $\theta^* = \dfrac{2\Omega}{k}(k=1,3,5)$ 的附近；而周期为 T 的解成对出现在频率 $\theta^* = \dfrac{2\Omega}{k}(k=2,4,6)$ 的附近。这两种情况可以归并为

$$\theta^* = \frac{2\Omega}{k} \quad (k=1,2,3,4\cdots) \qquad (3.104)$$

式(3.104)给出了外载荷频率和杆件的固有振动频率之间的一些比值,在这些比值的附近可能发生无限增长的振动,即这些比值的附近分布着杆件的动力不稳定区域。

当 $\theta^* = 2\Omega$ 时发生共振,这很容易从下面的讨论推导出来。设杆件做具有固有振动频率为 Ω 的横向振动,同时,可动端的纵向位移也为时间的周期函数,但频率为 2Ω。实际上,在横向振动的每个周期内,可动支承有两个振动周期。为了维持共振,必须使作用在可动端上的外力具有频率 2Ω,于是 $\theta^* = 2\Omega$。

这里注意一下参数共振的特点。如果一般强迫振动的共振在固有振动频率和激发频率相重合时发生,则参数共振在激发频率为固有振动频率的两倍时出现。参数共振的另一重要特征是:当其临界频率 θ^* 还小于系统的主要共振频率时,也有激振的可能性;且参数共振具有连续的激发区域(动力不稳定区域)。另外,由 $\Omega_k = \omega_k \sqrt{1 - \dfrac{P_0}{P_k^{\mathrm{cr}}}}$ 可知,当 $P_0 < P_k^{\mathrm{cr}}$ 时,动力不稳定现象就会出现。

下面说明主要动力不稳定区域的确定方法。此时应考虑方程(3.100),考虑其一阶行列式等于 0 的情况,得

$$1 \pm \mu - \frac{\theta^2}{4\Omega^2} = 0$$

于是,得到主要动力不稳定区域边界的近似计算公式为

$$\theta^* = 2\Omega\sqrt{1 \pm \mu} \tag{3.105}$$

为了使式(3.105)更加精确,现在研究第二次近似值:

$$\begin{vmatrix} 1 \pm \mu - \dfrac{\theta^2}{4\Omega^2} & -\mu \\[3mm] -\mu & 1 - \dfrac{9\theta^2}{4\Omega^2} \end{vmatrix} = 0$$

将式(3.105)所示的频率近似值代入上面行列式对角线下面的元素中,解出 θ,得到确定主要动力不稳定区域边界较精确的计算公式:

$$\theta^* = 2\Omega\sqrt{1 \pm \mu + \frac{\mu^2}{8 \pm 9\mu}} \tag{3.106}$$

为了求出第二个动力不稳定区域的边界,再研究方程(3.102)和方程(3.103),仅取二阶行列式:

$$\begin{vmatrix} 1 - \dfrac{\theta^2}{\Omega^2} & -\mu \\[3mm] -\mu & 1 - \dfrac{4\theta^2}{\Omega^2} \end{vmatrix} = 0 , \quad \begin{vmatrix} 1 & -\mu \\[3mm] -2\mu & 1 - \dfrac{\theta^2}{\Omega^2} \end{vmatrix} = 0$$

则得到下面的临界频率近似公式:

$$\theta^* = \Omega\sqrt{1 + \frac{1}{3}\mu^2} , \quad \theta^* = \Omega\sqrt{1 - 2\mu^2} \tag{3.107}$$

若考虑更高阶的行列式,则这些公式将更为精确。

为了计算第三个动力不稳定区域的边界，必须回到式(3.100)。根据其二阶行列式，得

$$\theta^* = \frac{2}{3}\,\Omega\sqrt{1-\frac{9\mu^2}{8\pm9\mu}} \tag{3.108}$$

比较式(3.105)、式(3.107)和式(3.108)，可以看出，动力不稳定区域的宽度 $\dfrac{\Delta\theta}{\Omega}$ 随着区域号码的增加而迅速地减小(成反比关系)，即

$$\frac{\Delta\theta}{\Omega}\sim\mu,\mu^2,\mu^3,\cdots$$

具有最大宽度的是主要动力不稳定区域。前三个动力不稳定区域在平面 $\left(\mu,\dfrac{\theta}{2\Omega}\right)$ 上的分布如图 3.10 所示(阴影部分)。

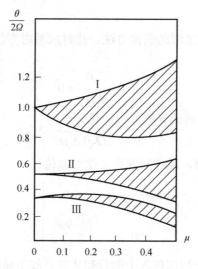

图 3.10　动力不稳定区域分布

第4章　压杆的弹塑性稳定理论

由材料力学知道，对于大柔度压杆，其失稳临界载荷可以用 Euler 公式来计算；对于小柔度压杆，由于其受压时不可能出现弯曲问题，所以会因为应力达到屈服极限(塑性材料)或强度极限(脆性材料)而失效，这是一个强度问题；对于中等柔度压杆，其临界应力 σ_{cr} 已大于材料的比例极限，当其应力超过比例极限之后，杆内凹面一侧的应力继续增加，处于塑性状态，而杆内凸面一侧的应力将产生弹性卸载，部分区域处于弹性状态，即压杆处于弹塑性屈服状态。此时，Euler 公式已不再适用，常使用经验公式计算中等柔度压杆的临界载荷。本章将应用弹塑性理论对中等柔度压杆的弹塑性屈曲问题进行分析，导出较为精确的临界载荷表达式。

4.1　压杆稳定性的基本理论

4.1.1　切线模量理论与双模量理论

受轴向压力作用的弹性直杆如图 4.1(a)所示。由材料力学可知，在轴向压力 P 的作用下(作用点通过杆横截面的形心)，弹性直杆总是存在着一种简单的变形状态，即存在轴向应变的简单压缩变形状态：

$$\varepsilon = -\frac{P}{EA}$$

式中，E 为材料的弹性模量；A 为杆的横截面面积。

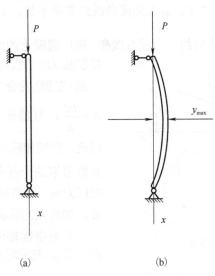

(a)　　　　　　　(b)

图4.1　两端简支压杆

另外，弹性直杆在轴向压力 P 的作用下也可能出现弯曲变形，如图 4.1(b)所示，它出现弯曲变形时，应该满足如下方程：

$$EIy'''' + Py'' = 0 \tag{4.1}$$

式中，I 为杆的截面转动惯量；y 为杆的横向挠度。

在图 4.1 所示的边界条件下，有 $y(0) = y(l) = 0$，$y''(0) = y''(l) = 0$，其中 l 为杆长。由式 (4.1) 和边界条件可以解得，当 $P = \dfrac{n^2\pi^2 EI}{l^2}$ 时，杆的挠度曲线为 $y = c\sin\dfrac{n\pi x}{l}$ $(n = 1, 2, \cdots)$；$n = 1$ 时，$P = \dfrac{\pi^2 EI}{l^2}$ 为最低临界载荷，记为 P_{cr}。

可以注意到，当 $P < P_{\text{cr}}$ 时，$y \equiv 0$；当 $P = P_{\text{cr}}$ 时，即 P 达到最低临界载荷时，任意 c 皆为方程 (4.1) 的解。此时尽管 $y \equiv 0$ 也为方程 (4.1) 的解，但杆受到微小扰动后极易处于弯曲状态，因此杆的变形状态随着载荷 P 的连续变化而发生了质的改变。当 $P < P_{\text{cr}}$ 时，杆直线形式的平衡状态稳定；当 $P = P_{\text{cr}}$ 时，解的唯一性被破坏，杆的直线形式由稳定开始转为不稳定。在临界载荷作用下，弹性直杆既可在直线状态下保持平衡，也可在微弯状态下保持平衡。所以，当轴向压力达到或超过杆的临界载荷时，弹性直杆将产生失稳现象。

康西德尔 (Considere) 认为当压杆中的应力超过比例极限之后弯曲时，压杆凹面一侧的应力按照压缩应力-应变曲线的规律增加，而凸面一侧的应力变化值与应变变化值之比则等于弹性模量 E。恩盖塞 (Engesser) 接受了 Considere 的理论，并在 1895 年修改了压杆弹塑性屈曲的解，提出了双模量理论，但未引起广泛的重视。1908 年，Karman 重新提出双模量理论，导出了矩形截面压杆临界的双模量理论的闭合形式公式。1910 年，Karman 又通过一系列矩形截面试件的实验结果，使双模量理论成为当时压杆弹塑性屈曲的公认理论。然而实验结果却更接近于切线模量理论。

现在介绍双模量理论。考虑矩形截面压杆的情况，假设其挠度远小于截面尺寸，采用平面假设，弯曲应变为 $\varepsilon = \dfrac{z}{\rho}$，式中，$\rho$ 为挠度曲线的曲率半径，z 为纤维到中性轴的距离。由于压杆从直线形式到开始弯曲时的压力没有改变，所以截面上的内力变化部分的合力等于零，

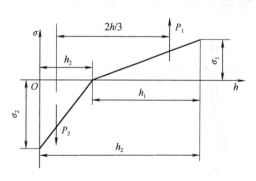

图 4.2　压杆截面内力变化

增加应力一侧 (右侧) 的合力 P_1 应与应力减少一侧 (左侧) 的合力 P_2 大小相等。弯曲应力为 $\sigma = \dfrac{Ez}{\rho}$，且截面上的应力按直线规律分布。

但是，当增加应力时，应该使用切线模量 E_{t}，其数值取决于压杆丧失稳定性而开始弯曲时的应力值，而当减少应力时，应该用弹性模量 E，如图 4.2 所示。

于是中性轴的位置 O 不再通过截面的形心，用 σ_1 表示弯曲附加的压应力，用 σ_2 表示弯曲附加的拉应力 (即减少的压应力)，则

$$\sigma_1 = \frac{E_{\text{t}} h_1}{\rho}, \quad \sigma_2 = \frac{E h_2}{\rho} \tag{4.2}$$

对于 $b \times h$ 矩形截面的情形，合力 $P_1 = P_2$ 要求

$$\frac{1}{2}bh_1\left(\frac{E_t h_1}{\rho}\right) = \frac{1}{2}bh_2\left(\frac{Eh_2}{\rho}\right)$$

因而

$$E_t h_1^2 = E h_2^2$$

另外，将 $h_1 + h_2 = h$ 和上式联立解得

$$h_1 = \frac{\sqrt{E}\,h}{\sqrt{E_t} + \sqrt{E}}, \quad h_2 = \frac{\sqrt{E_t}\,h}{\sqrt{E_t} + \sqrt{E}}$$

截面上内力的主矩为

$$M = P_1 \cdot \frac{2}{3}h = \frac{bhE_t h_1^2}{3\rho} = \frac{bh^3}{3} \cdot \frac{E_t E}{(\sqrt{E_t} + \sqrt{E})^2}\frac{1}{\rho}$$

引进折算弹性模量 E_r，且

$$E_r = \frac{4E_t E}{(\sqrt{E_t} + \sqrt{E})^2} \tag{4.3}$$

则

$$\frac{1}{\rho} = \frac{M}{E_r I}$$

于是，超过弹性范围时，压杆的挠度曲线微分方程可写为

$$\frac{\mathrm{d}y^2}{\mathrm{d}x^2} + \frac{P}{E_r I}y = 0 \tag{4.4}$$

由式 (4.4) 可得，两端铰支中等柔度压杆的临界力为

$$P_r = \frac{\pi^2 E_r I}{l^2} \tag{4.5}$$

这就是求临界力的双模量公式(或折算弹性模量公式)。

由材料进入塑性(超过弹性限度)范围的程度可以算出 E_r 和 E_t，从而求出临界力。图 4.3 是低碳钢的临界应力曲线。

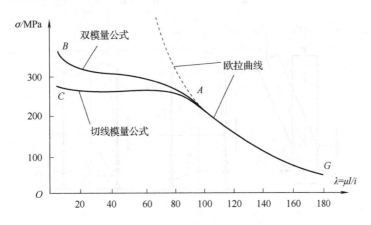

图 4.3　低碳钢的临界应力曲线

图 4.3 中，横坐标 λ 为压杆的柔度系数，l 为杆长，μ 为长度系数，i 为压杆截面的惯性半径。由图 4.3 可见，切线模量公式算得的临界应力低于双模量公式算得的临界应力。

根据式(4.3)，有

$$\frac{1}{\sqrt{E_r}} = \frac{1}{2}\left(\frac{1}{\sqrt{E_t}} + \frac{1}{\sqrt{E}}\right)$$

可见 E_r 值在 E_t 和 E 之间，又 $E_t < E$，因此 $E_t < E_r < E$。

钢柱和铝合金柱的实验数据比较接近切线模量的曲线，不过很难解释为什么在直杆变弯时，凹、凸两边都可以应用 E_t 作为计算依据。这个问题长期成为"压杆的谜"。直到 1947 年，才由 Shanley 对此问题进行了比较明确的解释。Shanley 指出，如果要使载荷能够超过由式(4.5)表示的切线临界力，则需要有大于 E_t 的有效模量，而这只可能发生在至少一部分截面应力减小的情况下。这就是说，柱子在达到由式(4.5)表示的双模量载荷之前就开始弯曲，即双模量载荷必大于临界力。

4.1.2　Shanley 理论及几种模型的比较

Shanley 引入了一种双铰支模型，该模型类似于两端铰支压杆。引入的柱模型类似于一端固定而另一端自由的压杆，即模型包括一根长为 l 的刚性柱，支撑在两根相同的弹性杆上，每根杆的截面积为 A，长为 a，杆的间距为 b，左边的杆为杆 1，右边的杆为杆 2，如图 4.4(a)所示。

现通过这个模型比较几种理论。

1. Euler 载荷

设杆的变形在弹性范围内，变形如图 4.4(b)所示。两杆先有共同的压缩变形，然后在达到临界力 P_{cr} 时发生小偏离角 φ，此时力 P_{cr} 不变，杆的变形和内力的变化为

$$\Delta l_1 = \frac{\varphi b}{2}, \quad \Delta P_1 = EA\frac{\Delta l_1}{a} = \frac{EA}{a} \cdot \frac{\varphi b}{2}$$

$$\Delta l_2 = \frac{\varphi b}{2}, \quad \Delta P_2 = EA\frac{\Delta l_2}{a} = \frac{EA}{a} \cdot \frac{\varphi b}{2}$$

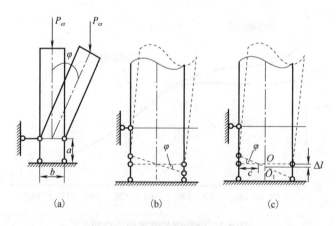

$$(a) \qquad\qquad (b) \qquad\qquad (c)$$

图 4.4　双铰支模型

在临界力 P_{cr} 作用下，杆在 φ 角位置是平衡的，由对 O 点的力矩平衡条件得

$$\frac{EAb^2}{2a}\varphi = P_{cr}l\varphi$$

即

$$P_{cr} = \frac{EAb^2}{2al} \tag{4.6}$$

这是模型的 Euler 临界力。

2. 切线模量载荷

设 $\eta = \dfrac{E_t}{E}$，E_t 为切线模量。以 E_t 代替式(4.6)中的 E，得切线模量理论的临界力 P_t：

$$P_t = \frac{\eta EAb^2}{2al} = \frac{E_t Ab^2}{2al} \tag{4.7}$$

3. 双模量载荷

现在研究双模量理论，模型的变形如图 4.4(c)所示。在杆的偏离过程中，临界力不变，因此 $\Delta P_1 + \Delta P_2 = 0$，杆 1 和杆 2 的内力变化值相同，即 $|\Delta P_1| = |\Delta P_2|$。由于杆 1 处于卸载过程，使用弹性模量 E，而杆 2 处于加载过程，使用切线模量 E_t。这两个模量并不相等，因此，两根杆的变形不相同，且杆 2 的变形量大于杆 1 的变形量。

由竖向力平衡条件

$$\Delta P_1 + \Delta P_2 = 0$$

得

$$\frac{\varphi b}{2}(1-\eta) - \Delta l(1-\eta) = 0$$

将上式中的 Δl 代入 ΔP_1 中，得

$$\Delta P_1 = -\Delta P_2 = \frac{\eta}{1+\eta}\frac{EAb}{a}\varphi$$

对 O_1 点的力矩平衡条件为

$$2\left(\frac{\eta}{1+\eta}\frac{EAb}{a}\varphi\right)\frac{b}{2} = P_r l\varphi$$

于是

$$P_r = \frac{\eta EAb^2}{(1+\eta)al} = \frac{E_r Ab^2}{2al} \tag{4.8}$$

式中，$E_r = \dfrac{2\eta}{1+\eta}E$ 为模型的折算弹性模量。因为 $E_r \geqslant E_t$，所以 $P_r \geqslant P_t$，即双模量载荷不低于切线模量载荷。当 $\eta = 1$ 时，$P_{cr} = P_t = P_r$，为完全弹性情形。

4. Shanley 理论

模型变形仍如图 4.4(c)所示。设在 $P = P_*$ 时，刚性杆开始有偏离角 φ，P_* 值暂时未知。偏离后，载荷继续增加到 $P = P_* + \Delta P$，此时杆的变形和内力的变化为

$$\Delta l_1 = \frac{\varphi b}{2} - \Delta l, \qquad \Delta P_1 = \frac{EA}{a}\left(\frac{\varphi b}{2} - \Delta l\right)$$

$$\Delta l_2 = \frac{\varphi b}{2} - \Delta l , \quad \Delta P_2 = -\frac{\eta EA}{a}\left(\frac{\varphi b}{2} + \Delta l\right)$$

由于这些变形和内力的变化是在外力从 P_* 增加到 $P = P_* + \Delta P$ 的过程中产生的，所以竖向力的平衡条件为

$$\Delta P_1 + \Delta P_2 + \Delta P = 0$$

即

$$(1+\eta)\frac{EA}{a}\Delta l - \frac{(1-\eta)EAb}{2a}\varphi = \Delta P$$

对 O_1 点的力矩平衡条件为

$$(\Delta P_1 - \Delta P_2)\frac{b}{2} = Pl\varphi$$

即

$$\frac{(1-\eta)EAb}{2a}\Delta l + \frac{(1+\eta)EAb^2}{2a}\varphi = Pl\varphi$$

令 $K = \dfrac{EA}{a}$，则竖向平衡方程和力矩平衡方程可改写为

$$(1+\eta)K\Delta l - \frac{1-\eta}{2}Kb\varphi = \Delta P$$

$$-\frac{1-\eta}{2}Kb\Delta l + \frac{1+\eta}{2}Kb^2\varphi - Pl\varphi = 0$$

在上式中消去 Δl，注意到 $P_r = \dfrac{\eta Kb^2}{(1+\eta)l}$，解得

$$\varphi = \frac{b(1-\eta)\Delta P}{2l(1+\eta)(P_r - P)} \tag{4.9}$$

代入力矩平衡方程，注意到 $P_t = \dfrac{\eta Kb^2}{2l}$，得

$$\Delta l = \frac{b^2\left(1+\eta - 2\eta\dfrac{P}{P_t}\right)\Delta P}{4l(1+\eta)(P_r - P)} \tag{4.10}$$

在推导式(4.9)和式(4.10)时，假设杆 1 卸载，这个前提条件可表示为

$$\frac{\varphi b}{2} \geqslant \Delta l$$

将求得的 φ 和 Δl 值代入上式，得到杆 1 卸载条件的另一种形式为

$$P \geqslant P_t \tag{4.11}$$

因此，上述偏离变形只有当载荷 P 从切线模量载荷 P_t 开始增大时才可能发生。原本用 P_* 表示的载荷和 P_t 的值相同，因此，式中的 $\Delta P = P - P_*$ 可用 $P - P_t$ 代替，于是式(4.9)可改写为

$$\varphi = \frac{b(1-\eta)(P - P_t)}{2l(1+\eta)(P_r - P)} \tag{4.12}$$

杆上端的水平位移 $x = \varphi l$ 与 P 的关系可用图 4.5 中的实线表示。当 $P = P_t$ 时，刚性杆端位移为零，即刚性杆保持竖直位置，而当 P 趋近 P_r 时，位移 x 趋于无穷大。当然，实际上这是

不可能发生的，最大位移不可能超过杆长 l，而且推导上述关系式的前提条件是小变形情况，但这至少说明 P_r 是载荷 P 的一个上限。式(4.11)说明刚性杆开始偏离时的载荷 P 也可能大于 P_t 值，如图 4.5 中 A' 点的位置。当然，这个位置并不固定，杆端水平位移随后可能按虚线所示路径增大。

对于弹性范围内的理想直杆，切线模量载荷 P_t 是使压杆只有一种直线平衡形式的最大载荷。载荷小于 P_t 时，理想直杆一直保持为直杆；载荷大于 P_t 时，可能发生弯曲。而双模量载荷是压杆弯曲时载荷的上限值。

当中心受压杆具有初始偏心距时，其加载曲线如图 4.6 所示。初始偏心距越小，曲线越接近 Shanley 曲线。因此，Shanley 曲线实际上是一条极限曲线，而 P_t 往往是实际的曲线载荷，且 P_t 的计算比双模量载荷 P_r 的计算更简单。所以，Shanley 理论是深刻概念与简单计算的结合。

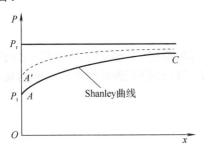 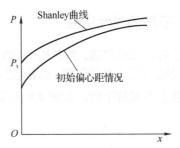

图 4.5　压杆水平位移 x 与 P 的关系　　　图 4.6　具有初始偏心距时中心受压杆的加载曲线

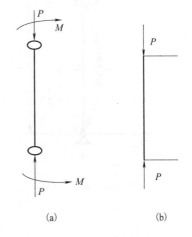

那么双模量理论为什么不正确呢？这是因为杆在产生塑性变形时，位移不仅与载荷的大小有关，而且与加载顺序(或者说加载路径)有关。例如，考虑受压力和力偶联合作用的杆(图 4.7(a))。如果变形在弹性范围内，则杆的挠度完全取决于 P 和 M 的大小，而与加载顺序无关。但如果有塑性变形，情况则不同。例如，假设先加载压力 P 直到引起塑性变形，再加载力偶 M，因其弯曲作用受力 P 引起的加工强化的影响，在计算挠度时应使用折算弹性模量 E_r。另外，对于如图 4.7(b)所示的偏心压杆，考虑另一种加载方式，即 P 和 M 同时按比例逐渐增大的情况。此时，任意纵向纤维的应变都是连续增大的，且每一时刻的应力-应变关系都由相应的切线模量 E_t 确定。Shanley 理论是一种持续加载的理论，杆的平均应变在不断增大，这与双模量理论不同。

图 4.7　受压力和力偶联合作用的杆

人们有时会误认为 Shanley 理论与 Engesser 的切线模量理论是相同的，只是 Shanley 理论假设压杆弯曲时的凸面不卸载。实际并非如此，按 Shanley 理论，可以计算一下卸载的尺寸 c (图 4.4(c))。因为

$$c = \frac{b}{2} - \frac{\Delta l}{\varphi}$$

应用式(4.8)，且将 φ、Δl 的表达式(4.9)、式(4.10)代入上式，可得

$$c = \frac{\eta b}{1-\eta}\left(\frac{P}{P_t}-1\right)$$

当 $P=P_t$ 时，$c=0$；当 $P=P_r=\dfrac{2}{1+\eta}P_t$ 时，$c=\dfrac{\eta}{1+\eta}b$。因此，按照 Shanley 理论，卸载区不断增大。Shanley 理论虽然也使用 P_t 试计算临界力，但不能认定其与 Engesser 理论完全等同。在上述模型的计算中，虽然假设材料线性强化，但是所得到的定性结论仍然适用于具有一般应力-应变关系 $\sigma=\sigma(\varepsilon)$ 的压杆。

4.2　压杆的静力稳定性

4.2.1　压杆的弹性屈曲

对于弹性屈曲问题，考虑长为 l 的理想弹性直杆，两端铰支，上端支座可沿杆轴方向移动，并且承受轴向压力 P 的作用，当 P 达到临界屈曲载荷 P_{cr} 时，杆将丧失原有平衡状态的稳定性，在微弯状态下保持平衡，如图 4.8 所示。

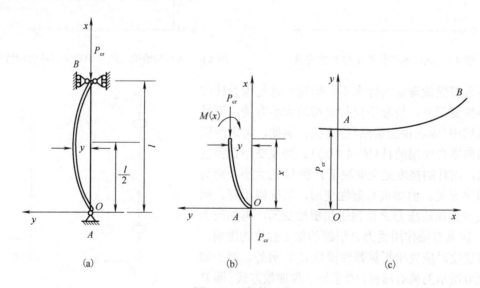

图 4.8　压杆的屈曲

利用截面法，考虑杆在任一部分的平衡，则杆任一截面上的内力分量为

轴力：$N=P_{cr}$；弯矩：$M(x)=-P_{cr}y$

由于杆处于微弯平衡状态，因此，可以利用挠曲线的近似微分方程来描述：

$$\frac{d^2 y}{dx^2}=-\frac{P_{cr}y}{EI} \tag{4.13}$$

式中，EI 为杆的抗弯刚度。取

$$K^2=\frac{P_{cr}}{EI} \tag{4.14}$$

于是式 (4.13) 可化为

$$\frac{\mathrm{d}^2 y}{\mathrm{d}x^2} + K^2 y = 0 \tag{4.15}$$

其通解为

$$y = c_1 \sin Kx + c_2 \cos Kx$$

由边界条件

$$y\big|_{x=0} = y\big|_{x=l} = 0$$

得

$$c_2 = 0 ; \quad c_1 = 0 \text{ 或 } \sin Kl = 0$$

显然 $c_1 = c_2 = 0$ 对应于杆的正直平衡状态，因此，对于临界屈曲状态只可能是

$$c_2 = 0 , \quad \sin Kl = 0$$

即有

$$K = \frac{n\pi}{l} \quad (n = 0,1,2,\cdots)$$

将上式代入式 (4.14) 中，有

$$P_{\mathrm{cr}} = \frac{n^2 \pi^2 EI}{l^2} \tag{4.16}$$

相应的屈曲模态为

$$y = c_1 \sin \frac{n\pi}{l} x \quad (n = 0,1,2,\cdots) \tag{4.17}$$

因此，临界屈曲载荷对应于 $n=1$ 时的情形，由此即可得压杆经典的 Euler 解。

$$P_{\mathrm{cr}} = \frac{\pi^2 EI}{l^2}, \quad y = c_1 \sin \frac{\pi}{l} x \tag{4.18}$$

当 $n \geqslant 2$ 时，临界屈曲载荷成平方级数增长，屈曲模态为 n 个半波正弦曲线。事实上，当轴向压力 P 达到式 (4.18) 所表示的屈曲载荷时，压杆已开始失稳，轴向载荷不可能继续增大。但是当压杆具有中间支座时，临界屈曲载荷和屈曲模态可由式 (4.16) 和式 (4.17) 给出。

值得注意的是，由于采用了线性小挠度理论，c_1 是不确定的。若采用精确的微分方程：

$$\frac{1}{\rho} = \frac{M(x)}{EI}$$

则幅值 c_1 与轴向载荷之间具有确定的对应关系，如图 4.8 (c) 中曲线 OAB 所示 (ρ 为杆挠度曲线的曲率半径)。

上述理论分析表明，压杆的临界屈曲载荷与杆端的约束情况有着密切的关系，现在略去其推导过程，直接给出几种常见的杆端约束下压杆的临界屈曲载荷，如表 4.1 所示。

表 4.1　常见的杆端约束下压杆的临界屈曲载荷

杆端约束	两端铰支	一端固定 一端自由	一端固定 一端铰支	两端固定
临界屈曲载荷 P_{cr}	$P_{\mathrm{cr}} = \dfrac{\pi^2 EI}{l^2}$	$P_{\mathrm{cr}} = \dfrac{\pi^2 EI}{4l^2}$	$P_{\mathrm{cr}} = \dfrac{\pi^2 EI}{(0.7l)^2}$	$P_{\mathrm{cr}} = \dfrac{4\pi^2 EI}{l^2}$

4.2.2　压杆的弹塑性屈曲

压杆若由弹性材料构成,杆的两端铰支,且承受的压力为 P ,则其基本方程为

$$\frac{\mathrm{d}^2\theta}{\mathrm{d}x^2}+\lambda\sin\theta=0 , \quad x\in[0,1] ; \quad \left(\frac{\mathrm{d}\theta}{\mathrm{d}x}\right)_{x=0}=0 , \quad \left(\frac{\mathrm{d}\theta}{\mathrm{d}x}\right)_{x=l}=0 \qquad (4.19)$$

式中, $\lambda=\dfrac{Pl^2}{EI}$; l 为杆长; EI 为杆的抗弯刚度。式(4.19)就是 Euler 压杆的方程。

Euler 压杆是弹性稳定性问题的一个经典例子,已经知道它的分岔点在原始解支($\theta\equiv0$)上,且分岔参数 $\lambda_{cr}=n^2\pi^2 (n=1,2,\cdots)$,对于方程(4.19),用两种离散方法,即有限差分法与有限单元法,将它离散为非线性代数方程组,再应用伪弧长延续算法等方法求解。在表 4.2 中列出了用各种方法求得的前三个分岔点与精确解的比较。

表 4.2　Euler 压杆的前三个分岔点

	$N=10$			$N=20$		
	λ_1	λ_2	λ_3	λ_1	λ_2	λ_3
有限差分法	9.76980	37.9008	81.000	9.84714	39.1200	87.0200
有限单元法	9.86967	39.4887	88.9912	9.86960	39.4785	88.8292
精确解	9.86960	39.4784	88.8264	9.86960	39.4784	88.8264

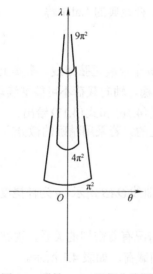

图 4.9　弹性 Euler 压杆分岔图

从表 4.2 中看到,网格分得越细,结果越准确,而对同样的离散自由度数(N),有限单元法的精度要比有限差分法高,而且有限单元法的结果总比精确值大,这和我们的力学常识相符合。在经典的线性稳定理论中,通过求特征值的办法,求出原始解支的分岔参数(临界载荷因子),这在许多力学问题中遇到过,这种解法虽然简单方便,但却得不到分岔解支上的信息。采用非线性分析,不仅找到了这些分岔点,还延续追踪出了若干分岔解支,也就解决了工程问题上的后屈曲问题,如图 4.9 所示。

如果杆由黏弹性材料构成,在同样的杆端约束及承载条件下,考虑黏弹性压杆的屈曲问题,设杆中的弯矩 M 与曲率 $\dfrac{\mathrm{d}\theta}{\mathrm{d}s}$ 的本构关系为

$$M(s,t)=\int K(t-\eta)\frac{\partial}{\partial\eta}\left(\frac{\partial\theta}{\partial s}\right)\mathrm{d}\eta , \quad M(s,0)=0 , \quad \frac{\partial\theta(s,0)}{\partial s}=0 \qquad (4.20)$$

利用分部积分,式(4.20)又可写为

$$M(s,t)=K(0)\frac{\partial\theta(s,t)}{\partial s}+\int K(t-\eta)\frac{\partial\theta(s,\eta)}{\partial s}\mathrm{d}\eta \qquad (4.21)$$

式中，$s \in [0,l]$，是杆弧长坐标；t 是时间；K 是松弛因子，取

$$K(t) = EI(1 - \alpha + \alpha e^{-t/\beta}) , \quad K'(t) = -\frac{\alpha EI}{\beta} e^{-t/\beta}$$

式中，$\alpha \in [0,1]$，是松弛系数；β 为松弛时间；EI 为弹性抗弯刚度。

取 $x = \dfrac{s}{l}$，$\tau = \dfrac{t}{\beta}$，$\lambda(\tau) = \dfrac{P(t)l^2}{EI}$，根据平衡方程

$$\frac{\mathrm{d}M}{\mathrm{d}s} + P\sin\theta = 0$$

以及本构关系式(4.21)，得无量纲化的基本方程为

$$\frac{\partial^2\theta(x,\tau)}{\partial x^2} - \alpha \int e^{-(\tau-\eta)} \frac{\partial^2\theta(x,\eta)}{\partial x^2} \mathrm{d}\eta + \lambda(t)\sin\theta = 0 \tag{4.22}$$

式中，$x \in [0,1]$；$\tau \geqslant 0$；且

$$\frac{\partial\theta(0,\tau)}{\partial x} = 0 , \quad \frac{\partial\theta(1,\tau)}{\partial x} = 0 \quad (\text{端部条件})$$

用大范围非线性数值分析方法，解式(4.22)，发现 $\theta \equiv 0$ 的原始解式(4.21)的分岔与式(4.19)的分岔情况是一样的，但是第一次出现分岔点 λ_1 后，若沿分支解继续追踪曲线，会出现第二次分岔现象，第二次分岔时的分岔参数值见表 4.3。

表 4.3　第二次分岔时的分岔参数值

自由度数	$N = 10$			$N = 20$		
松弛系数 α	0.2	0.5	1.0	0.2	0.5	1.0
分岔参数 λ_1	26.3230	14.1706	11.0825	26.6519	14.2882	11.1623

从表 4.3 中看到，松弛系数越小，第二次分岔参数值越大。当 $\alpha \to 0$ 时，$\lambda_1 \to \infty$，表明经典的 Euler 压杆没有第二次分岔的出现。

出现第二次分岔时，黏弹性杆的屈曲形态将由原来的对称形式转变为非对称形式，如图 4.10 所示。

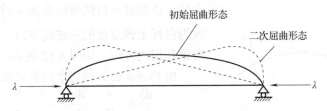

图 4.10　黏弹性杆的屈曲形态

由此可见，这由黏弹性效应所致，当载荷增加时，弹性使得变形对称增加，而黏弹性松弛效果却可能是非对称的。

Moore 1984 年通过构造非平凡解支的局部近似表达式，算出了第二次分岔，Mignot 1985 年研究了黏弹性杆的屈曲。利用数值方法，从平凡解支(原始解支)算到了非平凡解支，再算到第二次分岔(图 4.11)，其原理与方法具有通用性。

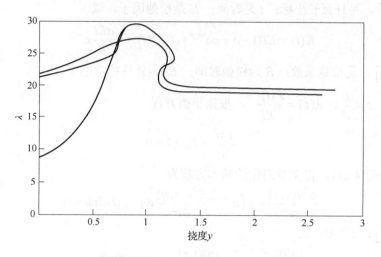

图 4.11　黏弹性杆的解曲线

4.3　柔性压杆的稳定性

关于柔性压杆的稳定性问题，人们对它在各种特定条件下的讨论很多。这里，以统一的观点对空间任一弹性曲柔杆的弯扭变形平衡状态的稳定性进行讨论。

4.3.1　曲柔杆的几何关系

假设杆的截面处处相同，截面的惯性主轴方向也相同。一根弹性曲柔杆的变形问题一般地简化为一段有弹性的曲线来研究。考虑变形前杆简化为直线的情形，而且假定变形时杆的轴向伸长与原长相比可以略去。在这些假定下，变形后杆轴曲线的方程为

$$r = r(s) \quad (0 \leqslant s \leqslant l) \tag{4.23}$$

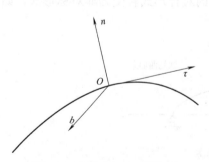

图 4.12　曲线上的自然坐标系

式中，s 为曲线的弧长；l 为原杆长。于是，弹性曲杆上任一点都有一自然坐标系 $[b,n,\tau]$，其中 b、n 和 τ 依次为曲杆上该点处的主法线方向、次法线方向的单位向量和切线方向，如图 4.12 所示。

由 Frenet 公式得三个向量对弧长 s 的微商：

$$\frac{\mathrm{d}b}{\mathrm{d}s} = -\frac{n}{T}, \quad \frac{\mathrm{d}n}{\mathrm{d}s} = -\frac{\tau}{\rho} + \frac{b}{T}, \quad \frac{\mathrm{d}\tau}{\mathrm{d}s} = \frac{n}{\rho} \tag{4.24}$$

式中，$\dfrac{1}{\rho}$ 和 $\dfrac{1}{T}$ 分别是曲率和挠率。

现在，还要在该点选取另一活动的坐标系：曲杆截面的形心主轴坐标系 $[e_1, e_2, e_3]$。其中 e_1 和 e_2 分别为沿截面惯性主轴方向和垂直于截面惯性主轴方向，它与自然坐标系的转换关系为

$$e_1 = n\cos\theta + b\sin\theta, \quad e_2 = -n\sin\theta + b\cos\theta, \quad e_3 = \tau \tag{4.25}$$

式中，θ 为 e_1 与 n 之间的夹角，如图 4.13 所示。

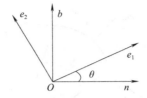

图 4.13　杆截面上的坐标

利用式(4.24)和式(4.25)可推出

$$
\begin{cases}
\dfrac{\mathrm{d}e_1}{\mathrm{d}s} = \left(\dfrac{1}{T} + \dfrac{\mathrm{d}\theta}{\mathrm{d}s}\right)e_2 - \dfrac{1}{\rho}\cos\theta e_3 \\[2mm]
\dfrac{\mathrm{d}e_2}{\mathrm{d}s} = -\left(\dfrac{1}{T} + \dfrac{\mathrm{d}\theta}{\mathrm{d}s}\right)e_1 - \dfrac{1}{\rho}\sin\theta e_3 \\[2mm]
\dfrac{\mathrm{d}e_3}{\mathrm{d}s} = \dfrac{1}{\rho}\cos\theta e_1 - \dfrac{1}{\rho}\sin\theta e_2
\end{cases}
\tag{4.26}
$$

简写为

$$
\frac{\mathrm{d}e_i}{\mathrm{d}s} = w \times e_i \quad (i = 1,2,3)
\tag{4.27}
$$

式中

$$
w = (p,q,r), \quad p = \frac{\sin\theta}{\rho}, \quad q = \frac{\cos\theta}{\rho}, \quad r = \frac{1}{T} + \frac{\mathrm{d}\theta}{\mathrm{d}s}
\tag{4.28}
$$

若给定曲线 $r(s)$ 和 $\theta(s)$ ，则可求得 τ 、 n 、 b 、 ρ 和 T ，进而求得 p 、 q 和 r 。反之，若给定 p 、 q 和 r ，也可求出 $r(s)$ 和 $\theta(s)$ 。由式(4.28)得

$$
\frac{1}{\rho} = (p^2 + q^2)^{\frac{1}{2}}, \quad \tan\theta = \frac{p}{q}, \quad \frac{1}{T} = r - \frac{q^2}{p^2 + q^2} \cdot \frac{\mathrm{d}}{\mathrm{d}s}\left(\frac{p}{q}\right)
\tag{4.29}
$$

由微分几何有

$$
\tau = \frac{\mathrm{d}r}{\mathrm{d}s}, \quad n = \rho\frac{\mathrm{d}\tau}{\mathrm{d}s} = \rho\frac{\mathrm{d}^2 r}{\mathrm{d}s^2}, \quad b = \tau \times n = \frac{\mathrm{d}r}{\mathrm{d}s} \times \left(\rho\frac{\mathrm{d}^2 r}{\mathrm{d}s^2}\right)
\tag{4.30}
$$

将式(4.30)的第二式代入式(4.24)的第二式，得

$$
\frac{\mathrm{d}}{\mathrm{d}s}\left(\rho\frac{\mathrm{d}^2 r}{\mathrm{d}s^2}\right) = -\frac{1}{\rho}\frac{\mathrm{d}r}{\mathrm{d}s} + \frac{1}{T}\frac{\mathrm{d}r}{\mathrm{d}s} \times \left(\rho\frac{\mathrm{d}^2 r}{\mathrm{d}s^2}\right)
\tag{4.31}
$$

将式(4.31)加上适当的边界条件，就构成 $r(s)$ 的定解问题。

4.3.2　曲柔杆的平衡方程

微杆段 $\mathrm{d}r$ 上作用有分布力 $f\mathrm{d}s$ 、分布力矩 $m\mathrm{d}s$ ， r 处的内力矩和内力分别为 $-M$ 和 $-F$ ， $r + \mathrm{d}r$ 处的内力矩和内力分别为 $M + \mathrm{d}M$ 、 $F + \mathrm{d}F$ ，如图 4.14 所示。

合力平衡为

$$
F + \mathrm{d}F + (-F) + f\mathrm{d}s = 0
$$

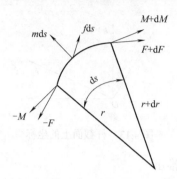

图 4.14　微杆段受力

合力矩平衡为

$$M + \mathrm{d}M + (-M) + m\mathrm{d}s + (r + \mathrm{d}r) \times (F + \mathrm{d}F) + r \times (-F) + \left(r + \frac{\mathrm{d}r}{2}\right) \times f\mathrm{d}s = 0$$

略去高阶小量有

$$\frac{\mathrm{d}F}{\mathrm{d}s} + f = 0 , \quad \frac{\mathrm{d}M}{\mathrm{d}s} + \tau \times F + m = 0 \tag{4.32}$$

记 $F = \sum_{i=1}^{3} N_i e_i$，其中 N_1 和 N_2 为剪力，N_3 为轴力。$M = \sum_{i=1}^{3} M_i e_i$，其中 M_1、M_2 为弯矩，M_3 为扭矩。将其代入式(4.32)，得

$$\begin{cases} \dfrac{\mathrm{d}N_1}{\mathrm{d}s} + qN_3 - rN_2 + f_1 = 0 \\[2mm] \dfrac{\mathrm{d}N_2}{\mathrm{d}s} + rN_1 - pN_3 + f_2 = 0 \\[2mm] \dfrac{\mathrm{d}N_3}{\mathrm{d}s} + pN_2 - qN_1 + f_3 = 0 \end{cases} \tag{4.33}$$

与

$$\begin{cases} \dfrac{\mathrm{d}M_1}{\mathrm{d}s} + qM_3 - rM_2 - N_2 + m_1 = 0 \\[2mm] \dfrac{\mathrm{d}M_2}{\mathrm{d}s} + rM_1 - pM_3 + N_1 + m_2 = 0 \\[2mm] \dfrac{\mathrm{d}M_3}{\mathrm{d}s} + pM_2 - qM_1 + m_3 = 0 \end{cases} \tag{4.34}$$

式中，$f_i = f \cdot e_i$；$m_i = m \cdot e_i (i = 1, 2, 3)$，这就是弹性曲柔杆的平衡方程。

再考虑到弹性关系：

$$M_1 = Ap , \quad M_2 = Bq , \quad M_3 = Cr \tag{4.35}$$

式中，A 和 B 是截面的两个抗弯刚度；C 是截面的扭转刚度，分别为

$$A = E \int_D y^2 \mathrm{d}S , \quad B = E \int_D x^2 \mathrm{d}S , \quad C = G \int (x^2 + y^2) \mathrm{d}S$$

式中，E 和 G 分别为杆的弹性模量和剪切模量；D 为截面面积。将式(4.35)代入式(4.34)，得

$$\begin{cases} A\dfrac{\mathrm{d}p}{\mathrm{d}s} + (C-B)qr - N_2 + m_1 = 0 \\[2mm] B\dfrac{\mathrm{d}q}{\mathrm{d}s} + (A-C)rp + N_1 + m_2 = 0 \\[2mm] C\dfrac{\mathrm{d}r}{\mathrm{d}s} + (B-A)pq + m_3 = 0 \end{cases} \tag{4.36}$$

式(4.33)与式(4.36)联立是关于 N_1、N_2、N_3、p、q 和 r 六个未知函数的方程组，在适当的端部边界条件或初始条件下可解出该方程组。

对于变量 p、q 和 r 来说，其与刚体绕固定点运动的方程有相同的结构。若无外力与外力矩的作用，则可由式(4.36)的第 1、2 式求出 N_1 和 N_2，再代入式(4.33)的第三式，得

$$\frac{\mathrm{d}N_3}{\mathrm{d}s} + Ap\frac{\mathrm{d}p}{\mathrm{d}s} + (C-B)pqr + Bq\frac{\mathrm{d}q}{\mathrm{d}s} + (A-C)pqr = 0$$

注意式(4.36)的第三式，此式还可改写为

$$\frac{\mathrm{d}N_3}{\mathrm{d}s} + \frac{1}{2}\left(A\frac{\mathrm{d}p^2}{\mathrm{d}s} + B\frac{\mathrm{d}q^2}{\mathrm{d}s} + C\frac{\mathrm{d}r^2}{\mathrm{d}s}\right) = 0$$

即

$$N_3 + \frac{1}{2}(Ap^2 + Bq^2 + Cr^2) = \text{const} \tag{4.37}$$

这相当于刚体绕固定点运动的能量积分。式(4.37)表明当杆不受外力与外力矩时，杆的轴力与弯曲变形能及扭转变形能之和为常量。

对于变形前杆是一条空间曲线的情形，需计入变形前杆的初曲率和初挠率 p_0、q_0 与 r_0，假设变形中杆又获得相应的增量 p、q 和 r，则式(4.27)中的向量 w 为

$$w = (p_0 + p, q_0 + q, r_0 + r)$$

相应的平衡方程是

$$\begin{cases} \dfrac{\mathrm{d}N_1}{\mathrm{d}s} + (q_0+q)N_3 - (r_0+r)N_2 + f_1 = 0 \\[2mm] \dfrac{\mathrm{d}N_2}{\mathrm{d}s} + (r_0+r)N_1 - (p_0+p)N_3 + f_2 = 0 \\[2mm] \dfrac{\mathrm{d}N_3}{\mathrm{d}s} + (p_0+p)N_2 - (q_0+q)N_1 + f_3 = 0 \end{cases} \tag{4.38}$$

与

$$\begin{cases} A\dfrac{\mathrm{d}p}{\mathrm{d}s} + C(q_0+q)r - B(r_0+r)q - N_2 + m_1 = 0 \\[2mm] B\dfrac{\mathrm{d}q}{\mathrm{d}s} + A(r_0+r)p - C(p_0+p)r + N_1 + m_2 = 0 \\[2mm] C\dfrac{\mathrm{d}r}{\mathrm{d}s} + B(p_0+p)q - A(q_0+q)p + m_3 = 0 \end{cases} \tag{4.39}$$

4.3.3　Euler 弹性线

1744 年 Euler 最早研究了弹性杆的大变形问题。现在，我们按柔性杆的平衡方程来讨论它。图 4.15 为一两端简支的受压直杆，取其截面的形心主轴坐标系 $[e_1, e_2, e_3]$ 与 $[b, n, \tau]$ 重合，即 $\theta = 0$，则

$$p = \frac{\sin\theta}{\rho} = 0 , \quad q = \frac{1}{\rho} = \frac{\mathrm{d}\theta}{\mathrm{d}s}$$

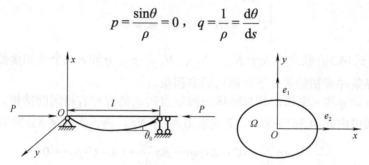

图 4.15　Euler 压杆

注意 $N_1 = P\sin\theta$ 和 $B = EJ$，由式 (4.36) 的第二式得压杆的平衡方程为

$$EJ\frac{\mathrm{d}^2\theta}{\mathrm{d}s^2} + P\sin\theta = 0$$

可将上式改写为

$$\frac{1}{2}\frac{\mathrm{d}}{\mathrm{d}s}\left(\frac{\mathrm{d}\theta}{\mathrm{d}s}\right)^2 = -k^2\sin\theta = 0$$

式中，$k^2 = \dfrac{P}{EJ}$。

令 $s = 0$ 时，$\dfrac{\mathrm{d}\theta}{\mathrm{d}s} = 0$ 和 $\theta = \theta_0$，则上式积分一次得

$$\left(\frac{\mathrm{d}\theta}{\mathrm{d}s}\right)^2 = 2k^2(\cos\theta - \cos\theta_0) - 4k^2\left(\sin^2\frac{\theta_0}{2} - \sin^2\frac{\theta}{2}\right)$$

由于 $\theta \leqslant \theta_0$，引进坐标变换 $\sin\dfrac{\theta}{2} = \sin\dfrac{\theta_0}{2}\sin\Psi = m\sin\Psi$，有

$$\mathrm{d}s = \frac{\mathrm{d}\Psi}{\pm k\sqrt{1 - m^2\sin^2\Psi}}$$

由 $s = 0$ 时，$\theta = \theta_0$，$\Psi = \dfrac{\pi}{2}$，可导出 Euler 弹性线方程：

$$s = -\frac{1}{k}\int_{\frac{\pi}{2}}^{\Psi}\frac{\mathrm{d}\Psi}{\sqrt{1 - m^2\sin^2\Psi}}$$

式中，k 由 $s = \dfrac{l}{2}$ 时 $\theta = 0$ 和 $\Psi = 0$ 确定。记 $F(m) = \displaystyle\int_0^{\frac{\pi}{2}}\frac{\mathrm{d}\Psi}{\sqrt{1 - m^2\sin^2\Psi}}$，则

$$k = \frac{2}{l}\int_0^{\frac{\pi}{2}}\frac{\mathrm{d}\Psi}{\sqrt{1 - m^2\sin^2\Psi}} = \frac{2}{l}F(m)$$

若杆的弯曲为 n 个半波时，$k = \dfrac{2n}{l}F(m)$，则

$$P = \frac{4\pi^2 F^2(m)EJ}{l^2} \tag{4.40}$$

另外，由

$$\mathrm{d}x = \sin\theta \mathrm{d}s = -\frac{2m}{k}\sin\Psi \mathrm{d}\Psi$$

得杆的中点挠度为

$$w_{\mathrm{m}} = x\left(\frac{l}{2}\right) = -\int \frac{2m}{k}\sin\Psi \mathrm{d}\Psi = \frac{2m}{k}$$

即杆的最大挠度为

$$w_{\mathrm{m}} = \frac{ml}{nF(m)} \tag{4.41}$$

将式(4.40)与式(4.41)联立，即可得到压力与最大挠度之间的参数方程，其参数关系如图 4.16 所示。

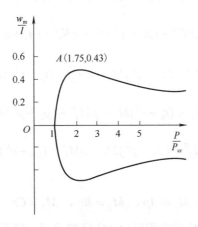

图 4.16　非线性的载荷-挠度曲线

4.3.4　柔性杆的扰动能量方程

设曲杆的初始曲率为 (p_0, q_0, r_0)，为了讨论柔性杆平衡的稳定性，考虑一个满足方程组(4.38)与方程组(4.39)的状态(A)：

$$N_1^0, N_2^0, N_3^0, M_1^0, M_2^0, M_3^0, p^0, q^0, r^0$$

以及与它无限邻近的也满足方程组(4.38)与方程组(4.39)的另一状态(B)：

$$N_1^0 + N_1^*, N_2^0 + N_2^*, N_3^0 + N_3^*, M_1^0 + M_1^*, M_2^0 + M_2^*, M_3^0 + M_3^*, p^0 + p^*, q^0 + q^*, r^0 + r^*$$

式中，所有上标为"*"的量都是扰动小量。

将(A)和(B)两组量都代入方程组(4.38)与方程组(4.39)，并把对应的两组方程组相减后，略去其中扰动量的二阶项，得到齐次线性的扰动量方程：

$$\begin{cases} \dfrac{dN_1^*}{ds} + q^* N_3^{\ 0} + (q_0 + q^0)N_3^* - r^* N_2^{\ 0} - (r_0 + r^0)N_2^* = 0 \\[2mm] \dfrac{dN_2^*}{ds} + r^* N_1^{\ 0} + (r_0 + r^0)N_1^* - p^* N_3^{\ 0} - (p_0 + p^0)N_3^* = 0 \\[2mm] \dfrac{dN_3^*}{ds} + p^* N_2^{\ 0} + (p_0 + p^0)N_2^* - q^* N_1^{\ 0} - (q_0 + q^0)N_1^* = 0 \end{cases} \tag{4.42}$$

$$\begin{cases} \dfrac{dM_1^*}{ds} + q^* M_3^{\ 0} + (q_0 + q^0)M_3^* - r^* M_2^{\ 0} - (r_0 + r^0)M_2^* - N_2^* = 0 \\[2mm] \dfrac{dM_2^*}{ds} + r^* M_1^{\ 0} + (r_0 + r^0)M_1^* - p^* M_3^{\ 0} - (p_0 + p^0)M_3^* + N_1^* = 0 \\[2mm] \dfrac{dM_3^*}{ds} + p^* M_2^{\ 0} + (p_0 + p^0)M_2^* - q^* M_1^{\ 0} - (q_0 + q^0)M_1^* = 0 \end{cases} \tag{4.43}$$

为简单计，略去所有"*"，则

$$\begin{cases} \dfrac{dN_1}{ds} + q N_3^{\ 0} + (q_0 + q^0)N_3 - r N_2^{\ 0} - (r_0 + r^0)N_2 = 0 \\[2mm] \dfrac{dN_2}{ds} + r N_1^{\ 0} + (r_0 + r^0)N_1 - p N_3^{\ 0} - (p_0 + p^0)N_3 = 0 \\[2mm] \dfrac{dN_3}{ds} + p N_2^{\ 0} + (p_0 + p^0)N_2 - q N_1^{\ 0} - (q_0 + q^0)N_1 = 0 \end{cases} \tag{4.44}$$

$$\begin{cases} \dfrac{dM_1}{ds} + q M_3^{\ 0} + (q_0 + q^0)M_3 - r M_2^{\ 0} - (r_0 + r^0)M_2 - N_2 = 0 \\[2mm] \dfrac{dM_2}{ds} + r M_1^{\ 0} + (r_0 + r^0)M_1 - p M_3^{\ 0} - (p_0 + p^0)M_3 + N_1 = 0 \\[2mm] \dfrac{dM_3}{ds} + p M_2^{\ 0} + (p_0 + p^0)M_2 - q M_1^{\ 0} - (q_0 + q^0)M_1 = 0 \end{cases} \tag{4.45}$$

仍有弹性关系：

$$M_1 = Ap, \quad M_2 = Bq, \quad M_3 = Cr$$

如果齐次线性方程组(4.44)和方程组(4.45)只有零解，则系统在状态(A)是稳定的；如果有非零解，则系统在状态(A)是不稳定的，其分界就是临界情形。

4.3.5　小曲率曲杆的失稳

若梁有初始曲率，在施加轴向力时引起的变形就会受到初始曲率的影响。设杆的中线有初始曲率，如图 4.17 所示。

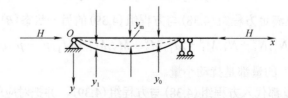

图 4.17　具有初始曲率的杆

其形状可表示为

$$y_0 = y_m \sin \frac{\pi x}{l} \tag{4.46}$$

式中，y_m 是中点的挠度。如果杆又受到水平力 H 的作用，又增加变位 y_1，则最后的变位曲线为

$$y = y_0 + y_1 \tag{4.47}$$

任意剖面的弯矩为

$$M = H(y_0 + y_1)$$

变形可用一般的微分方程表示，即

$$EI \frac{d^2 y_1}{dx^2} = -H(y_0 + y_1) \tag{4.48}$$

将式 (4.46) 的 y_0 值代入，并引入 $k^2 = \dfrac{1}{j^2} = \dfrac{H}{EI}$，则式 (4.48) 可写成

$$\frac{d^2 y_1}{dx^2} + k^2 y_1 = -k^2 y_m \sin \frac{\pi x}{l}$$

该方程的通解为

$$y_1 = A \sin kx + B \cos kx + \frac{1}{\dfrac{\pi^2}{k^2 l^2} - 1} y_m \sin \frac{\pi x}{l} \tag{4.49}$$

为了满足边界条件 (当 $x = 0$，$x = l$ 时，$y_1 = 0$)，必须令 $A = B = 0$。设水平力 H 与其临界值 ($H_{cr} = \dfrac{\pi^2 EI}{l^2}$) 的比值为 α，即

$$\alpha = \frac{H l^2}{\pi^2 EI}$$

则

$$y_1 = \frac{\alpha}{1 - \alpha} y_m \sin \frac{\pi x}{l} \tag{4.50}$$

变形曲线的最后形状为

$$y = y_0 + y_1 = y_m \sin \frac{\pi x}{l} + \frac{\alpha}{1 - \alpha} y_m \sin \frac{\pi x}{l} = \frac{y_m}{1 - \alpha} \sin \frac{\pi x}{l} \tag{4.51}$$

对于图 4.18 所示的拱形杆，设其中线的初始形状如式 (4.46) 所示。如果杆的初始挠度 y_{m0} 很大，在载荷下的轴向变形可以忽略不计。如果 y_{m0} 很小，加载时的轴向变形就不可忽略，其失稳形状为图中实线所示的对称形状。

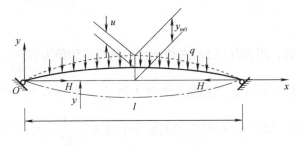

图 4.18　具有初始曲率的拱形杆

分析拱的变形时，设其一端是滚动铰接，则加载后的中线形状可表示为

$$y = \left(y_{m0} - \frac{5}{384}\frac{ql^4}{EI} \right)\sin\frac{\pi x}{l} = y_{m0}(1-u)\sin\frac{\pi x}{l} \tag{4.52}$$

式中，q 是均布载荷；EI 是中线面内的抗弯刚度，又

$$u = \frac{5}{384}\frac{ql^4}{EI}\frac{1}{y_{m0}} \tag{4.53}$$

如果铰接端不动，载荷 q 会引起水平力 H，中线的最后方程可以这样求得：将图 4.18 的 y 当作式 (4.46) 的 y_0 看待，作为初始挠度，加上水平力 H 后，其最后形状根据式 (4.51) 为

$$y_2 = \frac{y_{m0}(1-u)}{1-\alpha}\sin\frac{\pi x}{l} \tag{4.54}$$

式 (4.54) 不仅适用于 $u<1$ 的情况，还适用于 $u>1$ 的情况，相当于按简支梁计算的曲杆变形，大于拱的初始挠度。α 值可以大于 1，但必须小于 4。因为 $\alpha=4$ 时，相当于失稳杆的中间有个拐折。如果假设拱失稳后仍对称，这个条件就不能满足。

先假设 $u<1$，由式 (4.54) 得出：当 $\alpha<1$ 时，y_2 是正的，当 $\alpha>1$ 时，y_2 是负的。当水平力小于 Euler 载荷时（两端铰接），拱的形状如图 4.18 中的实线所示。拱还可以向下变形，如图 4.18 中的点画线所示，这属于水平力大于 Euler 载荷的情况。如果 $u>1$，当 $\alpha>1$ 时，y_2 是正的；当 $\alpha<1$ 时，y_2 是负的。

拱在加载后的实际形状，只有当 α（即水平力 H）为已知时，才可以求解。利用杆在 H 作用下所产生的压缩量，可以求解 H 的方程，设曲线相当平缓，沿杆长的压缩力为常数并等于 H，则

$$\frac{Hl}{AE} = \frac{1}{2}\int_0^l \left(\frac{dy_0}{dx}\right)^2 dx - \frac{1}{2}\int_0^l \left(\frac{dy_2}{dx}\right)^2 dx \tag{4.55}$$

式中，A 是杆的剖面积。将式 (4.46) 和式 (4.54) 的 y_0 和 y_2 代入式 (4.55)，得

$$(1-u)^2 = (1-my_{m0})(1-\alpha)^2 \tag{4.56}$$

式中，$m = \dfrac{4I}{Ay_{m0}^2}$。

对于一定的拱形，可以计算 m。当载荷 q 已知时，可以由式 (4.53) 计算出 u。这样相应的 α 可由式 (4.56) 计算。由于式 (4.56) 不是线性的，对于某些情况，对 α 可以求出一个以上的实根，说明有几种不同形式的平衡，必须对这些形式予以分析。式 (4.56) 的右边是 α 的函数，在 $m<1$ 的情况下：当 $\alpha=1$ 时，该函数的最小值为零；当 $\alpha=\dfrac{2+m}{3m}$ 时，该函数达最大值为 $\dfrac{4}{27}\dfrac{(1-m)^3}{m^2}$。

当 $m=\dfrac{1}{2}$，$\alpha=\dfrac{5}{3}$ 时，用方程 (4.56) 右边所作的曲线达到最大值 $\dfrac{2}{27}$，如图 4.19(a) 所示。如果载荷 q 的数值使得式 (4.56) 左边的值大于最大值 $\dfrac{2}{27}$，则 α 只有一个实解，即只有一种可能的平衡形式是稳定的。如果式 (4.56) 左边的值小于最大值 $\dfrac{2}{27}$，会有三个 α 解，即图 4.19(a) 中的三个交点 s、r 和 t，必须对这些平衡形式的稳定性加以分析。

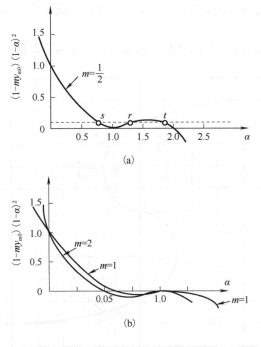

图 4.19　方程 (4.56) 右边的函数曲线

将这些结论应用到上面所举的例子中，当 $(1-u)^2 > \dfrac{2}{27}$ 时，平衡总是稳定的。相当于以下的情况：

$$u < 1 - \sqrt{\dfrac{2}{27}}, \quad u > 1 + \sqrt{\dfrac{2}{27}} \tag{4.57}$$

第一种情况相当于向上凸起的平衡状态，如图 4.18 中实线所示。第二种情况相当于该图点画线向下凸出的情况。

对于小于 1 的 m 任意值，相当于条件 (4.57) 的稳定性条件是

$$u < 1 - \sqrt{\dfrac{2}{27}\dfrac{(1-m)^3}{m^2}}, \quad u > 1 + \sqrt{\dfrac{2}{27}\dfrac{(1-m)^3}{m^2}} \tag{4.58}$$

其中，有一种以上平衡状态存在，就需要对其稳定性加以分析，即

$$u > 1 - \sqrt{\dfrac{2}{27}\dfrac{(1-m)^3}{m^2}}, \quad u < 1 + \sqrt{\dfrac{2}{27}\dfrac{(1-m)^3}{m^2}} \tag{4.59}$$

如果 $m \geqslant 1$，式 (4.56) 只有一个实根，如图 4.19(b) 所示。对于 $(1-u)^2$ 的任何正号值，只能得到一个 α 值，该值总小于 1。当 $m \geqslant 1$ 时，只有一种平衡形式而且是稳定的。只有当 $m < 1$，而且载荷位于式 (4.59) 所示的范围内时，才会发生不稳定问题。

研究稳定性时，可利用图形表示挠度与载荷或 u 值的函数。由式 (4.54) 可知，挠度为

$$y_{\mathrm{m}} = \dfrac{y_{\mathrm{m0}}(1-u)}{1-\alpha} \tag{4.60}$$

对于具体情况，α 值对应的 u 值可由式(4.56)计算，挠度由式(4.60)计算。图 4.20 是 $\dfrac{y_{m1}}{y_{m0}}$

与 u 的关系曲线。实线表示 $m=\dfrac{1}{2}$ 的情况，两条虚线表示 $m=\dfrac{1}{4}$ 和 $m=1$ 的情况。

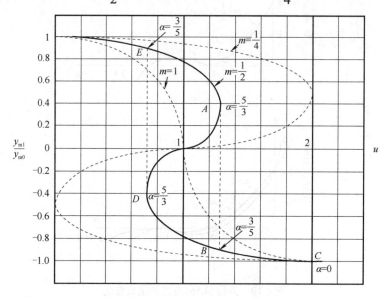

图 4.20　$\dfrac{y_{m1}}{y_{m0}}$ 与 u 的关系曲线

对 $m=\dfrac{1}{2}$ 的情况，变形随载荷的增加而增加，直到点 A，该点相当于曲线的最大值。由

该点开始，随着载荷 q 的减少，变形继续增加。这说明在 A 点，即 $(1-u)^2=\dfrac{2}{27}$ 时，图 4.18 中

由实线表示的平衡形式变成不稳定，拱将失稳而向下凸出，如图 4.18 中的点画线所示。这种
形式的平衡状态相当于图 4.20 中的 B 点，是稳定的。载荷进一步增加，变形继续增加，如曲
线 BC 部分所示。水平力 H 在这种加载中逐渐减小，到 C 点变为 0。载荷再继续增加时，H 变
为负。如果从 B 点开始减小载荷，变形将逐渐减小到 D 点；在该点，载荷不能使拱保持向下
变形的下凸形状，又向上失稳到图 4.20 中的 E 点。在垂直线 $\overline{ED}$ 和 $\overline{AB}$ 限制的范围内，有可能
存在多种平衡形式，该范围相当于式(4.57)所规定的条件。在一般情况下，这个范围是由条
件(4.59)确定的。使拱向下凸出失稳的临界载荷由式(4.61)确定：

$$u=1+\sqrt{\dfrac{4}{27}\dfrac{(1-m)^3}{m^2}} \tag{4.61}$$

由图 4.20 可以得出这样的结论：有可能存在几个平衡形式的范围，随着 m 的增加而减少，
当 $m=1$ 时，式(4.59)规定的两条极限位置线重合。由该 m 值向上，只有一种平衡形式存在。

将拱的变位作为梁来考虑，可以用正弦级数的第一项来表示其临界载荷。例如，在拱的
中间加一集中载荷 P，由式(4.61)求其临界值时，只需要将数值代入式(4.62)：

$$u=\dfrac{Pl^3}{48EI}\dfrac{1}{y_m} \tag{4.62}$$

用同样的方法可以对载荷 P 不在中点的问题求解，只需用梁中点的相应变形替代 $\dfrac{Pl^3}{48EI}$，再代入式(4.62)即可。

4.4　压杆的塑性动力稳定性

Goodier 及其合作者针对压杆的塑性动力屈曲问题进行了一系列的理论和实验研究，将铝合金试件以不同的速度与刚性靶板发生轴向撞击。图 4.21 是实验的一些典型结果。

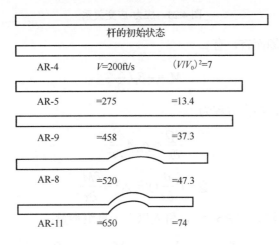

图 4.21　压杆的塑性动力屈曲

1ft/s = 0.305m/s 。杆直径为 11.5mm，杆长为 457mm，$\dfrac{V}{V_0}$ 为杆的动能与其弹性应变能之比。

考虑图 4.22 所示的压杆，其轴向承受突加载荷 P 的作用，图 4.23 是材料的应力-应变关系，假定整个杆都处于塑性范围之内，且位于图 4.23 所示的线性应变强化曲线上，此外，变形发展时所有的应变都是增加的，即避免了弹性卸载的发生，而且强化模量 E_t 较小，轴力 P 视为一个常数。

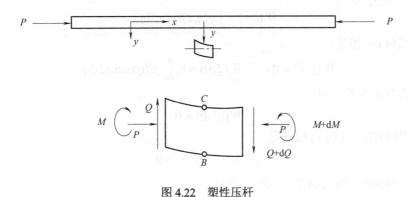

图 4.22　塑性压杆

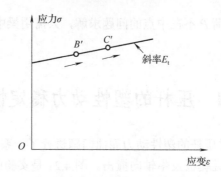

图 4.23　应力-应变关系

对于塑性屈曲的问题而言，有

$$M = -E_t I \frac{\partial^2 y}{\partial x^2} \tag{4.63}$$

和弹性屈曲时相同，动力方程为

$$\frac{\partial Q}{\partial x} = \rho_m A \frac{\partial^2 y}{\partial t^2} \tag{4.64}$$

$$Q + P \frac{\partial}{\partial x}(y + y_0) = \frac{\partial M}{\partial x} \tag{4.65}$$

式中，y_0 为初始挠度。注意到 $P \approx A\sigma$，引入以下无量纲参量：

$$s^2 = \frac{\sigma}{E_t}, \quad W = \frac{y}{\rho}, \quad W_0 = \frac{y_0}{\rho}, \quad \xi = \frac{sx}{\rho}, \quad \tau = \frac{\sigma}{\sqrt{E_t P}} \cdot \frac{t}{\rho}, \quad \rho^2 = \frac{1}{A} \tag{4.66}$$

式中，ρ 为曲率半径；t 为时间；A 为面积。最终得动力方程：

$$W'''' + W'' + W = -W_0'' \tag{4.67}$$

其形式和弹性情况的动力方程类似。对于理想直杆而言，采用 Fourier 变换的方法进行分析，此时 $0 < \xi < \infty$，这意味着屈曲与杆长无关。由于假定屈曲发生时，应力波在杆端尚未反射，故这种分析方法合理。

故动力方程可表示为

$$W(\xi, \tau) = \int g(\eta, \tau)\sin\eta\xi \mathrm{d}\eta \tag{4.68}$$

初始条件由式(4.69)给定：

$$W(\xi, 0) = 0, \qquad \dot{W}(\xi, 0) = V_0 \int_0^\infty \beta(\eta)\sin\eta\xi \mathrm{d}\eta \tag{4.69}$$

式中，V_0 为弹性应变能。且

$$\dot{W}(0^+, 0) = 0 \tag{4.70}$$

利用动力方程(4.67)，$g(\eta, \tau)$ 应满足

$$\ddot{g} - \eta^2(1 - \eta^2)g = 0 \tag{4.71}$$

结合初始条件(4.69)，则式(4.71)的解表示为

$$g = V_0 \beta(\eta) P^{-1} \frac{\mathrm{sh}P\tau}{\sin P\tau} \tag{4.72}$$

式中

$$P = \eta \left| 1 - \eta^2 \right|^{\frac{1}{2}} \tag{4.73}$$

式 (4.73) 中，当 $\eta < 1$ 时，为双曲型发散解；当 $\eta > 1$ 时，对应着周期解。取

$$\mu_1 = \tau (P\tau)^{-1} \mathrm{sh} P\tau \tag{4.74}$$

注意：当 $x > 0$ 时，$x^{-1}\mathrm{sh}x$ 是 x 的单调增函数。因此，对于确定的 τ，当 P 最大时，μ_1 也最大。当 P 最大时，由式 (4.73) 可知

$$\eta_P = \frac{1}{\sqrt{2}} \tag{4.75}$$

此时 μ_1 的最大值是

$$\mu_{1\max} = 2\mathrm{sh}\frac{\tau}{2} \tag{4.76}$$

这里，μ_1-η 的关系曲线如图 4.24 所示。

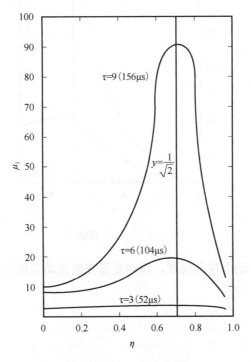

图 4.24　μ_1-η 关系曲线

对于含初始缺陷的杆，有

$$W_0(\xi) = \delta_0 \int \alpha(\eta)\sin\eta\xi \mathrm{d}\eta \tag{4.77}$$

式中，δ_0 为杆的初始位移量。初始条件是

$$W_0(\xi,0) = \dot{W}(\xi,0) = 0 \tag{4.78}$$

进行类似的分析，可以得到动力方程 (4.67) 的解为

$$g = \delta_0 \alpha(\eta) \frac{1}{1-\eta^2} \frac{\mathrm{ch} P\tau - 1}{\cos P\tau - 1} \tag{4.79}$$

式中，P 仍由式(4.73)给定，同样当 $\eta<1$ 时对应着双曲型的解，取

$$\mu_2=(1-\eta^2)^{-1}(\mathrm{ch}P\tau-1)\tag{4.80}$$

对于给定的 τ，当满足下述关系时，μ_2 取最大值：

$$\frac{1}{2\eta^2}-1=-\frac{\mathrm{ch}P\tau-1}{P\tau\mathrm{sh}P\tau}\tag{4.81}$$

图 4.25 展示了 μ_2-η 关系曲线。

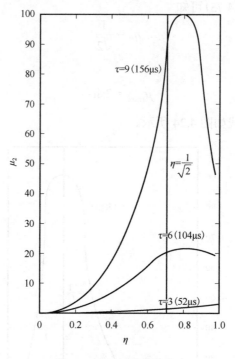

图 4.25　μ_2-η 关系曲线

　　无论是弹性还是塑性动力屈曲问题，屈曲是指在给定动载荷作用下，最大位移达到初始缺陷的某一倍数。

第 5 章 板壳结构的弹塑性稳定理论

板壳结构已广泛应用于各工程领域，在压力作用下，其材料已发生弹塑性或塑性行为。板壳结构在突然产生的压力作用下，会发生位移而降低承载能力，甚至发生破坏，这类现象称为板壳结构的弹塑性失稳、皱损或屈曲，研究板壳结构的失稳问题，形成了板壳结构的弹塑性稳定理论。

5.1 板的基本方程

薄板理论引入以下假定：

(1)变形前垂直于中面的直线变形后仍为一直线，并保持与中面垂直且长度不变；

(2)忽略沿中面垂直方向的法向应力，即认为法向应力与其他应力分量相比是小量，因此在应力-应变关系中可以忽略；

(3)板中面上各点没有平行于中面的位移。

5.1.1 矩形板的基本方程

取板的中面为 xOy 平面，z 轴垂直于中面，如图 5.1 所示。

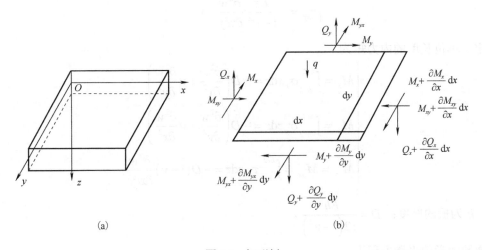

(a)   (b)

图 5.1 矩形板

令 w 表示板的挠度，有

$$w = w(x, y) \tag{5.1}$$

根据 $\gamma_{xz} = \gamma_{yz} = 0$，可以得出 $\dfrac{\partial u}{\partial z} + \dfrac{\partial w}{\partial x} = 0$，$\dfrac{\partial v}{\partial z} + \dfrac{\partial w}{\partial y} = 0$，其中，$u$、$v$ 和 w 分别为沿 x、y 和 z 方向的位移，积分上式并结合第三条基本假设有

$$u = -z\frac{\partial w}{\partial x}, \quad v = -z\frac{\partial w}{\partial y} \tag{5.2}$$

物理方程为

$$\varepsilon_x = \frac{1}{E}\left(\sigma_x - \nu\sigma_y\right), \quad \varepsilon_y = \frac{1}{E}\left(\sigma_y - \nu\sigma_x\right), \quad \gamma_{xy} = \frac{2(1+\nu)}{E}\tau_{xy} \tag{5.3}$$

式中，ε_x、ε_y 和 γ_{xy} 是应变分量；E 为弹性模量；ν 为泊松比。由式 (5.2) 有

$$\begin{cases} \varepsilon_x = \dfrac{\partial u}{\partial x} = -z\dfrac{\partial^2 w}{\partial x^2} \\[2mm] \varepsilon_y = \dfrac{\partial v}{\partial y} = -z\dfrac{\partial^2 w}{\partial y^2} \\[2mm] \gamma_{xy} = \dfrac{\partial v}{\partial x} + \dfrac{\partial u}{\partial y} = -2z\dfrac{\partial^2 w}{\partial x \partial y} \end{cases} \tag{5.4}$$

将式 (5.4) 代入物理方程 (5.3)，得

$$\begin{cases} \sigma_x = -\dfrac{Ez}{1-\nu^2}\left(\dfrac{\partial^2 w}{\partial x^2} + \nu\dfrac{\partial^2 w}{\partial y^2}\right) \\[3mm] \sigma_y = -\dfrac{Ez}{1-\nu^2}\left(\dfrac{\partial^2 w}{\partial y^2} + \nu\dfrac{\partial^2 w}{\partial x^2}\right) \\[3mm] \tau_{xy} = -\dfrac{Ez}{1-\nu^2}\dfrac{\partial^2 w}{\partial x \partial y} \end{cases} \tag{5.5}$$

定义单位长度的内力矩为

$$\begin{cases} M_x = \displaystyle\int_{-h/2}^{h/2} \sigma_x x\,\mathrm{d}z = -D\left(\dfrac{\partial^2 w}{\partial x^2} + \nu\dfrac{\partial^2 w}{\partial y^2}\right) \\[3mm] M_y = \displaystyle\int_{-h/2}^{h/2} \sigma_y z\,\mathrm{d}z = -D\left(\dfrac{\partial^2 w}{\partial y^2} + \nu\dfrac{\partial^2 w}{\partial x^2}\right) \\[3mm] M_{xy} = M_{yx} = \displaystyle\int_{-h/2}^{h/2} \tau_{xy} z\,\mathrm{d}z = -D(1-\nu)\dfrac{\partial^2 w}{\partial x \partial y} \end{cases} \tag{5.6}$$

式中，h 为板的厚度；$D = \dfrac{Eh^3}{12(1-\nu^2)}$。

弹性力学的平衡方程为

$$\frac{\partial \tau_{zx}}{\partial z} = -\frac{\partial \sigma_x}{\partial x} - \frac{\partial \tau_{xy}}{\partial y} \tag{5.7}$$

联合式 (5.7) 和式 (5.5)，得

$$\frac{\partial \tau_{zx}}{\partial z} = \frac{Ez}{1-\nu^2}\frac{\partial}{\partial x}\nabla^2 w \tag{5.8}$$

式中，$\nabla^2 = \dfrac{\partial^2}{\partial x^2} + \dfrac{\partial^2}{\partial y^2}$ 是平面的 Laplace 算子。

对式(5.8)进行积分，得

$$\tau_{zx} = \frac{Ez^2}{2(1-v^2)}\frac{\partial}{\partial x}\nabla^2 w + f(x,y) \tag{5.9}$$

式中，$f(x,y)$ 为一任意函数。利用 $\tau_{zx}|_{z=\pm h/2} = 0$，即可确定这一函数的形式，由此可得 τ_{zx} 的具体表达式，采用类似的方法也可以得到 τ_{zy} 和 τ_{xy}。

$$\tau_{zy} = \frac{E}{2(1-v^2)}\left(z^2 - \frac{h^2}{4}\right)\frac{\partial}{\partial x}\nabla^2 w, \quad \tau_{xy} = \frac{E}{2(1-v^2)}\left(z^2 - \frac{h^2}{4}\right)\frac{\partial}{\partial y}\nabla^2 w \tag{5.10}$$

定义单位长度的剪力，利用式(5.10)，有

$$Q_x = \int_{-h/2}^{h/2}\tau_{zx}\mathrm{d}z = -D\frac{\partial}{\partial x}\nabla^2 w, \quad Q_y = \int_{-h/2}^{h/2}\tau_{xy}\mathrm{d}z = -D\frac{\partial}{\partial y}\nabla^2 w \tag{5.11}$$

建立矩形板的一个微单元体，如图 5.1(b)所示，则由单元体的平衡条件，得

$$\begin{cases} Q_x = \dfrac{\partial M_x}{\partial x} + \dfrac{\partial M_{xy}}{\partial y} \\[2mm] Q_y = \dfrac{\partial M_{xy}}{\partial x} + \dfrac{\partial M_y}{\partial y} \\[2mm] \dfrac{\partial Q_x}{\partial x} + \dfrac{\partial Q_y}{\partial y} + q = 0 \end{cases} \tag{5.12}$$

将式(5.12)的前两式一并代入第三式有

$$\frac{\partial^2 M_x}{\partial x^2} + 2\frac{\partial^2 M_{xy}}{\partial x\partial y} + \frac{\partial^2 M_y}{\partial y^2} + q = 0 \tag{5.13}$$

将式(5.6)代入式(5.13)得

$$D\nabla^4 w = D\left(\frac{\partial^4 M_x}{\partial x^4} + 2\frac{\partial^4 M_{xy}}{\partial x^2\partial y^2} + \frac{\partial^4 M_y}{\partial y^4}\right) = q \tag{5.14}$$

式(5.14)即为在横向载荷作用下弹性薄板小挠度问题的基本方程，其中认为没有平行于中面的外力作用。如果板受平行于中面的外力作用，由于板很薄，可以假定板中有平行于中面的沿板厚不变的纵向应力 σ_x、σ_y 和 τ_{xy}。

定义单位长度上的薄膜力为

$$N_x = h\sigma_x, \quad N_y = h\sigma_y, \quad N_{xy} = N_{yx} = h\tau_{xy} \tag{5.15}$$

在小挠度的条件下，叠加原理成立，即可以分别计算纵向载荷和横向载荷作用下的应力和位移，然后叠加。

微单元体沿 x、y 和 z 坐标轴的平衡条件如图 5.1(b) 所示，得

$$\begin{cases} \dfrac{\partial N_x}{\partial x} + \dfrac{\partial N_{xy}}{\partial y} = 0 \\[2mm] \dfrac{\partial N_y}{\partial y} + \dfrac{\partial N_{xy}}{\partial x} = 0 \\[2mm] \dfrac{\partial Q_x}{\partial x} + \dfrac{\partial Q_y}{\partial y} + N_x \dfrac{\partial^2 w}{\partial x^2} + 2N_{xy} \dfrac{\partial^2 w}{\partial x \partial y} + N_y \dfrac{\partial^2 w}{\partial y^2} + q = 0 \end{cases} \tag{5.16}$$

利用式 (5.12) 和式 (5.14)，得到弹性薄板在横向载荷和纵向载荷共同作用下的小挠度问题的基本方程：

$$D\nabla^4 w = N_x \frac{\partial^2 w}{\partial x^2} + 2N_{xy} \frac{\partial^2 w}{\partial x \partial y} + N_y \frac{\partial^2 w}{\partial y^2} + q \tag{5.17}$$

对于大挠度问题，方程 (5.18) 依然成立：

$$\begin{cases} \dfrac{\partial N_x}{\partial x} + \dfrac{\partial N_{xy}}{\partial y} = 0 \\[2mm] \dfrac{\partial N_y}{\partial y} + \dfrac{\partial N_{xy}}{\partial x} = 0 \\[2mm] D\nabla^4 w = N_x \dfrac{\partial^2 w}{\partial x^2} + 2N_{xy} \dfrac{\partial^2 w}{\partial x \partial y} + N_y \dfrac{\partial^2 w}{\partial y^2} + q \end{cases} \tag{5.18}$$

但此时 N_x、N_y 和 N_{xy} 是由外载荷 q 产生的中面内力，而不是外加的薄膜力。方程 (5.18) 中的四个未知数 w、N_x、N_y 和 N_{xy} 无法求解，还需要寻找新的关系。

大挠度问题的几何方程为

$$\varepsilon_x = \frac{\partial u}{\partial x} + \frac{1}{2}\left(\frac{\partial w}{\partial x}\right)^2, \quad \varepsilon_y = \frac{\partial u}{\partial y} + \frac{1}{2}\left(\frac{\partial w}{\partial y}\right)^2, \quad \gamma_{xy} = \frac{\partial v}{\partial x} + \frac{\partial u}{\partial y} + \frac{\partial w}{\partial x}\frac{\partial w}{\partial y} \tag{5.19}$$

从中消去 u 得到变形协调方程：

$$\frac{\partial^2 \varepsilon_x}{\partial y^2} + \frac{\partial^2 \varepsilon_y}{\partial x^2} - \frac{\partial^2 \gamma_{xy}}{\partial x \partial y} = \left(\frac{\partial z}{\partial x \partial y}\right)^2 - \frac{\partial^2 w}{\partial x^2}\frac{\partial^2 w}{\partial y^2} \tag{5.20}$$

引入应力函数 φ，定义

$$N_x = h\frac{\partial^2 \varphi}{\partial y^2}, \quad N_y = h\frac{\partial^2 \varphi}{\partial x^2}, \quad N_{xy} = -h\frac{\partial^2 \varphi}{\partial x \partial y} \tag{5.21}$$

物理方程是

$$\varepsilon_x = \frac{1}{Eh}\left(N_x - \nu N_y\right), \quad \varepsilon_y = \frac{1}{Eh}\left(N_y - \nu N_x\right), \quad \gamma_{xy} = \frac{2(1+\nu)}{Eh}N_{xy} \tag{5.22}$$

将式 (5.21) 代入式 (5.22)，并结合式 (5.18) 和式 (5.20)，得大挠度问题的基本方程为

$$\begin{cases} D\nabla^4 w = h\left(\dfrac{\partial^2 \varphi}{\partial x^2}\dfrac{\partial^2 w}{\partial y^2} + \dfrac{\partial^2 \varphi}{\partial y^2}\dfrac{\partial^2 w}{\partial x^2} - 2\dfrac{\partial^2 \varphi}{\partial x \partial y}\dfrac{\partial^2 w}{\partial x \partial y}\right) + q \\[3mm] \nabla^4 w = E\left[\left(\dfrac{\partial^2 w}{\partial x \partial y}\right)^2 - \dfrac{\partial^2 w}{\partial x^2}\dfrac{\partial^2 w}{\partial y^2}\right] \end{cases} \tag{5.23}$$

在分析薄板的屈曲问题时，只需将横向载荷取零，以小挠度问题为例，板的屈曲控制方程是

$$D\nabla^4 w = N_x \frac{\partial^2 w}{\partial x^2} + 2N_{xy}\frac{\partial^2 w}{\partial x \partial y} + N_y \frac{\partial^2 w}{\partial y^2} \tag{5.24}$$

5.1.2　圆形板的基本方程

针对圆形板弯曲问题，采用极坐标较方便，因为直接推导较为烦琐，采用坐标变换的方法导出基本方程。为此，先讨论坐标变换问题。先考虑直角坐标旋转时引起的变换，设 Oxy、Ons 是共原点的直角坐标系，n 到 s 的转向与 x 到 y 的转向相同，x 轴与 n 轴的夹角为 θ，如图 5.2 所示。

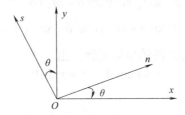

图 5.2　坐标变换

任一函数 φ 及其一、二阶偏导数在两种坐标系下的变换关系推导如下。在两种坐标系下，坐标之间的关系为

$$x = n\cos\theta - s\sin\theta, \quad y = n\sin\theta + s\cos\theta$$

或

$$n = x\cos\theta + y\sin\theta, \quad s = -x\sin\theta + y\cos\theta$$

对于任一函数 φ，有 $\varphi(x, y) = \varphi(n, s)$，则

$$\begin{cases} \dfrac{\partial \varphi}{\partial n} = \dfrac{\partial \varphi}{\partial x}\dfrac{\partial x}{\partial n} + \dfrac{\partial \varphi}{\partial y}\dfrac{\partial y}{\partial n} = \dfrac{\partial \varphi}{\partial x}\cos\theta + \dfrac{\partial \varphi}{\partial y}\sin\theta \\[3mm] \dfrac{\partial \varphi}{\partial s} = \dfrac{\partial \varphi}{\partial x}\dfrac{\partial x}{\partial s} + \dfrac{\partial \varphi}{\partial y}\dfrac{\partial y}{\partial s} = -\dfrac{\partial \varphi}{\partial x}\sin\theta + \dfrac{\partial \varphi}{\partial y}\cos\theta \end{cases}$$

仿此可得

$$\begin{cases} \dfrac{\partial^2 \varphi}{\partial n^2} = \dfrac{\partial^2 \varphi}{\partial x^2}\cos^2\theta + 2\dfrac{\partial^2 \varphi}{\partial x \partial y}\sin\theta\cos\theta + \dfrac{\partial^2 \varphi}{\partial y^2}\sin^2\theta \\[3mm] \dfrac{\partial^2 \varphi}{\partial s^2} = \dfrac{\partial^2 \varphi}{\partial x^2}\sin^2\theta - 2\dfrac{\partial^2 \varphi}{\partial x \partial y}\sin\theta\cos\theta + \dfrac{\partial^2 \varphi}{\partial y^2}\cos^2\theta \\[3mm] \dfrac{\partial^2 \varphi}{\partial s \partial n} = -\dfrac{\partial^2 \varphi}{\partial x^2}\sin\theta\cos\theta + \dfrac{\partial^2 \varphi}{\partial x \partial y}\left(\cos^2\theta - \sin^2\theta\right) + \dfrac{\partial^2 \varphi}{\partial y^2}\sin\theta\cos\theta \end{cases}$$

　　剪力、转角的变换规律与一阶导数相同,由 $dx \times dy \times h$ 的板单元,当 dx、dy 趋于零时的平衡条件导出式(5.25),由矢量投影定理导出式(5.26):

$$\begin{cases} Q_n = Q_x \cos\theta + Q_y \sin\theta \\ Q_s = -Q_x \sin\theta + Q_y \cos\theta \end{cases} \tag{5.25}$$

$$\begin{cases} \psi_n = \psi_x \cos\theta + \psi_y \sin\theta \\ \psi_s = -\psi_x \sin\theta + \psi_y \cos\theta \end{cases} \tag{5.26}$$

　　弯矩、扭矩的变换规律与对应的应力分量的变换规律相同,又因为应力分量是指一点的应力分量,所以这种变换关系与极坐标和直角坐标下的变换关系相同。

$$\begin{cases} M_n = M_x \cos^2\theta + 2M_{xy} \sin\theta\cos\theta + M_y \sin^2\theta \\ M_s = M_x \sin^2\theta - 2M_{xy} \sin\theta\cos\theta + M_y \cos^2\theta \\ M_{ns} = -M_x \sin\theta\cos\theta + M_{xy}\left(\cos^2\theta - \sin^2\theta\right) + M_y \sin\theta\cos\theta \end{cases} \tag{5.27}$$

　　下面讨论直角坐标和极坐标之间的坐标变换。由

$$x = r\cos\theta , \quad y = r\sin\theta$$

或

$$r^2 = x^2 + y^2 , \quad \theta = \arctan\frac{y}{x}$$

可得

$$\begin{cases} \dfrac{\partial r}{\partial x} = \dfrac{r}{x} = \dfrac{1}{\cos\theta}, \quad \dfrac{\partial r}{\partial y} = \dfrac{r}{y} = \dfrac{1}{\sin\theta} \\ \dfrac{\partial \theta}{\partial x} = -\dfrac{y}{r^2} = -\dfrac{\sin\theta}{r}, \quad \dfrac{\partial \theta}{\partial y} = \dfrac{x}{r^2} = \dfrac{\cos\theta}{r} \end{cases}$$

　　对于任意函数 $\varphi = \varphi(x,y) = \varphi(r,\theta)$,于是有

$$\begin{cases} \dfrac{\partial \varphi}{\partial x} = \dfrac{\partial \varphi}{\partial r}\dfrac{\partial r}{\partial x} + \dfrac{\partial \varphi}{\partial \theta}\dfrac{\partial \theta}{\partial x} = \dfrac{1}{\cos\theta}\dfrac{\partial \varphi}{\partial r} - \dfrac{\sin\theta}{r}\dfrac{\partial \varphi}{\partial \theta} \\ \dfrac{\partial \varphi}{\partial y} = \dfrac{\partial \varphi}{\partial r}\dfrac{\partial r}{\partial y} + \dfrac{\partial \varphi}{\partial \theta}\dfrac{\partial \theta}{\partial y} = \dfrac{1}{\sin\theta}\dfrac{\partial \varphi}{\partial r} + \dfrac{\cos\theta}{r}\dfrac{\partial \varphi}{\partial \theta} \end{cases}$$

重复以上运算可得

$$\begin{aligned} \frac{\partial^2 \varphi}{\partial x^2} &= \left(\frac{1}{\cos\theta}\frac{\partial}{\partial r} - \frac{\sin\theta}{r}\frac{\partial}{\partial \theta}\right)\left(\frac{1}{\cos\theta}\frac{\partial \varphi}{\partial r} - \frac{\sin\theta}{r}\frac{\partial \varphi}{\partial \theta}\right) \\ &= \frac{1}{\cos^2\theta}\frac{\partial^2 \varphi}{\partial r^2} - \frac{2\sin\theta}{r\cos\theta}\frac{\partial^2 \varphi}{\partial r\partial\theta} + \frac{\sin^2\theta}{r^2\cos\theta}\frac{\partial^2 \varphi}{\partial r\partial\theta}\frac{\sin^2\theta\cos\theta}{r\cos^2\theta}\frac{\partial^2 \varphi}{\partial r\partial\theta} \\ &\quad + \frac{\sin^2\theta}{r^2}\frac{\partial^2 \varphi}{\partial \theta^2}\frac{-\cos\theta\sin\theta}{r^2}\frac{\partial \varphi}{\partial \theta} - \frac{\sin^2\theta}{r\cos^2\theta}\frac{\partial \varphi}{\partial r} \end{aligned}$$

$$\begin{aligned} \frac{\partial^2 \varphi}{\partial y^2} &= \frac{1}{\sin^2\theta}\frac{\partial^2 \varphi}{\partial r^2} - \frac{2\cos\theta}{\sin\theta r}\frac{\partial^2 \varphi}{\partial r\partial\theta} - \frac{\cos\theta}{r^2\sin\theta}\frac{\partial^2 \varphi}{\partial r\partial\theta} - \frac{\cos^2\theta}{r\sin^2\theta}\frac{\partial^2 \varphi}{\partial r\partial\theta} \\ &\quad + \frac{\cos^2\theta}{r^2}\frac{\partial^2 \varphi}{\partial \theta^2} - \frac{\sin\theta\cos\theta}{r^2}\frac{\partial \varphi}{\partial \theta} - \frac{\cos^2\theta}{r\sin^2\theta}\frac{\partial \varphi}{\partial r} \end{aligned}$$

$$\frac{\partial^2 \varphi}{\partial x \partial y} = \frac{1}{\sin\theta\cos\theta}\frac{\partial^2 \varphi}{\partial r^2} + \frac{1}{r^2}\frac{\partial^2 \varphi}{\partial r \partial \theta} - \frac{\sin\theta\cos\theta}{r^2}\frac{\partial^2 \varphi}{\partial \theta^2}$$

$$- \frac{\cos^2\theta}{r^2}\frac{\partial^2 \varphi}{\partial \theta^2} + \frac{\sin\theta}{r\cos\theta}\frac{\partial^2 \varphi}{\partial r \partial \theta} - \frac{\cos^2\theta}{r^2}\frac{\partial \varphi}{\partial \theta} + \frac{\sin\theta}{r\cos\theta}\frac{\partial \varphi}{\partial r}$$

在极坐标中，广义位移以 r、θ 表示，由矢量投影定理得出，它们与直角坐标下广义位移的关系如下：

$$w(x,y) = w(\theta,r)，\quad \psi_x = \psi_r\cos\theta - \psi_\theta\sin\theta，\quad \psi_y = \psi_r\sin\theta + \psi_\theta\cos\theta \tag{5.28}$$

由板单元的平衡条件得出 M_x、M_y、M_{xy}、Q_x 和 Q_y 与 M_r、M_θ、$M_{r\theta}$、Q_r 和 Q_θ 的关系，但需注意，因为是研究两种坐标下的内力关系，不考虑横向载荷，两相对面上的对应内力无增量，这种关系与两种坐标下对应的应力分量相同。

$$\begin{cases} M_x = M_r\cos^2\theta - 2M_{r\theta}\sin\theta\cos\theta + M_\theta\sin^2\theta \\ M_y = M_r\sin^2\theta + 2M_{r\theta}\sin\theta\cos\theta + M_\theta\cos^2\theta \\ M_{xy} = (M_r - M_\theta)\sin\theta\cos\theta + M_{r\theta}(\cos^2\theta - \sin^2\theta) \end{cases} \tag{5.29}$$

$$\begin{cases} Q_x = Q_r\cos\theta - Q_\theta\sin\theta \\ Q_y = Q_r\sin\theta + Q_\theta\cos\theta \end{cases} \tag{5.30}$$

下面要由坐标变换将直角坐标下的方程变换为极坐标下的方程，得

$$\frac{\partial \psi_x}{\partial x} = \left(\frac{1}{\cos\theta}\frac{\partial}{\partial r} - \frac{\sin\theta}{r}\frac{\partial}{\partial \theta}\right)(\psi_r\cos\theta - \psi_\theta\sin\theta)$$

$$= \frac{\partial \psi_r}{\partial r} + \left(\frac{1}{r}\psi_r + \frac{1}{r}\frac{\partial \psi_\theta}{\partial \theta}\right)\sin^2\theta - \left(\frac{1}{r}\frac{\partial \psi_r}{\partial \theta} - \frac{1}{r}\psi_\theta\right)\cos\theta\sin\theta - \frac{\sin\theta}{\cos\theta}\frac{\partial \psi_\theta}{\partial r} \tag{5.31a}$$

$$\frac{\partial \psi_y}{\partial y} = \left(\frac{1}{\sin\theta}\frac{\partial}{\partial r} + \frac{\cos\theta}{r}\frac{\partial}{\partial \theta}\right)(\psi_r\sin\theta + \psi_\theta\cos\theta)$$

$$= \frac{\partial \psi_r}{\partial r} + \cos^2\theta\left(\frac{1}{r}\psi_r + \frac{1}{r}\frac{\partial \psi_\theta}{\partial \theta}\right) - \sin\theta\cos\theta\left(-\frac{1}{r}\frac{\partial \psi_r}{\partial \theta} + \frac{1}{r}\psi_\theta\right) + \frac{\cos\theta}{\sin\theta}\frac{\partial \psi_\theta}{\partial r} \tag{5.31b}$$

$$\frac{\partial \psi_x}{\partial y} = \left(\frac{1}{\sin\theta}\frac{\partial}{\partial r} + \frac{\cos\theta}{r}\frac{\partial}{\partial \theta}\right)(\psi_r\cos\theta - \psi_\theta\sin\theta)$$

$$= \sin\theta\cos\theta\left(-\frac{1}{r}\frac{\partial \psi_\theta}{\partial \theta} - \frac{1}{r}\psi_r\right) + \cos^2\theta\left(\frac{\partial \psi_r}{r\partial \theta} - \frac{\psi_\theta}{r}\right) - \frac{\partial \psi_\theta}{\partial r} + \frac{\cos\theta}{\sin\theta}\frac{\partial \psi_r}{\partial r} \tag{5.31c}$$

$$\frac{\partial \psi_y}{\partial x} = \left(\frac{1}{\cos\theta}\frac{\partial}{\partial r} - \frac{\sin\theta}{r}\frac{\partial}{\partial \theta}\right)(\psi_r\sin\theta - \psi_\theta\cos\theta)$$

$$= \sin\theta\cos\theta\left(-\frac{1}{r}\frac{\partial \psi_\theta}{\partial \theta} + \frac{1}{r}\psi_r\right) + \frac{\partial \psi_\theta}{\partial r} + \sin^2\theta\left(-\frac{\psi_\theta}{r} - \frac{1}{r}\frac{\partial \psi_r}{\partial \theta}\right) + \frac{\sin\theta}{\cos\theta}\frac{\partial \psi_r}{\partial r} \tag{5.31d}$$

$$\frac{\partial w}{\partial x} = \frac{\partial w}{\partial r}\frac{1}{\cos\theta} - \frac{\partial w}{\partial \theta}\frac{\sin\theta}{r}，\quad \frac{\partial w}{\partial y} = \frac{\partial w}{\partial r}\frac{1}{\sin\theta} + \frac{\partial w}{\partial \theta}\frac{\cos\theta}{r} \tag{5.31e}$$

将式(5.31a)～式(5.31d)代入式(5.6)，整理后有

$$M_x = -D\left\{\begin{array}{l}\left[\dfrac{\partial \psi_r}{\partial r}+\nu\left(\dfrac{\psi_r}{r}+\dfrac{1}{r}\dfrac{\partial \psi_\theta}{\partial \theta}\right)\right]+\sin^2\theta\left(\dfrac{\psi_r}{r}+\dfrac{1}{r}\dfrac{\partial \psi_\theta}{\partial \theta}+\nu\dfrac{\partial \psi_r}{\partial r}\right)- \\ 2\sin\theta\cos\theta\dfrac{1-\nu}{2}\cdot\left(\dfrac{1}{r}\dfrac{\partial \psi_r}{\partial \theta}-\dfrac{\psi_\theta}{r}\right)-2\dfrac{\sin\theta}{\cos\theta}\dfrac{1-\nu}{2}\dfrac{\partial \psi_\theta}{\partial r}\end{array}\right\} \tag{5.31f}$$

$$M_y = -D\left\{\begin{array}{l}\left[\dfrac{\partial \psi_r}{\partial r}+\nu\left(\dfrac{\psi_r}{r}+\dfrac{1}{r}\dfrac{\partial \psi_r}{\partial \theta}\right)\right]+\cos^2\theta\left(\dfrac{\psi_r}{r}+\dfrac{1}{r}\dfrac{\partial \psi_r}{\partial \theta}+\nu\dfrac{\partial \psi_r}{\partial r}\right)+ \\ 2\sin\theta\cos\theta\dfrac{1-\nu}{2}\cdot\left(-\dfrac{1}{r}\dfrac{\partial \psi_r}{\partial \theta}+\dfrac{\psi_\theta}{r}\right)+2\dfrac{\sin\theta}{\cos\theta}\dfrac{1-\nu}{2}\dfrac{\partial \psi_\theta}{\partial r}\end{array}\right\} \tag{5.31g}$$

$$M_{xy}=-D\dfrac{\psi_r}{r}\sin\theta\cos\theta-D\dfrac{\partial \psi_r}{\partial r}\dfrac{\sin\theta}{\cos\theta}-D\dfrac{\partial \psi_r}{\partial r}\dfrac{\cos\theta}{\sin\theta}$$
$$-\dfrac{D(1-\nu)}{2}\left[\left(\dfrac{1}{r}\dfrac{\partial \psi_r}{\partial \theta}-\dfrac{\psi_\theta}{r}\right)\cos^2\theta+\left(-\dfrac{1}{r}\dfrac{\partial \psi_\theta}{\partial r}-\dfrac{\psi_\theta}{r}\right)\sin^2\theta\right] \tag{5.31h}$$

将式(5.28)和式(5.31e)代入式(5.11)，整理得

$$\begin{cases}Q_x=\dfrac{Eh}{2k(1+\nu)}\left(\dfrac{\partial w}{\partial x}-\psi_x\right)=\dfrac{Eh}{2k(1+\nu)}\left[\left(\dfrac{\partial w}{\partial r}-\psi_r\right)\dfrac{1}{\cos\theta}-\left(\dfrac{1}{r}\dfrac{\partial w}{\partial \theta}-\psi_\theta\right)\sin\theta\right]\\ Q_y=\dfrac{Eh}{2k(1+\nu)}\left(\dfrac{\partial w}{\partial y}-\psi_y\right)=\dfrac{Eh}{2k(1+\nu)}\left[\left(\dfrac{\partial w}{\partial r}-\psi_r\right)\dfrac{1}{\sin\theta}+\left(\dfrac{1}{r}\dfrac{\partial w}{\partial \theta}-\psi_\theta\right)\cos\theta\right]\end{cases} \tag{5.32}$$

式中，k为截面系数，$k=1.2$。

将式(5.31f)～式(5.31h)与式(5.29)中各式对比，得

$$\begin{cases}M_r=-D\left[\dfrac{\partial \psi_r}{\partial r}+\nu\left(\dfrac{1}{r}\dfrac{\partial \psi_\theta}{\partial \theta}+\dfrac{\psi_r}{r}\right)\right]\\ M_\theta=-D\left(\dfrac{1}{r}\dfrac{\partial \psi_\theta}{\partial \theta}+\dfrac{\psi_r}{r}+\nu\dfrac{\partial \psi_r}{\partial r}\right)\\ M_{r\theta}=-\dfrac{D}{2}(1-\nu)\left(\dfrac{1}{r}\dfrac{\partial \psi_r}{\partial \theta}-\dfrac{\psi_\theta}{r}+\dfrac{\partial \psi_\theta}{\partial r}\right)\end{cases} \tag{5.33}$$

将式(5.30)与式(5.32)对比，得

$$Q_r=\dfrac{Eh}{2k(1+\nu)}\left(\dfrac{\partial w}{\partial r}-\psi_r\right),\quad Q_\theta=\dfrac{Eh}{2k(1+\nu)}\left(\dfrac{1}{r}\dfrac{\partial w}{\partial \theta}-\psi_\theta\right) \tag{5.34}$$

式(5.33)、式(5.34)即为极坐标下内力分量与广义位移之间的关系。

5.2　板壳的稳定性理论

设在给定的力系作用下，板或壳处于无矩平衡状态。对于这种状态的分析，在弹性及塑性力学中，可以认为其应力和应变是已知的。如图5.3所示的微元体，应力σ_x、σ_y、τ_{xy}和应变$e_x=\varepsilon_x$、$e_y=\varepsilon_y$、γ_{xy}都是已知的。平面xOy与壳中曲面所讨论点O相切，在O点作直角坐标系$Oxyz$，z是中面在O点的法线。

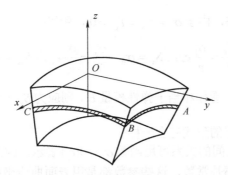

图 5.3　板壳的微元体

根据弹塑性理论，壳内任一点的应力强度及应变强度分别为

$$\sigma_i = \frac{\sqrt{2}}{2}\sqrt{(\sigma_x - \sigma_y)^2 + (\sigma_x - \sigma_z)^2 + (\sigma_y - \sigma_z)^2 + 6(\tau_{xy}^2 + \tau_{yz}^2 + \tau_{zx}^2)} \tag{5.35a}$$

$$e_i = \frac{\sqrt{2}}{3}\sqrt{(e_x - e_y)^2 + (e_y - e_z)^2 + (e_z - e_x)^2 + \frac{3}{2}(\gamma_{xy}^2 + \gamma_{yz}^2 + \gamma_{zx}^2)} \tag{5.35b}$$

对于薄板壳，应力 σ_z、τ_{yz} 和 τ_{zx} 与其他应力分量相比，数值很小，可以忽略不计，故应力强度可写为

$$\sigma_i = \sqrt{\sigma_x^2 - \sigma_x\sigma_y + \sigma_y^2 + 3\tau_{xy}^2} \tag{5.36}$$

同样，γ_{yz} 和 γ_{zx} 与其余应变分量相比，也是小数，可以忽略。又塑性变形体积不变的条件为

$$e_x + e_y + e_z = 0 \tag{5.37}$$

将 $e_z = -e_x - e_y$ 和 $\gamma_{yz} = \gamma_{zx} = 0$ 代入式(5.35b)，得板壳的应变强度为

$$e_i = \frac{2}{\sqrt{3}}\sqrt{e_x^2 + e_x e_y + e_y^2 + \frac{1}{4}\gamma_{xy}^2} \tag{5.38}$$

应力偏量与应变偏量之间的关系为

$$\begin{cases} \sigma_x' = \sigma_x - \sigma = \dfrac{2\sigma_i}{3e_i}(e_x - e) = \dfrac{2\sigma_i}{3e_i}e_x \\[2mm] \sigma_y' = \sigma_y - \sigma = \dfrac{2\sigma_i}{3e_i}(e_y - e) = \dfrac{2\sigma_i}{3e_i}e_y \\[2mm] \sigma_z' = \sigma_z - \sigma = \dfrac{2\sigma_i}{3e_i}(e_z - e) = \dfrac{2\sigma_i}{3e_i}e_z \\[2mm] \tau_{xy} = \dfrac{\sigma_i}{3e_i}\gamma_{xy}, \quad \tau_{yz} = \dfrac{\sigma_i}{3e_i}\gamma_{yz}, \quad \tau_{zx} = \dfrac{\sigma_i}{3e_i}\gamma_{zx} \end{cases} \tag{5.39}$$

式中，$\sigma = \dfrac{\sigma_x + \sigma_y + \sigma_z}{3}$ 是平均应力；$e = \dfrac{e_x + e_y + e_z}{3}$ 是平均应变，在塑性变形中，弹性应变可忽略不计，故 $e = 0$。

板壳属于平面应力状态，由于 $\sigma_z = \tau_{zx} = \tau_{yz} = 0$，所以

$$S_x = \sigma_x - \frac{\sigma_y}{2} = \frac{\sigma_i}{e_i}e_x, \quad S_y = \sigma_y - \frac{\sigma_x}{2} = \frac{\sigma_i}{e_i}e_y, \quad S_{xy} = \tau_{xy} = \frac{\sigma_i}{3e_i}\gamma_{xy} \tag{5.40}$$

在塑性变形中，若将 $\dfrac{\sigma_i}{e_i}$ 看作相当于弹性模量 E，则应力 S_x、S_y 和 S_{xy} 与应变 e_x、e_y 和 γ_{xy} 之间的关系，与 Hooke 定律的形式完全一样。

应力强度和应变强度之间的关系可用函数 $\sigma_i = \phi(e_i)$ 表示。因为壳微元体的平衡状态无弯矩，所有厚度方向的参数都是常数，这些参数都是用表面曲线坐标点 (α, β) 的函数和给定外力来确定的。失稳现象表现在：在一定外力作用下，可以存在不同的(无弯矩)平衡状态。对无限接近于其中一种已知的平衡状态加以研究，这种情况的正应变为 $e_x + \delta e_x$、$e_y + \delta e_y$，切应变为 $\gamma_{xy} + \delta \gamma_{xy}$，所研究的是到中面的距离为 z 的 ABC 层(图 5.3)。应变的变分 δe_x、δe_y、δe_z 和 $\delta \gamma_{xy}$ 与应力的变分 $\delta \sigma_x$、$\delta \sigma_y$、$\delta \sigma_z$ 和 $\delta \tau_{xy}$ 相对应，可以根据塑性理论进行计算。这里所说的应变分量是真实的，不是虚位移。需要区分两种情况：加载情况和卸载情况，因为两种情况的应力-应变关系是不同的。

加载时，由于变分 δe_x、δe_y、δe_z 和 $\delta \sigma_x$、$\delta \sigma_y$、$\delta \sigma_z$，应变强度和应力强度都是增加的；而在卸载中，这些强度都是减少的。一个界面沿壳体厚度划分为加载和卸载两个区域，这个界面根据使应变强度变分或应力强度变分的平衡条件等于零予以确定。壳体一个单位体积内的内力所做功的变分为

$$\sigma_i \delta e_i = \sigma_x \delta e_x + \sigma_y \delta e_y + \tau_{xy} \delta \gamma_{xy} \tag{5.41}$$

根据式(5.38)的变分，并利用式(5.36)和式(5.40)简化而得两个区域的界面方程为

$$\sigma_x \delta e_x + \sigma_y \delta e_y + \tau_{xy} \delta \gamma_{xy} = 0 \tag{5.42}$$

在加载区域，应力的变分可通过对式(5.40)进行微分求得，因为式(5.40)既适用于壳体的原来状态，也适用于无限接近的邻近状态，于是有

$$\begin{cases} \delta S_x = \delta \sigma_x - \dfrac{1}{2}\delta \sigma_y = \dfrac{\sigma_i}{e_i}\delta e_x + e_x \dfrac{\mathrm{d}}{\mathrm{d}e_i}\left(\dfrac{\sigma_i}{e_i}\right)\delta e_i \\[3mm] \delta S_y = \delta \sigma_y - \dfrac{1}{2}\delta \sigma_x = \dfrac{\sigma_i}{e_i}\delta e_y + e_y \dfrac{\mathrm{d}}{\mathrm{d}e_i}\left(\dfrac{\sigma_i}{e_i}\right)\delta e_i \\[3mm] \delta S_{xy} = \delta \tau_{xy} = \dfrac{\sigma_i}{3e_i}\delta \gamma_{xy} + \dfrac{1}{3}\gamma_{xy}\dfrac{\mathrm{d}}{\mathrm{d}e_i}\left(\dfrac{\sigma_i}{e_i}\right)\delta e_i \end{cases} \tag{5.43}$$

式中，σ_i 和 e_i 之间的关系 $\sigma_i = f(e_i)$ 可用简单拉伸曲线表示，而且

$$\frac{\mathrm{d}}{\mathrm{d}e_i}\left(\frac{\sigma_i}{e_i}\right) = -\frac{1}{e_i}\left(\frac{\sigma_i}{e_i} - \frac{\mathrm{d}\sigma_i}{\mathrm{d}e_i}\right) \leqslant 0 \tag{5.44}$$

在卸载区域，应力与应变的关系遵循 Hooke 定律，这里 $\sigma_i = Ee_i$。由于

$$\frac{\mathrm{d}}{\mathrm{d}e_i}\left(\frac{\sigma_i}{e_i}\right) = \frac{\mathrm{d}}{\mathrm{d}e_i}(E) = 0$$

所以由式(5.43)得

$$\delta S_x = E\delta e_x, \quad \delta S_y = E\delta e_y, \quad \delta \tau_{xy} = \frac{1}{3}E\delta \gamma_{xy} \tag{5.45}$$

像在一般薄壳理论中所假设的那样，假设图 5.3 中 ABC 层的应变变分与中曲面的应变变化之间有以下的线性关系：

$$\delta e_x = \varepsilon_1 - zk_1, \quad \delta e_y = \varepsilon_2 - zk_2, \quad \delta \gamma_{xy} = 2(\varepsilon_3 - zk_3) \tag{5.46}$$

式中，ε_1、ε_2 和 $2\varepsilon_3$ 是中曲面的应变变化；k_1、k_2 和 k_3 是中曲面曲率与扭曲的变化。

为了计算方便，引入以下的无量纲参数：

$$\bar{\sigma}_x = \frac{\sigma_x}{\sigma_i}, \quad \bar{\sigma}_y = \frac{\sigma_y}{\sigma_i}, \quad \bar{\tau}_{xy} = \frac{\tau_{xy}}{\sigma_i}, \quad \bar{S}_x = \frac{S_x}{\sigma_i}, \quad \bar{S}_y = \frac{S_y}{\sigma_i} \tag{5.47}$$

这些都是已知量。曲率和坐标 z 也可以用以下的无量纲参数来代替：

$$\bar{k}_1 = \frac{h}{2}k_1, \quad \bar{k}_2 = \frac{h}{2}k_2, \quad \bar{k}_3 = \frac{h}{2}k_3, \quad \bar{z} = \frac{2z}{h} \tag{5.48}$$

式中，h 是壳的厚度。则式(5.41)可以写成如下形式：

$$\delta e_i = \varepsilon - zk = \varepsilon - \bar{z}\bar{k} \tag{5.49}$$

式中

$$\varepsilon = \bar{\sigma}_x \varepsilon_1 + \bar{\sigma}_y \varepsilon_2 + 2\bar{\tau}_{xy}\varepsilon_3, \quad k = \bar{\sigma}_x k_1 + \bar{\sigma}_y k_2 + 2\bar{\tau}_{xy}k_3, \quad \bar{k} = \frac{h}{2}k \tag{5.50}$$

如果用 z_0 表示划分加载和卸载两个区域的界面坐标，则由式(5.42)和式(5.49)，得

$$z_0 = \frac{\varepsilon}{k}, \quad \bar{z}_0 = \frac{\varepsilon}{\bar{k}} \tag{5.51}$$

设加载区域靠近壳的外表面 $z = h/2$。当 $z > z_0$ 时，采用无量纲参数，则用于加载区域的式(5.43)可写成如下形式：

$$\begin{cases} \delta S_x = \left(\dfrac{\sigma_i}{e_i} - \dfrac{\mathrm{d}\sigma_1}{\mathrm{d}e_i}\right)\bar{S}_x \bar{k}(\bar{z} - \bar{z}_0) + \dfrac{\sigma_i}{e_i}(\varepsilon_1 - \bar{k}_1 \bar{z}) \\[2mm] \delta S_y = \left(\dfrac{\sigma_i}{e_i} - \dfrac{\mathrm{d}\sigma_1}{\mathrm{d}e_i}\right)\bar{S}_y \bar{k}(\bar{z} - \bar{z}_0) + \dfrac{\sigma_i}{e_i}(\varepsilon_2 - \bar{k}_2 \bar{z}) \\[2mm] \delta \tau_{xy} = \left(\dfrac{\sigma_i}{e_i} - \dfrac{\mathrm{d}\sigma_1}{\mathrm{d}e_i}\right)\bar{\tau}_{xy} \bar{k}(\bar{z} - \bar{z}_0) + \dfrac{2\sigma_i}{3e_i}(\varepsilon_3 - \bar{k}_3 \bar{z}) \end{cases} \tag{5.52}$$

对于 $z < z_0$ 的卸载区域，采用无量纲参数，则式(5.45)可表示为

$$\delta S_x = E(\varepsilon_1 - \bar{k}_1 \bar{z}), \quad \delta S_y = E(\varepsilon_2 - \bar{k}_2 \bar{z}), \quad \delta \tau_{xy} = \frac{2}{3}E(\varepsilon_3 - \bar{k}_3 \bar{z}) \tag{5.53}$$

将式(5.45)和式(5.53)加以比较后可知，在加载区域和卸载区域的界面($z = z_0$)上，应力的变分一般来说是不连续的。这是由于比值的差数 $E - \sigma_i / e_i$ 使该变分有个跳跃，只有在材料受力状态超过弹性极限很少的情况下，这个差异才不存在。

式(5.52)和式(5.53)说明，应力变分是坐标 z 的线性函数。与弹性失稳不同，它们不仅与变形和材料的力学性能有关，还与失稳前的应力有关，即与外力有关。这也是塑性失稳的一个特点。

为了得到微分稳定方程，需要得到力与弯矩的变分表达式，这可由微元体的平衡方程得到。由式 (5.40)，微元体的作用力和弯矩的变分为

$$
\begin{cases}
\delta N_1 - \dfrac{1}{2}\delta N_2 = \displaystyle\int_{-h/2}^{h/2}\delta S_x \mathrm{d}z \\[2mm]
\delta N_2 - \dfrac{1}{2}\delta N_1 = \displaystyle\int_{-h/2}^{h/2}\delta S_y \mathrm{d}z \\[2mm]
\delta S = \displaystyle\int_{-h/2}^{h/2}\delta \tau_{xy} \mathrm{d}z \\[2mm]
\delta M_1 - \dfrac{1}{2}\delta M_2 = \displaystyle\int_{-h/2}^{h/2}\delta S_x z\,\mathrm{d}z \\[2mm]
\delta M_2 - \dfrac{1}{2}\delta M_1 = \displaystyle\int_{-h/2}^{h/2}\delta S_y z\,\mathrm{d}z \\[2mm]
\delta Q = \displaystyle\int_{-h/2}^{h/2}\delta \tau_{xy} z\,\mathrm{d}z
\end{cases}
\tag{5.54}
$$

式中，N、S、M 和 Q 分别代表剖面单位长度的合力、剪力、弯矩和扭矩。

为了计算上面的积分式，需要将壳体划分成三个区域，如图 5.4 所示。

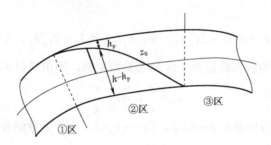

图 5.4 壳体区域的划分

① 区在失稳前就是弹性区，由式 (5.53) 和式 (5.54)，得

$$
\begin{cases}
\dfrac{1}{Eh}\left(\delta N_1 - \dfrac{1}{2}\delta N_2\right) = \varepsilon_1 \\[2mm]
\dfrac{1}{Eh}\left(\delta N_2 - \dfrac{1}{2}\delta N_1\right) = \varepsilon_2 \\[2mm]
\dfrac{1}{Eh}\delta S = \dfrac{2}{3}\varepsilon_3 \\[2mm]
\dfrac{4}{3D}\left(\delta M_1 - \dfrac{1}{2}\delta M_2\right) = -k_1 \\[2mm]
\dfrac{4}{3D}\left(\delta M_2 - \dfrac{1}{2}\delta M_1\right) = -k_2 \\[2mm]
\dfrac{4}{3D}\delta Q = -\dfrac{2}{3}k_3
\end{cases}
\tag{5.55}
$$

式中

$$D = \frac{Eh^3}{12(1-\nu^2)} \tag{5.56}$$

式中，ν 为泊松比。

② 区在失稳前是塑性变形，失稳后部分厚度变成弹性变形；该部分有加载的塑性区，也有卸载的弹性区。从 $z = -h/2$ 到 $z = z_0$ 是弹性区，从 $z = z_0$ 到 $z = h/2$ 是塑性区。前者用式(5.53)，后者用式(5.52)。例如：

$$\delta N_1 - \frac{1}{2}\delta N_2 = \frac{hE}{2}\int_{-1}^{\bar{z}_0}\left(\varepsilon_1 - \bar{k}_1\bar{z}\right)\mathrm{d}\bar{z} + \frac{h}{2}\left(\frac{\sigma_i}{e_i} - \frac{\mathrm{d}\sigma_i}{\mathrm{d}e_i}\right)\bar{S}_x\bar{k}\int_{\bar{z}_0}^{1}\left(\bar{z} - \bar{z}_0\right)\mathrm{d}\bar{z} + \frac{h}{2}\frac{\sigma_i}{e_i}\int_{\bar{z}_0}^{1}\left(\varepsilon_1 - \bar{k}_1\bar{z}\right)\mathrm{d}\bar{z}$$

这类式子的积分，包括以下一些简单形式：

$$\int \mathrm{d}\bar{z} = \bar{z}, \quad \int \bar{z}\mathrm{d}\bar{z} = \frac{1}{2}\bar{z}^2, \quad \int \bar{z}^2 \mathrm{d}\bar{z} = \frac{1}{3}\bar{z}^3$$

引入以下符号：

$$\omega = 1 - \frac{1}{E}\frac{\sigma_i}{e_i}, \quad \lambda = 1 - \frac{1}{E}\frac{\mathrm{d}\sigma_i}{\mathrm{d}e_i} \tag{5.57}$$

则对于②区，式(5.54)的前三式积分后，得

$$\begin{cases} \dfrac{4}{Eh}\left(\delta N_1 - \dfrac{1}{2}\delta N_2\right) = 2\left(2-\omega+\omega\bar{z}_0\right)\varepsilon_1 + \omega\left(1-\bar{z}_0^2\right)\bar{k}_1\left(\lambda-\omega\right)\bar{S}_x\left(1-\bar{z}_0^2\right)\bar{k} \\[3mm] \dfrac{4}{Eh}\left(\delta N_2 - \dfrac{1}{2}\delta N_1\right) = 2\left(2-\omega+\omega\bar{z}_0\right)\varepsilon_2 + \omega\left(1-\bar{z}_0^2\right)\bar{k}_2\left(\lambda-\omega\right)\bar{S}_y\left(1-\bar{z}_0^2\right)\bar{k} \\[3mm] \dfrac{12}{Eh}\delta S = 4\left(2-\omega+\omega\bar{z}_0\right)\varepsilon_3 + 2\omega\left(1-\bar{z}_0^2\right)\bar{k}_3 + 3\left(\lambda-\omega\right)\bar{\tau}_{xy}\left(1-\bar{z}_0\right)^2\bar{k} \end{cases} \tag{5.58}$$

对于②区，式(5.54)的后三式积分后，得

$$\begin{cases} \dfrac{16}{3D}\left(\delta M_1 - \dfrac{1}{2}\delta M_2\right) = -2\left(2-\omega+\omega\bar{z}_0^3\right)k_1 + \left(\lambda-\omega\right)\left(1-\bar{z}_0\right)^2\left(2+\bar{z}_0\right)\bar{S}_x k - \dfrac{6\omega}{h}\left(1-\bar{z}_0\right)^2\varepsilon_1 \\[3mm] \dfrac{16}{3D}\left(\delta M_2 - \dfrac{1}{2}\delta M_1\right) = -2\left(2-\omega+\omega\bar{z}_0^3\right)k_2 + \left(\lambda-\omega\right)\left(1-\bar{z}_0\right)^2\left(2+\bar{z}_0\right)\bar{S}_y k - \dfrac{6\omega}{h}\left(1-\bar{z}_0\right)^2\varepsilon_2 \\[3mm] \dfrac{16}{D}\delta Q = -4\left(2-\omega+\omega\bar{z}_0^3\right)k_3 + 3\left(\lambda-\omega\right)\left(1-\bar{z}_0\right)^2\left(2+\bar{z}_0\right)\bar{\tau}_{xy}k - \dfrac{12\omega}{h}\left(1-\bar{z}_0\right)^2\varepsilon_3 \end{cases}$$

$$\tag{5.59}$$

③ 区在失稳前后都是塑性区。根据式(5.52)，则式(5.54)积分后，得

$$\begin{cases} \dfrac{1}{Eh}\left(\delta N_1 - \dfrac{1}{2}\delta N_2\right) = \left(1-\omega\right)\varepsilon_1 - \left(\lambda-\omega\right)\bar{S}_x\varepsilon \\[3mm] \dfrac{1}{Eh}\left(\delta N_2 - \dfrac{1}{2}\delta N_1\right) = \left(1-\omega\right)\varepsilon_2 - \left(\lambda-\omega\right)\bar{S}_y\varepsilon \\[3mm] \dfrac{1}{Eh}\delta S = \dfrac{2}{3}\left(1-\omega\right)\varepsilon_3 - \left(\lambda-\omega\right)\bar{\tau}_{xy}\varepsilon \end{cases} \tag{5.60}$$

$$\begin{cases} \dfrac{4}{3D}\left(\delta M_1 - \dfrac{1}{2}\delta M_2\right) = -(1-\omega)k_1 - (\lambda-\omega)\overline{S}_x k \\[2mm] \dfrac{4}{3D}\left(\delta M_2 - \dfrac{1}{2}\delta M_1\right) = -(1-\omega)k_2 - (\lambda-\omega)\overline{S}_y k \\[2mm] \dfrac{4}{3D}\delta Q = -\dfrac{2}{3}(1-\omega)k_3 + (\lambda-\omega)\overline{\tau}_{xy}k \end{cases} \tag{5.61}$$

用于①区和③区的式(5.55)、式(5.60)和式(5.61)对力和弯矩的变分以及中曲面的应变和曲率是线性齐次的,而在弹塑性的②区是齐次的,但不是线性的。在式(5.58)和式(5.59)中,有参数$\overline{z}_0$,相对ε_n和$k_n\,(n=1,2,3)$来说,它是零阶的线性分式函数:

$$\overline{z}_0 = \frac{\overline{\sigma}_x \varepsilon_1 + \overline{\sigma}_y \varepsilon_2 + 2\overline{\tau}_{xy}\varepsilon_3}{\overline{\sigma}_x k_1 + \overline{\sigma}_y k_2 + 2\overline{\tau}_{xy}k_3}$$

将式(5.58)的第一式乘以$\overline{\sigma}_x$,第二式乘以$\overline{\sigma}_y$,第三式乘以$\overline{\tau}_{xy}$;将三者相加,则应变$\varepsilon_n\,(n=1,2,3)$在所得方程中是以式(5.50)的复合形式ε出现的;而由式(5.51)可知,$\varepsilon = \overline{z}_0 \overline{k}$,将$\varepsilon$消去后,得

$$\lambda\left(1-\overline{z}_0\right)^2 + 4\overline{z}_0 - 4\frac{\overline{S}_x \delta N_1 + \overline{S}_y \delta N_2 + 3\overline{\tau}_{xy}\delta S}{Eh\overline{k}} = 0 \tag{5.62}$$

式(5.62)中不包括应变ε_n,而是由力的变分δN_1、δN_2和δS表示的$\overline{z}_0$的表达式。

引入无量纲符号:

$$\varphi = \frac{\lambda}{1-\lambda}\frac{\overline{S}_x \delta N_1 + \overline{S}_y \delta N_2 + 3\overline{\tau}_{xy}\delta S}{Eh\overline{k}} \tag{5.63}$$

解二次方程(5.62),得

$$\zeta = \frac{1-\sqrt{(1-\lambda)(1+\varphi)}}{\lambda} \tag{5.64}$$

式中,ζ是壳的塑性层厚度与总厚度的比值:

$$\zeta = \frac{1-\overline{z}_0}{2} = \frac{h_{\mathrm{p}}}{h}, \quad \overline{z}_0 = 1-2\zeta \tag{5.65}$$

式中,h_{p}表示塑性层厚度。这样式(5.58)和式(5.59)中的$\overline{z}_0$既可以用式(5.51)通过应变来表示,又可以用表达式(5.65)通过力和曲率的变化来表示。

当在失稳前塑性变形很小时,弹塑性变形区的力和弯矩表达式可以简化。利用式(5.58)和式(5.59),略去较小的项ω,并用式(5.65)的$\overline{z}_0$值代入,则在弹塑性区,有

$$\begin{cases} \dfrac{1}{Eh}\left(\delta N_1 - \dfrac{1}{2}\delta N_2\right) = \varepsilon_1 - \dfrac{\lambda h}{2}\overline{S}_x k \zeta^2 \\[2mm] \dfrac{1}{Eh}\left(\delta N_2 - \dfrac{1}{2}\delta N_1\right) = \varepsilon_2 + \dfrac{\lambda h}{2}\overline{S}_y k \zeta^2 \\[2mm] \dfrac{1}{Eh}\delta S = \dfrac{2}{3}\varepsilon_3 + \dfrac{\lambda h}{2}\overline{\tau}_{xy}k \zeta^2 \end{cases} \tag{5.66}$$

$$\begin{cases} \dfrac{4}{3D}\left(\delta M_1 - \dfrac{1}{2}\delta M_2\right) = -k_1 + \lambda \bar{S}_x \zeta^2 (3-2\zeta) k \\[2mm] \dfrac{4}{3D}\left(\delta M_2 - \dfrac{1}{2}\delta M_1\right) = -k_2 + \lambda \bar{S}_y \zeta^2 (3-2\zeta) k \\[2mm] \dfrac{4}{3D}\delta Q = -\dfrac{2}{3}k_3 + \lambda \bar{\tau}_{xy} \zeta^2 (3-2\zeta) k \end{cases} \tag{5.67}$$

如果塑性层相对厚度 ζ 是表面点坐标的已知函数，式(5.58)和式(5.59)就可以大大简化。这里，式(5.58)、式(5.59)将和式(5.60)、式(5.61)一样，相对于力的参数、应变和曲率是线性齐次关系。所以材料超过弹性极限后的稳定性问题，比弹性问题并不复杂多少。

设 w 为板壳失稳时的挠度，其中曲面上的点由于失稳，在 x 和 y 坐标方向的位移投影分别为 $u(x,y)$ 和 $v(x,y)$，用 k_1、k_2 和 k_3 表示中曲面的曲率，用 ε_1、ε_2 和 ε_3 表示中曲面的应变，其表达式分别为

$$k_1 = \frac{\partial^2 w}{\partial x^2}, \quad k_2 = \frac{\partial^2 w}{\partial y^2}, \quad k_3 = \frac{\partial^2 w}{\partial x \partial y}, \quad \varepsilon_1 = \frac{\partial u}{\partial x}, \quad \varepsilon_2 = \frac{\partial v}{\partial y}, \quad \varepsilon_3 = \frac{1}{2}\left(\frac{\partial u}{\partial y} + \frac{\partial v}{\partial x}\right) \tag{5.68}$$

在失稳前，作用在中曲面上的力可写成如下形式：

$$N_1 = h\sigma_i \bar{\sigma}_x, \quad N_2 = h\sigma_i \bar{\sigma}_y, \quad S = h\sigma_i \bar{\tau}_{xy}$$

在失稳后，它们在 z 坐标上的投影为

$$N_1 k_1 + N_2 k_2 + 2S k_3 = h\sigma_i k$$

又由平衡条件可知，作用在单元上沿 z 方向的力应满足如下方程：

$$\frac{\partial^2 \delta M_1}{\partial x^2} + 2\frac{\partial^2 \delta Q}{\partial x \partial y} + \frac{\partial^2 \delta M_2}{\partial y^2} + h\sigma_i k = 0 \tag{5.69}$$

中曲面失稳后的平衡条件为

$$\frac{\partial \delta N_1}{\partial x} + \frac{\partial \delta S}{\partial y} = 0, \quad \frac{\partial \delta N_2}{\partial y} + \frac{\partial \delta S}{\partial x} = 0 \tag{5.70}$$

应变协调方程为

$$\frac{\partial^2 \varepsilon_1}{\partial y^2} + \frac{\partial^2 \varepsilon_2}{\partial x^2} - 2\frac{\partial^2 \varepsilon_3}{\partial x \partial y} = 0 \tag{5.71}$$

写出相应的边界条件，则用式(5.69)～式(5.71)，足以解决板壳的稳定性问题。由式(5.66)和式(5.67)可知，应变 ε_1、ε_2 和 ε_3 可以用力 δN_1、δN_2、δS 和曲率 k_n(挠度 w)来表示，弯矩和扭矩 δM_1、δM_2 和 δQ 也是这四个自变量的函数。这样就有含四个未知函数的四个微分方程。其中式(5.69)也称布里安(Bryan)型方程，式(5.70)和式(5.71)是平面问题的方程。

对于失稳前后都处于塑性变形的区域，为了简化起见，只考虑刚发生塑性变形的情况。将式(5.61)中的 δM_1、δM_2 和 δQ 代入式(5.69)，得挠度 w 表示的微分方程为

$$\nabla^4 w - \frac{h\sigma_i}{D} k = \frac{3}{4}\left(\bar{\sigma}_x \frac{\partial^2}{\partial x^2} + \bar{\sigma}_y \frac{\partial^2}{\partial y^2} + 2\bar{\tau}_{xy} \frac{\partial^2}{\partial x \partial y} + \lambda k_0\right) \tag{5.72}$$

根据式(5.50)和式(5.68)，有

$$k = \bar{\sigma}_x \frac{\partial^2 w}{\partial x^2} + \bar{\sigma}_y \frac{\partial^2 w}{\partial y^2} + 2\bar{\tau}_{xy} \frac{\partial^2 w}{\partial x \partial y} \tag{5.73}$$

又由式(5.60)，解得塑性区的应变表达式为

$$\begin{cases} \varepsilon_1 = \dfrac{1}{Eh}\left(\delta N_1 - \dfrac{1}{2}\delta N_2\right) + \dfrac{\lambda \overline{S}_x}{(1-\lambda)Eh}\left(\overline{S}_x\delta N_1 + \overline{S}_y\delta N_2 + 3\overline{\tau}_{xy}\delta S\right) \\[3mm] \varepsilon_2 = \dfrac{1}{Eh}\left(\delta N_2 - \dfrac{1}{2}\delta N_1\right) + \dfrac{\lambda \overline{S}_x}{(1-\lambda)Eh}\left(\overline{S}_x\delta N_1 + \overline{S}_y\delta N_2 + 3\overline{\tau}_{xy}\delta S\right) \\[3mm] \varepsilon_3 = \dfrac{3}{Eh}\delta S + \dfrac{3\lambda\overline{\tau}_{xy}}{(1-\lambda)Eh}\left(\overline{S}_x\delta N_1 + \overline{S}_y\delta N_2 + 3\overline{\tau}_{xy}\delta S\right) \end{cases} \tag{5.74}$$

引入以下满足中曲面平衡条件式(5.70)的应力函数 F：

$$\frac{\delta N_1}{Eh} = \frac{\partial^2 F}{\partial y^2}, \quad \frac{\delta N_2}{Eh} = \frac{\partial^2 F}{\partial x^2}, \quad \frac{\delta S}{Eh} = -\frac{\partial^2 F}{\partial x\partial y} \tag{5.75}$$

并引入类似式(5.73)的表达式 m：

$$m = \overline{S}_x\frac{\partial^2 F}{\partial y^2} + \overline{S}_y\frac{\partial^2 F}{\partial x^2} - 2\overline{\tau}_{xy}\frac{\partial^2 F}{\partial x\partial y} \tag{5.76}$$

这样，应变协调方程(5.71)可写成如下形式：

$$\nabla^4 F = -\left(\overline{S}_x\frac{\partial^2}{\partial y^2} + \overline{S}_y\frac{\partial^2}{\partial x^2} - 2\overline{\tau}_{xy}\frac{\partial^2}{\partial x\partial y} + \frac{\lambda}{1-\lambda}m\right) \tag{5.77}$$

为了写出这些方程的边界条件，需要考虑板壳中面上的法向力与切向力的变分 δN_n 和 δS_n。如果该面的外法向 n 和切向 s 形成了这样的坐标，经过转动后可以使 n 与 x 重合，使 s 与 y 重合，法线与 x 轴所成角度为 α（图5.5），则得表达式：

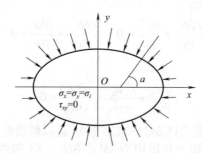

图 5.5　板壳中面

$$\begin{cases} \delta N_n = \dfrac{\delta N_1 + \delta N_2}{2} + \dfrac{\delta N_1 - \delta N_2}{2}\cos 2\alpha + \delta S\sin 2\alpha \\[3mm] \delta S_n = \dfrac{\delta N_1 - \delta N_2}{2}\sin 2\alpha - \delta S\cos 2\alpha \end{cases} \tag{5.78}$$

纯塑性变形区的边界一部分是板壳的本身外边界，另一部分是弹塑性区之间的界面。第一种边界的边界条件为

$$\delta N_n = \delta S_n = 0 \tag{5.79}$$

对于第二种边界，δN_n 和 δS_n 应当是连续的。

　　板壳在失稳时不可能全部处于塑性状态，必然存在弹塑性变形区。在所有外表面上将有式(5.79)所示的共同边界条件，而由式(5.74)可以看到，微分方程(5.70)和方程(5.71)是线性齐次的，因而其唯一解为

$$\delta N_1 = \delta N_2 = \delta S = 0$$

　　而由式(5.74)又得出结论：$\varepsilon_1 = \varepsilon_2 = \varepsilon_3 = 0$。同时，由式(5.50)和式(5.51)又得到 $z_0 = 0$ 的结论。而 $z_0 = 0$ 乃是弹性区和塑性区的界面，$z_0 = 0$ 的条件说明中曲面就是这个界面，即塑性区将不是纯塑性的，而是弹塑性区。当板壳超过弹性极限失稳时，将全部变成弹塑性状态；或者变成塑性区，但不包括整个板壳。在弹塑性区，可应用式(5.67)将式(5.69)变成如下形式：

$$\nabla^4 w - \frac{h\sigma_i}{D} k = \frac{3}{4}\left(\overline{\sigma}_x \frac{\partial^2}{\partial x^2} + \overline{\sigma}_y \frac{\partial^2}{\partial y^2} + 2\overline{\tau}_{xy} \frac{\partial^2}{\partial x \partial y} + \lambda \zeta^2 (3 - 2\zeta) k \right) \tag{5.80}$$

式(5.80)右边括弧内算子与式(5.72)和式(5.77)中一样，是对括弧左边的因数进行运算。

　　由式(5.66)可将应变协调方程(5.71)写成如下形式：

$$\nabla^4 F = \frac{h}{2}\left(\overline{S}_x \frac{\partial^2}{\partial y^2} + \overline{S}_y \frac{\partial^2}{\partial x^2} - 2\overline{\tau}_{xy} \frac{\partial^2}{\partial x \partial y} + \lambda \zeta^2 k \right) \tag{5.81}$$

式中，应力函数 F 由式(5.75)决定。塑性层厚度 h_p 与总厚度的比值 ζ 出现于式(5.80)和式(5.81)，所以是协调的。ζ 的表达式见式(5.64)，而函数 φ 的表达式(5.63)，应用符号(5.76)，可写为

$$\varphi = \frac{2}{h}\frac{\lambda}{1-\lambda}\frac{m}{k} \tag{5.82}$$

　　在纯塑性和弹塑性之间的界面，式(5.80)～式(5.82)、式(5.77)是一致的。在这个界面上，除了力 δN_n 和 δS、弯矩 δM_n 和扭矩 δH（这里 δH 是基尔霍夫(Kirchhoff)边界条件等效扭矩）、挠度 w 和切面斜率的连续性外，还应有如下条件：

$$h_p = h, \quad \zeta = 1 \tag{5.83}$$

　　根据式(5.64)，由以上条件得 $\varphi = -\lambda$。由这些条件不难证明，式(5.80)与式(5.72)重合，式(5.81)与式(5.77)重合。弹塑性区的式(5.80)和式(5.81)有部分边界条件与板壳的边界条件重合，都要求 $\delta N_n = \delta S_n = 0$，另外，还有对挠度 w 的两个条件式(5.83)，所以

$$m = -\frac{(1-\lambda)kh}{2} \tag{5.84}$$

是纯塑性区与弹塑性区的边界条件。

　　除弹塑性区外，还可能存在纯塑性区；这时，由于式(5.64)和式(5.82)，ζ 值将位于 $0 \le \zeta \le 1$ 之外。

　　在板的稳定性问题求解中，需对结构弹塑性区的微分方程(5.80)和式(5.81)，以及塑性区的式(5.72)和式(5.77)进行积分。如果用式(5.83)决定其界面，在数学处理上比较困难。如前面指出，如果中曲面上力的变分总是等于零，则稳定性问题就可以简化，根据式(5.64)，有 $\varphi = 0$，这时塑性层的相对厚度 ζ 为

$$\zeta = \frac{1}{\lambda}\left(1 - \sqrt{1-\lambda}\right) \tag{5.85}$$

如果板的应力状态在失稳前也是均匀的，则 ζ 值将是常数，因为式(5.57)中的 $\mathrm{d}\sigma_i / \mathrm{d}e_i$ 在整个板内都相同。如果使力的变分 δN_1、δN_2 和 δS 都等于零，则可得近似解。这时满足平衡方程(5.70)的边界条件(5.79)，但有些情况下，不能满足应变协调方程(5.71)。这种解法特别简单，因为基本公式(5.80)中的 ζ 已知，可用式(5.85)表示，该公式变成线性的，仅有一个常数或可变系数，其展开形式很像各向异性板的弹性稳定方程。

5.3　板结构的稳定性理论

当矩形板在面内一个方向，如 x 方向受均匀压力 p 时，在弹性范围内，其控制方程为

$$D\left(\frac{\partial^4 w}{\partial x^4} + 2\frac{\partial^4 w}{\partial x^2 \partial y^2} + \frac{\partial^4 w}{\partial y^4}\right) + p\frac{\partial^2 w}{\partial x^2} = 0 \tag{5.86}$$

而杆在 x 轴线方向受压，超过弹性极限后，控制方程为

$$D\alpha\frac{\partial^4 w}{\partial x^4} + p\frac{\partial^2 w}{\partial x^2} = 0$$

式中，$\alpha = \dfrac{E_r}{E}$，E_r 为折算弹性模量，这是对式(5.86)括弧内第一项的修正值。在 y 方向上不存在作用力，可设其保持不变。对于式(5.86)中的第二项混合偏微商，若采用几何比例中值 $\sqrt{\alpha \cdot 1} = \sqrt{\alpha}$ 来修正，则式(5.86)可写为

$$D\left(\alpha\frac{\partial^4 w}{\partial x^4} + 2\sqrt{\alpha}\frac{\partial^4 w}{\partial x^2 \partial y^2} + \frac{\partial^4 w}{\partial y^4}\right) + p\frac{\partial^2 w}{\partial x^2} = 0 \tag{5.87}$$

于是，可用式(5.87)来求解板塑性变形的稳定性问题。用该式的近似性是显而易见的，因为很难说板在一个方向 x 上是塑性变形，在另一个方向 y 上完全是弹性变形；而且没有考虑板受复杂载荷下的一般情况，也没有考虑到作用力将对与弯矩与曲率相关的刚度常数有重大影响。

按照式(5.79)，由于力的变分 δN_1、δN_2 和 δS 在边界上为零，所以在式(5.78)中该部分都为零，从而可使式(5.78)大大简化，即

$$\delta N_1 = \delta N_2 = \delta S \tag{5.88}$$

用这种简化假设所求得的结果与精确解及实验结果很接近，所得到的解照样适用于弹性变形。如果板在变形中只存在①区和③区(图 5.4)，由于式(5.55)和式(5.60)的线性齐次关系，加上边界条件(5.79)，式(5.88)的假设可满足定解要求。

根据曲面上力的变分总是等于零的假设，由式(5.63)得 $\varphi=0$，则弹塑性区的塑性层相对厚度为

$$\zeta = \frac{1 - \sqrt{1-\lambda}}{\lambda}, \quad \bar{z}_0 = 1 - 2\zeta \tag{5.89}$$

根据式 (5.88)，在式 (5.58) 中求出 $k_n (n=1,2,3)$，代入式 (5.59)，整理后得

$$
\begin{cases}
\dfrac{4}{3D}\left(\delta M_1 - \dfrac{1}{2}\delta M_2\right) = -(1-\psi)k_1 + (1-\psi-\alpha)\overline{S}_x k \\[2mm]
\dfrac{4}{3D}\left(\delta M_2 - \dfrac{1}{2}\delta M_1\right) = -(1-\psi)k_2 + (1-\psi-\alpha)\overline{S}_y k \\[2mm]
\dfrac{4}{3D}\delta Q = -\dfrac{2}{3}(1-\psi)k_3 + (1-\psi-\alpha)\overline{\tau}_{xy} k
\end{cases}
\tag{5.90}
$$

式中

$$
\alpha = \frac{4(1-\lambda)}{\left(1+\sqrt{1-\lambda}\right)^2} = \frac{4\dfrac{\mathrm{d}\sigma_i}{\mathrm{d}e_i}}{\left(\sqrt{E}+\sqrt{\dfrac{\mathrm{d}\sigma_i}{\mathrm{d}e_i}}\right)^2}
\tag{5.91}
$$

$$
\psi = \frac{\omega}{2}\left[1-\overline{z}_0^{\,3} + \frac{3}{4}\cdot\frac{\omega\left(1-\overline{z}_0^{\,2}\right)^2}{2-\omega+\omega\overline{z}_0}\right] = \omega\left(1-\frac{1}{2}\sqrt{\alpha}\right)\left[\left(1-\frac{1}{2}\sqrt{\alpha}\right)^2 + \frac{3}{4}\cdot\frac{\alpha}{1-\left(1-\frac{1}{2}\sqrt{\alpha}\right)\omega}\right]
\tag{5.92}
$$

在 α 值中不包括轴向应力 σ_1 和轴向应变 e_1，而包括应力强度 σ_i 和应变强度 e_i。如果板的变形超过弹性变形很小，则参数 ψ 和 ω 等于零。

与各向异性板的弹性弯曲理论相似，由式 (5.90) 解得的弯矩和扭矩可写成如下形式：

$$
\begin{cases}
\delta M_1 = -D_{11}k_1 - D_{12}k_2 + 2D_{13}k_3 \\
\delta M_2 = -D_{21}k_1 - D_{22}k_2 + 2D_{23}k_3 \\
\delta Q = D_{31}k_1 + D_{32}k_2 - 2D_{33}k_3
\end{cases}
\tag{5.93}
$$

式中，D_{mn} 称为超过弹性极限后的失稳刚度，表达式为

$$
\begin{cases}
D_{11} = D\left[1-\psi-\dfrac{3}{4}(1-\psi-\alpha)\overline{\sigma}_x^{\,2}\right] \\[2mm]
D_{22} = D\left[1-\psi-\dfrac{3}{4}(1-\psi-\alpha)\overline{\sigma}_y^{\,2}\right] \\[2mm]
D_{33} = \dfrac{1}{4}D\left[1-\psi-3(1-\psi-\alpha)\overline{\tau}_{xy}^{\,2}\right] \\[2mm]
D_{12} = D_{21} = \dfrac{D}{4}\left[1-\psi-\dfrac{2}{3}(1-\psi-\alpha)\overline{\sigma}_x\overline{\sigma}_y\right] \\[2mm]
D_{13} = D_{31} = \dfrac{3}{4}D(1-\psi-\alpha)\overline{\sigma}_x\overline{\sigma}_y \\[2mm]
D_{23} = D_{32} = \dfrac{3}{4}D(1-\psi-\alpha)\overline{\sigma}_x\overline{\tau}_{xy}
\end{cases}
\tag{5.94}
$$

刚度 D_{mn} 与材料的力学性能有关，即与弹性刚度 D、折算弹性模量 E_r、塑性变形的程度 ω，以及失稳前的应力 σ_x、σ_y 和 τ_{xy} 有关。

将 D_{mn} 值代入式(5.93)，得

$$\begin{cases} \dfrac{\delta M_1}{D} = -(1-\psi)\left(k_1+\dfrac{1}{2}k_2\right)+\dfrac{3}{4}(1-\psi-\alpha)\bar{\sigma}_x k \\[2mm] \dfrac{\delta M_2}{D} = -(1-\psi)\left(k_2+\dfrac{1}{2}k_1\right)+\dfrac{3}{4}(1-\psi-\alpha)\bar{\sigma}_y k \\[2mm] \dfrac{\delta Q}{D} = -\dfrac{1}{2}(1-\psi)k_3+\dfrac{3}{4}(1-\psi-\alpha)\bar{\tau}_{xy} k \end{cases} \tag{5.95}$$

引入符号

$$W=\frac{D}{2}W'=\frac{D}{2}\left[(1-\psi)\left(k_1^2+k_1k_2+k_2^2+k_3^2\right)-\frac{3}{4}(1-\psi-\alpha)k^2\right] \tag{5.96}$$

则

$$\delta M_1=-\frac{\partial W}{\partial k_1},\quad \delta M_2=-\frac{\partial W}{\partial k_2},\quad \delta Q=-\frac{1}{2}\frac{\partial W}{\partial k_3} \tag{5.97}$$

式中，W 相当于弯矩位能。前面对板与壳的弹性稳定常用的分析方法完全可以用来分析结构的塑性稳定性问题，因为由式(5.95)可知，弯矩与曲率的变化之间是线性关系，而按照式(5.96)，内力在弯曲时所做的功是曲率 k_1、k_2 和 k_3 的齐次平方形式。

这种方法的具体求解步骤如下：设板在 (x,y) 平面内的力系作用下，处于平面应力状态，其应力为

$$\sigma_x=\sigma_i\bar{\sigma}_x,\quad \sigma_y=\sigma_i\bar{\sigma}_y,\quad \tau_{xy}=\sigma_i\bar{\tau}_{xy}$$

设板有很小的变形，且它由挠度 $w(x,y)$ 和曲率的变化所确定：

$$k_1=\frac{\partial^2 w}{\partial x^2},\quad k_2=\frac{\partial^2 w}{\partial y^2},\quad k_3=\frac{\partial^2 w}{\partial x\partial y}$$

这时内力弯矩所做的功为

$$V=\iint W\mathrm{d}x\mathrm{d}y \tag{5.98}$$

在塑性变形中失稳时，中曲面将产生应变 ε_1、ε_2 和 ε_3，则内力 N_1、N_2 和 S 所做的功为

$$V=\iint\left(N_1\varepsilon_1+N_2\varepsilon_2+2S\varepsilon_3\right)\mathrm{d}x\mathrm{d}y$$

式中，V 等于外力由于表面的应变为 ε_1、ε_2 和 ε_3 时所做的功。另外，外力还由于板的弯曲使板边移动而做了功，即

$$\begin{aligned} U_v &=\frac{1}{2}\iint\left[N_1\left(\frac{\partial w}{\partial x}\right)^2+N_2\left(\frac{\partial w}{\partial y}\right)^2+2S\frac{\partial w}{\partial x}\frac{\partial w}{\partial y}\right]\mathrm{d}x\mathrm{d}y \\ &=-\frac{h}{2}\iint\sigma_i\left(\bar{\sigma}_x w_{,x}^2+\bar{\sigma}_y w_{,y}^2+2\bar{\tau}_{xy}w_{,x}w_{,y}\right)\mathrm{d}x\mathrm{d}y \end{aligned} \tag{5.99}$$

式中，$w_{,x}$、$w_{,y}$ 为 w 对 x 和 y 的偏微分。

如果内力所做的功 V 大于外力所做的功 U_v，即 $V>U_v$，则内力所做的功能克服外力所做的功，从而使板能恢复至原来位形，故板是稳定的，否则，板就是不稳定的。因此，决定临界力的条件是 $V=U_v$，由式(5.98)和式(5.99)，有

$$\iint \left[W + \frac{h}{2}\sigma_i \left(\overline{\sigma}_x w_{,x}^2 + \overline{\sigma}_y w_{,y}^2 + 2\overline{\tau}_{xy} w_{,x} w_{,y} \right) \right] \mathrm{d}x\mathrm{d}y = 0 \tag{5.100}$$

设 l 是板平面的一个特征尺寸，板的柔度或长细比 i 可用下式表示，注意到对于塑性变形，泊松比 $\nu = 0.5$，则

$$i = \frac{l}{h}\sqrt{12\left(1-\nu^2\right)} = \frac{3l}{h}$$

当 $\nu=0$ 时，上式即为板条长 l、厚 h、宽度等于 1 时的长细比。用 $\dfrac{l^2}{D}$ 乘以式 (5.67) 的各项，注意到在 σ_i 前面将有一个因数：

$$\frac{hl^2}{D} = \frac{1}{E}i^2$$

由式 (5.96) 和式 (5.100)，解得

$$i^2 = \frac{l^2 E \iint \left[(1-\psi)\left(k_1{}^2 + k_1 k_2 + k_2{}^2 + k_3{}^2\right) - \frac{3}{4}(1-\psi-\alpha)k^2 \right] \mathrm{d}x\mathrm{d}y}{-\iint \sigma_i \left(\overline{\sigma}_x w_{,x}^2 + \overline{\sigma}_y w_{,y}^2 + 2\overline{\tau}_{xy} w_{,x} w_{,y} \right) \mathrm{d}x\mathrm{d}y} \tag{5.101}$$

式 (5.101) 也是确定临界载荷或临界长细比的基本公式，对于求近似解特别有用。

设挠度 w 可用如下级数表示：

$$w = \sum C_n f_n(x,y) \qquad (n=1,2,\cdots)$$

式中，C_n 是系数，上式应满足板的边界条件。其他参数可计算如下：

$$k_1 = \frac{\partial^2 w}{\partial x^2} = \sum C_n \frac{\partial^2 f_n}{\partial x^2}, \quad k_2 = \sum C_n \frac{\partial^2 f_n}{\partial y^2}$$

$$k_3 = \sum C_n \frac{\partial^2 f_n}{\partial x \partial y}, \quad w_{,x} = \sum C_n \frac{\partial f_n}{\partial x}, \quad w_{,y} = \sum C_n \frac{\partial f_n}{\partial y}$$

$$k = \overline{\sigma}_x k_1 + \overline{\sigma}_y k_2 + 2\overline{\tau}_{xy} k_3 = \sum C_n \left(\overline{\sigma}_x \frac{\partial^2 f_n}{\partial x^2} + \overline{\sigma}_y \frac{\partial^2 f_n}{\partial y^2} + 2\overline{\tau}_{xy} \frac{\partial^2 f_n}{\partial x \partial y} \right)$$

将这些参数代入式 (5.101)，得

$$i^2 = \frac{l^2 E \sum \sum \alpha_{mm} C_m C_n}{\sum \beta_{mm} C_m C_n} \tag{5.102}$$

式中，分子与分母的系数 C_m 都是正的二阶形式；α_{mm} 和 β_{mm} 是由板平面尺寸、材料力学性能和外力表示的定值。

为求 i^2 的最小值，有

$$\frac{\partial i^2}{\partial C_m} = 0 \qquad (m=2,3,\cdots)$$

由于式 (5.102) 的齐次性质，可认为系数 C_m 都是已知的，并且不等于零。由式 (5.101)，求长细比 i 的最小值，即可以得到板的稳定性微分方程。若令

$$W = \frac{D}{2}W', \quad U_\nu = \frac{h}{2}U'_\nu$$

则式(5.101)可写成如下形式：

$$i^2 = \frac{l^2 E \sum \sum W' \mathrm{d}x\mathrm{d}y}{U'_v} \tag{5.103}$$

令 i^2 的变分等于零：

$$\delta i^2 = \frac{l^2 E}{(U'_v)^2}\left(U'_v \iint \delta W' \mathrm{d}x\mathrm{d}y - \delta U'_v \iint \delta W' \mathrm{d}x\mathrm{d}y\right) = 0$$

或由式(5.103)，有

$$l^2 E \iint \delta W' \mathrm{d}x\mathrm{d}y - i^2 \delta U'_v = 0 \tag{5.104}$$

而由式(5.96)和式(5.97)，有

$$\delta W' = \frac{2}{D}\delta W = -\frac{2}{D}(\delta M_1 \delta k_1 + \delta M_2 \delta k_2 + \delta Q \delta k_3)$$

变分与微分号可以互换位置，即

$$\delta k_1 = \delta\frac{\partial^2 w}{\partial x^2} = \frac{\partial^2}{\partial x^2}\delta w, \cdots, \quad \delta w_{,x} = \frac{\partial}{\partial x}\delta w, \cdots$$

这样，式(5.100)可以展开成如下形式：

$$\iint\left(\delta M_1\frac{\partial^2}{\partial x^2}\delta w + \delta M_2\frac{\partial^2}{\partial y^2}\delta w + 2\delta Q\frac{\partial^2}{\partial x\partial y}\delta w\right)\mathrm{d}x\mathrm{d}y$$
$$+\iint h\overline{\sigma_i}\left[\overline{\sigma}_x\frac{\partial w}{\partial x}\cdot\frac{\partial}{\partial x}\delta w + \overline{\sigma}_y\frac{\partial w}{\partial y}\cdot\frac{\partial}{\partial y}\delta w + \overline{\tau}_{xy}\left(\frac{\partial w}{\partial y}\cdot\frac{\partial w}{\partial x} + \frac{\partial w}{\partial x}\cdot\frac{\partial}{\partial y}\delta w\right)\right]\mathrm{d}x\mathrm{d}y = 0 \tag{5.105}$$

用分部积分法，注意到中曲面作用力的平衡方程(5.70)，积分式(5.105)，得

$$\iint\left(\frac{\partial^2\delta M_1}{\partial x^2} + \frac{\partial^2\delta M_2}{\partial y^2} + 2\frac{\partial^2\delta Q}{\partial x\partial y} + h\sigma_i k\right)\delta w\mathrm{d}x\mathrm{d}y$$
$$+\iint\left\{\delta M_{v1}\delta w_{,x} + \delta M_{v2}\delta w_{,y} - \left[\delta H_1 l + \delta H_2 m + h\overline{\alpha}_i(\overline{\tau}_{xy}w_{,x} + \overline{\sigma}_y w_{,y})\right]\delta w\right\}\mathrm{d}s = 0$$

式中，l、m 是进行二次积分时边缘的法线方向余弦，又

$$\delta M_{v1} = \delta M_1 l + \delta Q m, \quad \delta H_1 = \frac{\partial\delta M_1}{\partial x} + \frac{\partial\delta Q}{\partial y}$$

$$\delta M_{v2} = \delta M_2 l + \delta Q m, \quad \delta H_2 = \frac{\partial\delta M_2}{\partial y} + \frac{\partial\delta Q}{\partial x}$$

由于边界条件沿外形的积分等于零，整个板面的重积分也等于零。而对于任意变分 δw 来说，只有使积分符号后面的表达式等于零，上式才能成立，这样就得到前面的式(5.69)。这说明，式(5.101)最小的变分条件是与稳定性微分方程(5.69)等效的。

如果板在失稳前的应力状态是不均匀的，则 ω、ψ、α 和应力视坐标 x、y 而定，刚度模数 D_{mn} 将是常数。将弯矩的表达式(5.95)代入式(5.69)，将得到一个有可变系数的四阶线性微分方程，其中包括两变量从二阶到四阶的导数。

考虑一个最简单和有实际意义的情况，即应力 σ_x、σ_y 和 τ_{xy} 都是常数。由式(5.69)和式(5.95)，得到如下常系数微分方程：

$$\left(1-\frac{3}{4}\cdot\frac{1-\psi-\alpha}{1-\psi}\overline{\sigma}_x^2\right)\frac{\partial^4 w}{\partial x^4}+2\left[1-\frac{3}{4}\cdot\frac{1-\psi-\alpha}{1-\psi}\left(\overline{\sigma}_x\overline{\sigma}_y+2\overline{\tau}_{xy}^2\right)\right]\frac{\partial^4 w}{\partial x^2\partial y^2}$$
$$+\left(1-\frac{3}{4}\cdot\frac{1-\psi-\alpha}{1-\psi}\overline{\sigma}_y^2\right)\frac{\partial^4 w}{\partial y^4}-\frac{3}{2}\cdot\frac{1-\psi-\alpha}{1-\psi}\overline{\tau}_{xy}\left(\overline{\sigma}_x\frac{\partial^4 w}{\partial x^3\partial y}+\overline{\sigma}_y\frac{\partial^4 w}{\partial x\partial y^3}\right)$$
$$-\frac{h\sigma_i}{(1-\psi)D}\left(\overline{\sigma}_x\frac{\partial^2 w}{\partial x^2}+\overline{\sigma}_y\frac{\partial^2 w}{\partial y^2}+2\overline{\tau}_{xy}\frac{\partial^2 w}{\partial x\partial y}\right)=0 \tag{5.106}$$

因为板在失稳前的应力状态是均匀的，应力主轴有共同的方向，所以可以形成直角坐标。如果 x、y 就是主轴，则式(5.106)可简化，这时不存在奇次阶的坐标导数，这样稳定性微分方程就完全和方程(5.72)相似。

方程(5.106)最后一项前面的因数可以用长细比 i 来表示，有

$$\frac{h\sigma_i}{D}=\frac{\sigma_i i^2}{El^2} \tag{5.107}$$

将 i 作为参数，在解板的稳定性问题时，可求其临界值。

5.4　板结构的稳定性计算

5.4.1　受压板条的稳定性

设板条的长度 l 比宽度 b 大很多，在轴向 x 受应力 σ_x 压缩，其余两个应力等于零，即

$$\sigma_i=-\sigma_x,\quad \overline{\sigma}_x=-1,\quad \overline{\tau}_{xy}=\overline{\sigma}_y=0$$

因为在板条长边上扭矩 δQ 和弯矩 δM_2 都等于零，而且宽度 b 很小，故在整个板条内都等于零。且 $k=-k$，由式(5.95)，有

$$k_2=-\frac{1}{2}k_1,\quad \delta M_1=-\frac{3}{4}\alpha Dk_1$$

则由式(5.69)，得

$$\frac{\partial^4 w}{\partial x^4}+\frac{4\sigma_i i^2}{3\alpha El^2}\frac{\partial^2 w}{\partial x^2}=0$$

解得

$$w=A\cos\gamma x+B\sin\gamma x,\quad \gamma=\frac{i}{l}\sqrt{\frac{4\sigma_i}{3\alpha E}}$$

由板条的端头边界条件，求得参数 γ 的临界值 γ_{cr}，因而得临界长细比为

$$i=\gamma_{cr}l\sqrt{\frac{3\alpha E}{4\sigma_i}} \tag{5.108}$$

对于简支板条，γ 的临界值为 $\dfrac{\pi}{l}$，由式 (5.108)，得

$$i_1 = \frac{2i}{\sqrt{3}} = \pi\sqrt{\frac{\alpha E}{\sigma_1}} \tag{5.109}$$

5.4.2 简支端受压矩形板的失稳

设矩形板的宽度 b 与长度 l 接近，或大于长度 l，如图 5.6 所示，在 x 方向受压，应力 σ_x 在 y 方向是常数，失稳后将呈筒形，即 $w = w(x)$。

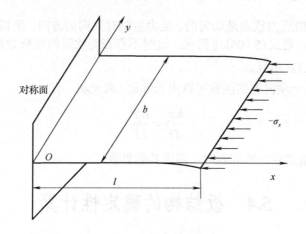

图 5.6　简支端受压矩形板

在式 (5.106) 中有

$$\sigma_i = -\sigma_x, \quad \overline{\sigma}_x = -1, \quad \overline{\tau}_{xy} = \overline{\sigma}_y = 0$$

得微分方程为

$$\frac{\partial^4 w}{\partial x^4} + \gamma^2 \frac{\partial^2 w}{\partial x^2} = 0, \quad \gamma = \frac{2i}{l}\sqrt{\frac{\sigma_i}{E(1-\psi+3\alpha)}}$$

由边界条件求得 γ_{cr}，然后求得临界长细比为

$$i = \frac{1}{2}\gamma_{\mathrm{cr}} l \sqrt{\frac{E(1-\psi+3\alpha)}{\sigma_i}} \tag{5.110}$$

如果是简支端，$\gamma_{\mathrm{cr}} = \dfrac{\pi}{l}$，则临界长细比为

$$i_2 = \frac{\pi}{2}\sqrt{\frac{E(1-\psi+3\alpha)}{\sigma_i}} \tag{5.111}$$

5.4.3 受均匀压缩的任意形状的平板

如图 5.5 所示，这里

$$\sigma_x = \sigma_y = \sigma_i, \quad \tau_{xy} = 0, \quad \overline{\sigma}_x = \overline{\sigma}_y = -1$$

将上式代入式(5.106)，得

$$\nabla^4 w + \gamma^2 \nabla^2 w = 0$$

式中

$$\gamma = \frac{2i}{l}\sqrt{\frac{\sigma_i}{E(1-\psi+3\alpha)}}$$

这个微分方程与受均匀压缩的平板的弹性稳定微分方程相同，差别只在于参数 γ 的表达式有所不同。这是因为无论是板的弹性变形还是塑性变形，其动力边界条件和所有基本的静力条件都是相同的，特征值 $\gamma_{\rm cr}$ 也相同，可以直接得到临界长细比的表达式为

$$i = \frac{1}{2}\gamma_{\rm cr} l \sqrt{\frac{E(1-\psi+3\alpha)}{\sigma_i}} \tag{5.112}$$

例如，半径 $r = l$ 的圆板周边固支，解得 $\gamma_{\rm cr} = \dfrac{3.8317}{l}$，因而

$$i_3 = 1.91585\sqrt{\frac{E(1-\psi+3\alpha)}{\sigma_i}} \tag{5.113}$$

5.4.4　一个方向受压缩的简支矩形板

考虑一个方向受压缩的简支矩形板，如图 5.7 所示。

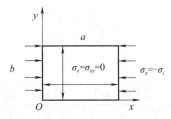

图 5.7　一个方向受压缩的简支矩形板

从图 5.7 可知

$$\bar{\tau}_{xy} = \bar{\sigma}_y = 0, \qquad \sigma_i = -\sigma_x, \qquad \bar{\sigma}_x = -1$$

将上式代入式(5.106)，得

$$\frac{1-\psi+3\alpha}{4}\frac{\partial^4 w}{\partial x^4} + 2\frac{\partial^4 w}{\partial x^2 \partial y^2} + \frac{\partial^4 w}{\partial y^4} + \frac{\sigma_i i^2}{El^2}\frac{\partial^2 w}{\partial x^2} = 0 \tag{5.114}$$

将式(5.114)与式(5.87)加以对比后可知，其前两项是不同的，因为当 $\alpha = 0$ 时，这两项在式(5.87)中消失了，而在式(5.114)中仍然存在。这说明当应力等于屈服极限时，板的刚度并不等于零，因而临界长细比也不等于零，这与一般应用的式(5.87)有很大差异。对于各种临界长细比，采用三角函数方法求解。为了满足边界条件，设

$$w = C\sin\frac{y\pi}{b}\sin\frac{m\pi x}{a} \tag{5.115}$$

将式(5.115)代入式(5.101)，得

$$k_1 = -k = -C\left(\frac{m\pi}{a}\right)^2 \sin\frac{y\pi}{b}\sin\frac{m\pi x}{a}, \quad k_2 = -C\left(\frac{\pi}{b}\right)^2 \sin\frac{y\pi}{b}\sin\frac{m\pi x}{a}$$

$$k_3 = -C\left(\frac{m\pi}{ab}\right)^2 \cos\frac{y\pi}{b}\cos\frac{m\pi x}{a}, \quad \omega_{,x} = C\frac{m\pi}{a}\sin\frac{y\pi}{b}\cos\frac{m\pi x}{a}$$

简化后，得

$$i^2 = \frac{\pi^2 l^2 E}{4a^2 \sigma_i}\left[(1-\psi+3\alpha)m^2 + 4(1-\psi)\left(\frac{a^4}{m^2 b^2} + \frac{2a^4}{b^2}\right)\right] \tag{5.116}$$

对无限长板$(a=\infty)$加以考虑，因为x坐标方向的波数也是无限值，而半波长是有限值，以h_w表示半波长，所以有

$$h_w = \left(\frac{a}{m}\right)_{\substack{a=\infty \\ m=\infty}}$$

l作为特征尺寸，这里取$l=b$。对于式(5.116)的极限情况$(a\to\infty, m\to\infty)$，得

$$i = \sqrt{\frac{E(1-\psi)}{\sigma_i}\left[\frac{1-\psi+3a}{4(1-\psi)}\left(\frac{b}{h_w}\right)^2 + \left(\frac{b}{h_w}\right)^2 + 2\right]}$$

由使i成为最小值的条件，得

$$h_w = b\sqrt[4]{\frac{1-\psi+3a}{4(1-\psi)}} \tag{5.117}$$

无限长板的临界长细比为

$$i_4 = \sqrt{\frac{2E(1-\psi)}{\sigma_i}\left[1 + \sqrt{\frac{1-\psi+3a}{4(1-\psi)}}\right]} \tag{5.118}$$

如果尺寸a和b近似，则i的最小值按式(5.116)求得，而半波数m在以下不等式范围内确定：

$$m+1 \geqslant \frac{a}{h_w} \geqslant m \tag{5.119}$$

式中，h_w值由式(5.117)决定。例如，对于方形板$a=b=l$，$m=1$时，得

$$i_5 = \pi\sqrt{\frac{E}{4\sigma_i}\left[13(1-\psi)+3\alpha\right]} \tag{5.120}$$

如果四边简支板在两个方向受压，可用同样的方法予以分析，设

$$w = C\sin\frac{ny\pi}{b}\sin\frac{mx\pi}{a}$$

如果不用三角函数方法，而对微分方程(5.106)求解，由于是在假设(5.88)的范围内，可得到同样的解。

5.4.5　圆板的失稳

现在讨论对称加载的圆板的弯曲，由于变形关于垂直中心的 z 轴对称，只考虑一个通过直径的剖面，Oz 为对称轴，设 w 为任意点 A 的变位，其与轴线的距离为 x（即半径 r），如图 5.8 所示。

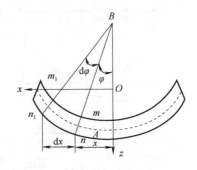

图 5.8　对称加载的圆板

令 $\varphi = -\dfrac{\mathrm{d}w}{\mathrm{d}x}$ 表示 A 点的变位面的斜率，则剖面 xz 的曲率为

$$\frac{1}{\rho_1} = -\frac{\mathrm{d}^2 w}{\mathrm{d}x^2} = \frac{\mathrm{d}\varphi}{\mathrm{d}x} \tag{5.121a}$$

为了求与 xz 面垂直方向的曲率半径 ρ_2，剖面 mn 形成一个锥面，其顶点为 B，位于 Oz 轴上，则 AB 即等于 ρ_2。由图 5.8 有

$$\frac{1}{\rho_1} = \frac{\varphi}{x} \tag{5.121b}$$

对于一般板的弯曲问题，有

$$M_x = -D\left(\frac{1}{\rho_x} + \nu\frac{1}{\rho_y}\right) = -D\left(\frac{\partial^2 w}{\partial x^2} + \nu\frac{\partial^2 w}{\partial y^2}\right) \tag{5.122a}$$

$$M_y = -D\left(\frac{1}{\rho_y} + \nu\frac{1}{\rho_x}\right) = -D\left(\frac{\partial^2 w}{\partial y^2} + \nu\frac{\partial^2 w}{\partial x^2}\right) \tag{5.122b}$$

根据式(5.122a)和式(5.122b)，有

$$M_1 = D\left(\frac{1}{\rho_1} + \frac{\nu}{\rho_2}\right), \quad M_2 = D\left(\frac{1}{\rho_2} + \frac{\nu}{\rho_1}\right) \tag{5.123}$$

将式(5.121a)和式(5.121b)之值代入式(5.122)，得

$$M_1 = D\left(\frac{\mathrm{d}\varphi}{\mathrm{d}x} + \nu\frac{\varphi}{x}\right), \quad M_2 = D\left(\frac{\varphi}{x} + \nu\frac{\mathrm{d}\varphi}{\mathrm{d}x}\right) \tag{5.124}$$

式中，M_1 是沿 mn 周向剖面的单位长度的弯矩；M_2 是沿 xz 直径剖面的单位长度的弯矩。式(5.124)只含有一个变数 φ，可以由单元 $abcd$（图 5.9）的平衡条件确定。这个单元是由圆柱剖面 ab 和 cd，以及直径剖面 aO 和 bO 切出的。

作用在 cd 边上的力偶为

$$M_1 x \mathrm{d}\theta \tag{5.125a}$$

作用在 ab 边上的力偶为

$$\left(M_1 + \frac{\mathrm{d}M_1}{\mathrm{d}x}\mathrm{d}x\right)(x + \mathrm{d}x)\mathrm{d}\theta \tag{5.125b}$$

作用在 ad 和 bc 两边上的力偶为 $M_2\mathrm{d}x$，它们在 xz 平面上的合力为

$$M_2\mathrm{d}x\mathrm{d}\theta \tag{5.125c}$$

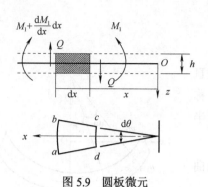

图 5.9　圆板微元

除力偶外，在 ab 和 cd 边上还有剪力 Q 的作用。这里 Q 为单位长度的剪力。作用在 cd 边上的总剪力为 $Qx\mathrm{d}\theta$。忽略高次小数，其与作用在 ab 边上的剪力相同。这两个剪力在 xz 平面上形成的力偶为

$$Qx\mathrm{d}x\mathrm{d}\theta \qquad (5.125\mathrm{d})$$

将式 $(5.125\mathrm{a})\sim$式$(5.125\mathrm{d})$ 的所有力偶相加，注意正负号，得单元 $abcd$ 的平衡方程为

$$\left(M_1 + \frac{\mathrm{d}M_1}{\mathrm{d}x}\mathrm{d}x\right)(x+\mathrm{d}x)\mathrm{d}\theta - M_1 x\mathrm{d}\theta - M_2\mathrm{d}x\mathrm{d}\theta + Qx\mathrm{d}x\mathrm{d}\theta = 0$$

忽略高次小数，简化后得

$$M_1 + \frac{\mathrm{d}M_1}{\mathrm{d}x}x - M_2 + Qx = 0$$

将式 (5.124) 的 M_1 和 M_2 代入上式，得

$$\frac{\mathrm{d}^2\varphi}{\mathrm{d}x^2} + \frac{1}{x}\frac{\mathrm{d}\varphi}{\mathrm{d}r} - \frac{\varphi}{x^2} = -\frac{Q}{D} \qquad (5.126)$$

由于这里 x 相当于 r，故式 (5.126) 也可写成

$$r^2\frac{\mathrm{d}^2\varphi}{\mathrm{d}r^2} + r\frac{\mathrm{d}\varphi}{\mathrm{d}r} - \varphi = -\frac{Qr^2}{D} \qquad (5.127)$$

现在列举一些用式 (5.127) 求变位的实例。根据具体情况，剪力 Q 可由静力平衡关系求出，然后用式 (5.127) 求斜率 φ 和变位 w。如一个有均布载荷 q 和中心有集中力 P 作用的圆板，取轴线 Oz 的一个柱形剖面，其半径为 r，剖面上单位长度的剪力 Q 由该剖面以内圆板的平衡条件求得。作用在这部分板上的载荷为 $P + q\pi r^2$，因而

$$2\pi r = P + q\pi r^2$$

得

$$Q = \frac{qr}{2} + \frac{P}{2\pi r}$$

将上式代入式 (5.127)，得

$$\frac{\mathrm{d}^2\varphi}{\mathrm{d}r^2} + \frac{1}{r}\frac{\mathrm{d}\varphi}{\mathrm{d}r} - \frac{\varphi}{r^2} = -\frac{1}{D}\left(\frac{qr}{2} + \frac{P}{2\pi r}\right)$$

或

$$\frac{\mathrm{d}}{\mathrm{d}r}\left[\frac{1}{r}\frac{\mathrm{d}}{\mathrm{d}r}(r\varphi)\right] = -\frac{1}{D}\left(\frac{qr}{2} + \frac{P}{2\pi r}\right)$$

积分后得

$$r\varphi = -\frac{1}{D}\left(\frac{qr^2}{4} + \frac{P}{2\pi}\ln r\right) + C_1$$

再积分得

$$r\varphi = -\frac{qr^4}{16D} - \frac{P}{2\pi D}\left(\frac{r^2\ln r}{2} - \frac{r^2}{4}\right) + \frac{C_1 r^2}{2} + C_2$$

或

$$\varphi = -\frac{qr^3}{16D} + \frac{Pr}{8\pi D}(2\ln r - 1) + \frac{C_1 r}{2} + \frac{C_2}{r}$$

对于小变形（图 5.8），有

$$\varphi = -\frac{\mathrm{d}w}{\mathrm{d}r}$$

得以下变形方程：

$$\frac{\mathrm{d}w}{\mathrm{d}r} = \frac{qr^3}{16D} - \frac{Pr}{8\pi D}(2\ln r - 1) - \frac{C_1 r}{2} - \frac{C_2}{r}$$

积分后得

$$w = \frac{qr^4}{64D} - \frac{Pr^2}{8\pi D}(\ln r - 1) - \frac{C_1 r^2}{4} - C_2 \ln r + C_3$$

积分常数 C_1、C_2 和 C_3 由边界条件确定。

由于板的中层是中性层，即从中层无伸缩变形的假设出发，只适用于小变形。只有均布载荷 q，而无集中力 P 时，对于周边固支的圆板，其中心的最大变位为

$$\delta = \frac{qa^4}{64D} \tag{5.128}$$

式中，a 为圆板的半径。

当周边简支时，有

$$\delta = \frac{5+\nu}{64(1+\nu)D} qa^4 \tag{5.129}$$

当只有集中载荷 P 作用在中心，周边固支时，有

$$\delta = \frac{Pa^4}{64D} \tag{5.130}$$

同样条件下的变形表达式取为

$$w = \frac{P}{8\pi D}\left[\frac{1}{2}(a^2 - r^2) + r^2\ln\frac{r}{a}\right] \tag{5.131}$$

在中心 $r = 0$ 处，代入式（5.131），也可求得式（5.130）。

从式（5.127）出发，求圆板失稳的临界载荷。当无侧向载荷，只有边受均布压力 N_r 作用时（图 5.10），设一小的失稳变位状态来求临界载荷。

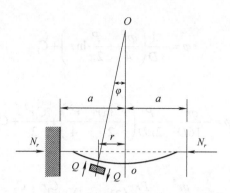

图 5.10 无侧向载荷，只有边受均布压力

因为无侧向载荷，这里

$$Q = N_r \varphi \tag{5.132a}$$

引入以下符号：

$$\frac{N_r}{D} = \alpha^2 \tag{5.132b}$$

由式 (5.127) 得

$$r^2 \frac{\mathrm{d}^2 \varphi}{\mathrm{d} r^2} + r \frac{\mathrm{d} \varphi}{\mathrm{d} r} + (\alpha^2 r^2 - 1)\varphi = 0 \tag{5.132c}$$

引入一个新变数：

$$u = \alpha r \tag{5.132d}$$

这样，式 (5.132c) 变为

$$u^2 \frac{\mathrm{d}^2 \varphi}{\mathrm{d} u^2} + u \frac{\mathrm{d} \varphi}{\mathrm{d} u} + (u^2 - 1)\varphi = 0 \tag{5.132e}$$

这是一个积分可用贝塞尔 (Bessel) 函数表示的方程。其解用以下级数表示：

$$\varphi = C \frac{u}{2} \left[1 - \frac{1}{1 \times 2} \frac{u^2}{2} + \frac{1}{1 \times 2 \times 3 \times 4} \left(\frac{u}{2} \right)^4 - \cdots \right] \tag{5.132f}$$

式中，C 是一个常数；右边是一阶 Bessel 函数，可用 $J_1(u)$ 表示：

$$\varphi = C J_1(\alpha r) \tag{5.132g}$$

在板的中心，$r = u = 0$ 处；由式 (5.132f) 可知，$\varphi = 0$，这也是对称性的条件。为了满足固支边的边界条件，有 $(\varphi)_{r=a} = 0$。因而

$$J_1(\alpha a) = 0 \tag{5.132h}$$

函数 $J_1(\alpha a)$ 有数值表可查 (见《数学手册》)。可求得满足式 (5.132h) 的 α 的最小值，计算出板失稳时 N_r 的最小值。例如，求得式 (5.132h) 的最小根为

$$\alpha a = 3.832$$

代入式 (5.132b) 得

$$(N_r)_{\mathrm{cr}} = \frac{(3.832)^2 D}{a^2} = \frac{14.68 D}{a^2} \tag{5.133}$$

对于宽度为一个单位、长度等于直径的两端固支的板条，其临界压力为 $\dfrac{\pi^2 D}{a^2}$。圆板的失稳压缩力比板条约高 50%。

式(5.132f)还可以用来求简支圆板的临界压力，板条的弯矩等于零，由式(5.124)，有

$$\frac{\mathrm{d}\varphi}{\mathrm{d}r}+\nu\frac{\varphi}{r}=0 \tag{5.134a}$$

对级数(5.132f)微分，可得导数 $\dfrac{\mathrm{d}J_1}{\mathrm{d}u}$，即

$$\frac{\mathrm{d}J_1}{\mathrm{d}u}=J_0-\frac{J_1}{u} \tag{5.134b}$$

式中

$$J_0=1-\left(\frac{u}{2}\right)^2+\frac{1}{(2\times1)^2}\left(\frac{u}{2}\right)^4-\frac{1}{(3\times2\times1)^2}\left(\frac{u}{2}\right)^6+\cdots$$

这是零阶 Bessel 函数。由式(5.134b)，边界条件(5.134a)变为

$$\alpha a J_0(\alpha a)-(1-\nu)J_1(\alpha a)=0 \tag{5.134c}$$

设 $\nu=0.3$，用 J_0 和 J_1 的数值表求得超越方程(5.134c)的最小根为 2.05。由式(5.132b)得

$$(N_r)_{\mathrm{cr}}=\frac{(2.05)^2 D}{a^2}=\frac{4.20D}{a^2} \tag{5.135}$$

固支圆板的临界压力约为简支圆板的 3.5 倍。

如果板有中心孔，由边沿均布压力 N_r 产生的压应力不是均匀的。设失稳形状与中心对称，变位面的微分方程仍可以用 Bessel 函数积分。$(N_r)_{\mathrm{cr}}$ 的表达式有以下形式：

$$(N_r)_{\mathrm{cr}}=k\frac{D}{a^2}N_r$$

式中，k 是一个与比值 b/a 有关的因素，b 是孔的半径。对于固支边，k 值如图 5.11(a)所示，对于简支边，k 值如图 5.11(b)所示。

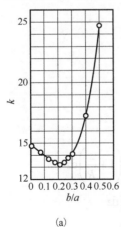
(a)

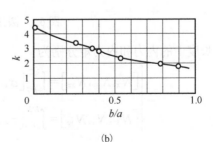
(b)

图 5.11　k 值与比值 b/a 的曲线关系

第6章　圆柱壳结构的弹塑性稳定理论

钱学森先生在薄壳稳定理论方面做出了重要的贡献，对实际结构的理论分析方法已趋实用化。用有限单元法对壳结构进行屈曲分析也已有了长足的进步，然而，关于圆柱壳结构的屈曲及屈曲后的塑性破坏强度的理论分析包括一系列复杂的问题，如残余应力、结构物的弹塑性化及大挠度非线性问题等。同时，考虑所有问题的直接解法非常复杂，所以，关于实际结构的屈曲强度及承载力的系统性分析方法还有待进一步研究。

6.1　圆柱壳的基本方程

考虑一个弹性圆柱壳，壳体的厚度为 h，半径为 R，坐标系和圆柱壳单元体上的内力和内力矩如图 6.1 所示。

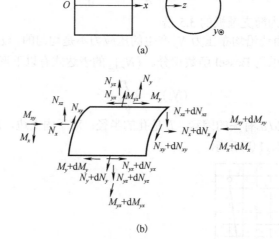

图 6.1　圆柱壳

定义单位长度上的内力和内力矩分别为

$$
\begin{cases}
\left[N_x, N_{xy}, N_{xz}\right] = \int_{-h/2}^{h/2}\left[\sigma_x, \tau_{xy}, \tau_{xz}\right]\left(1+\dfrac{z}{R}\right)\mathrm{d}z \\[3mm]
\left[N_{yx}, N_y, N_{yz}\right] = \int_{-h/2}^{h/2}\left[\tau_{yx}, \sigma_y, \tau_{yz}\right]\mathrm{d}z \\[3mm]
\left[M_x, M_{xy}\right] = \int_{-h/2}^{h/2}\left[\sigma_x, \tau_{xy}\right]\left(1+\dfrac{z}{R}\right)\mathrm{d}z \\[3mm]
\left[M_{yz}, M_y\right] = \int_{-h/2}^{h/2}\left[\tau_{yz}, \sigma_y\right]z\,\mathrm{d}z
\end{cases}
\tag{6.1}
$$

圆柱壳的大挠度问题的几何方程为

$$\begin{cases} \varepsilon_x = \dfrac{\partial u}{\partial x} + \dfrac{1}{2}\left(\dfrac{\partial w}{\partial x}\right)^2 \\[2mm] \varepsilon_y = \dfrac{\partial v}{\partial y} - \dfrac{w}{R} + \dfrac{1}{2}\left(\dfrac{\partial w}{\partial y}\right)^2 \\[2mm] \gamma_{xy} = \dfrac{\partial v}{\partial x} + \dfrac{\partial u}{\partial y} + \dfrac{\partial w}{\partial x}\dfrac{\partial w}{\partial y} \end{cases} \tag{6.2}$$

壳体的任一点曲率及中面扭率为

$$k_x = -\frac{\partial^2 w}{\partial x^2}, \qquad k_y = \frac{1}{R}\frac{\partial v}{\partial y} - \frac{\partial^2 w}{\partial y^2}, \qquad k_{xy} = \frac{1}{R}\frac{\partial v}{\partial x} - \frac{\partial^2 w}{\partial x\partial y} \tag{6.3}$$

式中，u、v 和 w 分别表示中面上的点沿 x、y 和 z 轴方向的位移。由式(6.1)可以看出，在一般情况下，$M_{xy} \neq M_{yz}$ 和 $N_{xy} \neq N_{yz}$，对薄壳而言，当 $h \ll R$ 时，可以认为 $M_{xy} = M_{yz}$ 和 $N_{xy} = N_{yz}$。

由图 6.1 可知，单元体力的平衡方程为

$$\begin{cases} \dfrac{\partial N_x}{\partial x} + \dfrac{\partial N_{xy}}{\partial y} = 0 \\[2mm] \dfrac{\partial N_y}{\partial y} + \dfrac{\partial N_{xy}}{\partial x} + \dfrac{N_{yz}}{R} = 0 \\[2mm] \dfrac{\partial N_{xy}}{\partial x} + \dfrac{\partial N_{yz}}{\partial y} + \dfrac{N_y}{R} + N_x\dfrac{\partial^2 w}{\partial x^2} + 2N_{xy}\dfrac{\partial^2 w}{\partial x\partial y} + N_y\dfrac{\partial^2 w}{\partial y^2} + q = 0 \end{cases} \tag{6.4}$$

单元体力矩的平衡方程为

$$\begin{cases} \dfrac{\partial M_x}{\partial x} + \dfrac{\partial M_{xy}}{\partial y} - N_{xz} = 0 \\[2mm] \dfrac{\partial M_{xy}}{\partial x} + \dfrac{\partial M_y}{\partial y} - N_{yz} = 0 \end{cases} \tag{6.5}$$

采用 Donnell 理论假定，即认为：

(1)壳体中内力引起的应力远小于内力矩引起的应力，忽略中面位移 u、v 对壳体曲率和扭率的影响；

(2)在壳体平衡方程的前两式中忽略 N_{xz} 和 N_{yz}，但在第三式中仍保留它们的影响。采用这样的简化法则，可将式(6.4)和式(6.3)简化为

$$\begin{cases} \dfrac{\partial N_x}{\partial x} + \dfrac{\partial N_{xy}}{\partial y} = 0 \\[2mm] \dfrac{\partial N_y}{\partial y} + \dfrac{\partial N_{xy}}{\partial x} = 0 \\[2mm] \dfrac{\partial N_{xy}}{\partial x} + \dfrac{\partial N_{yz}}{\partial y} + \dfrac{N_y}{R} + N_x\dfrac{\partial^2 w}{\partial^2 x} + 2N_{xy}\dfrac{\partial^2 w}{\partial x\partial y} + N_y\dfrac{\partial^2 w}{\partial^2 y} + q = 0 \end{cases} \tag{6.6}$$

$$k_x = -\frac{\partial^2 w}{\partial x^2} , \quad k_y = -\frac{\partial^2 w}{\partial y^2} , \quad k_{xy} = -\frac{\partial^2 w}{\partial x \partial y} \tag{6.7}$$

由此可得到变形协调方程：

$$\frac{\partial^2 \varepsilon_x}{\partial y^2} + \frac{\partial^2 \varepsilon_y}{\partial x^2} - \frac{\partial^2 \gamma_{xy}}{\partial x \partial y} = \left(\frac{\partial^2 w}{\partial x \partial y}\right) - \frac{\partial^2 w}{\partial x^2}\frac{\partial^2 w}{\partial y^2} - \frac{1}{R}\frac{\partial^2 w}{\partial x^2} \tag{6.8}$$

弹性壳体的物理方程为

$$\begin{cases} N_x = \dfrac{Eh}{1-\nu^2}\left(\varepsilon_x + \nu\varepsilon_y\right) \\[2mm] N_y = \dfrac{Eh}{1-\nu^2}\left(\varepsilon_y + \nu\varepsilon_x\right) \\[2mm] N_{xy} = \dfrac{Eh}{2(1+\nu)}\gamma_{xy} \\[2mm] M_x = -D\left(\dfrac{\partial^2 w}{\partial x^2} + \nu\dfrac{\partial^2 w}{\partial y^2}\right) \\[2mm] M_y = -D\left(\dfrac{\partial^2 w}{\partial y^2} + \nu\dfrac{\partial^2 w}{\partial x^2}\right) \\[2mm] M_{xy} = -D\left(1-\nu\right)\dfrac{\partial^2 w}{\partial x \partial y} \end{cases} \tag{6.9}$$

式中，h 为壳的厚度；$D = \dfrac{Eh^3}{12\left(1-\nu^2\right)}$；$\nu$ 为泊松比。

将式 (6.5) 代入式 (6.6) 的第三式，并利用物理方程得

$$D\nabla^4 w - \frac{N_y}{R} - \left(N_x\frac{\partial^2 w}{\partial x^2} + 2N_{xy}\frac{\partial^2 w}{\partial x \partial y} + N_y\frac{\partial^2 w}{\partial y^2}\right) + q = 0 \tag{6.10}$$

引入应力函数 φ，使得

$$N_x = \frac{\partial^2 \varphi}{\partial y^2} , \quad N_y = \frac{\partial^2 \varphi}{\partial x^2} , \quad N_{xy} = -\frac{\partial^2 \varphi}{\partial x \partial y} \tag{6.11}$$

利用式 (6.11)，则式 (6.10) 和式 (6.8) 可化为

$$D\nabla^4 w - \frac{1}{R}\frac{\partial^2 \varphi}{\partial x^2} = \frac{\partial^2 \varphi}{\partial x^2}\frac{\partial^2 w}{\partial y^2} - 2\frac{\partial^2 \varphi}{\partial x \partial y}\frac{\partial^2 w}{\partial x \partial y} + \frac{\partial^2 \varphi}{\partial y^2}\frac{\partial^2 w}{\partial x^2} - q \tag{6.12}$$

$$D\nabla^4 w = Eh\left[\left(\frac{\partial^2 w}{\partial x \partial y}\right)^2 - \frac{\partial^2 w}{\partial x^2}\frac{\partial^2 w}{\partial y^2} - \frac{1}{R}\frac{\partial^2 w}{\partial x^2}\right] \tag{6.13}$$

6.2　圆柱壳的稳定性

6.2.1　圆柱壳在轴向力与侧压力作用下的失稳

圆柱壳受轴向力 F 和侧压力 P 的作用，如图 6.2 所示，坐标系 xyz 如图 6.3 所示。

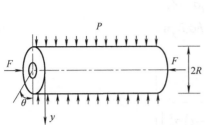

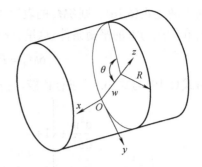

图 6.2　受轴向力与侧压力的圆柱壳　　　　　　图 6.3　圆柱壳的坐标系

由于圆柱壳截面是圆形，沿 x 方向所受外力是常数，其中 x 轴线沿着圆柱的母线，为相交圆的切线方向，z 轴线为与 x 相交圆的径向方向，故应力都是常数，且

$$\sigma_x = -\frac{F}{2\pi Rh}, \quad \sigma_y = -\frac{PR}{h}, \quad \tau_{xy} = 0 \tag{6.14}$$

x 方向的曲率变化 $k_1 = 0$，这是因为母线在变形后保持直线。由于 w 只是 θ 的函数，故 $k_3 = 0$。y 方向的曲率变化为

$$k_2 = \frac{1}{R^2}\left(\frac{\mathrm{d}^2 w}{\mathrm{d}\theta^2} + w\right) \tag{6.15}$$

此外，根据单元体上沿 x 方向作用力的变分平衡方程，以及沿 x 方向的应力不变条件，有

$$\delta N_1 = \delta S = 0$$

设壳在 x 方向相当长，其横截面在变形后保持平面，故切应力 $\sigma_3 = 0$，因而，沿 x 方向力的平衡方程为

$$\frac{\mathrm{d}\delta N_1}{\mathrm{d}x} = 0, \quad \delta N_1 = 0$$

在端头有同样的压力 P 作用的情况下，即 $F = \pi R^2 P$ 时，问题的解可以简化，这时有

$$\sigma_y = 2\sigma_x, \quad S_x = \sigma_x - \frac{1}{2}\sigma_y = 0 \tag{6.16}$$

这样，壳在失稳前是平面变形，在失稳后仍是平面变形，即应变 $\varepsilon_1 = 0$，有

$$\delta N_2 = 0$$

由式 (6.15) 可以求得应变 ε_2，但这在以下分析中是不需要的，得切向弯矩方程为

$$\delta M_2 = -D\left[1 - \psi - \frac{3}{4}(1 - \psi - \alpha)\bar{\sigma}_y^2\right]k_2 \tag{6.17}$$

应用条件 (6.16)，有

$$\sigma_i^2 = \frac{1}{4}\sigma_y^2, \quad \bar{\sigma}_y = -\frac{2}{\sqrt{3}}$$

得

$$\delta M_2 = -\alpha D k_2 \tag{6.18}$$

对于所有可能的 $\bar{\sigma}_y$ 值，在式 (6.16) 的条件下都可得到圆柱壳的最小刚度值。如果圆柱壳

的载荷不满足式(6.16)，则 δM_2 的表达式(6.17)只能看作近似的。此外，由任意剖面 θ 的内弯矩 δM_2 和侧压力 P 的平衡条件(这里 $PR = -h\sigma_y = -h\sigma_i\bar{\sigma}_y$)有

$$\delta M_2 = PRw + C = C - h\sigma_i\bar{\sigma}_y w \tag{6.19}$$

将式(6.19)与式(6.17)进行比较，得

$$\frac{\mathrm{d}^2 w}{\mathrm{d}\theta^2} + \left\{ 1 + \frac{-\bar{\sigma}_y\sigma_i R^2 h}{D\left[1 - \psi - \dfrac{3}{4}(1-\psi-\alpha)\bar{\sigma}_y^2\right]} \right\} w = C'$$

式中，C 和 C' 是相互有关的两个常数。w 是随 θ 变化的，和前面一样，求得中括弧内即 γ^2 的临界值 $\gamma_{cr}^2 = \dfrac{\pi^2}{4}$；取特征尺寸 $l = 2\pi R$，得长细比 i 的临界值为

$$i_{cr} = \pi\sqrt{\frac{3E}{\sigma_i}\frac{4(1-\psi)-3(1-\psi-\alpha)\bar{\sigma}_y^2}{-\bar{\sigma}_y}} \tag{6.20}$$

考虑式(6.20)的特殊条件，得

$$i_{cr} = \pi\sqrt{\frac{6\sqrt{3}E\alpha}{\sigma_i}} \tag{6.21}$$

如果不存在轴向力($\sigma_x = 0$，$\sigma_y = -\sigma_i$)，有

$$i_6 = \pi\sqrt{\frac{3E}{\sigma_i}(1-\psi+3\alpha)} \tag{6.22}$$

6.2.2　圆柱壳在外力作用下的轴对称失稳

壳在轴向力 F 与侧压力 P 作用下的失稳如图 6.4 所示。

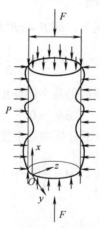

图 6.4　轴对称失稳的圆柱壳

失稳前的应力如式(6.14)所示，根据对称条件与 x 方向的平衡条件，得

$$\delta N_1 = \delta S = 0，\quad k_3 = \varepsilon_3 = 0$$

如果轴向压应力为切向应力的 2 倍，可得到精确解，即当

$$\sigma_x = 2\sigma_y, \quad F = 4\pi R^2 P \tag{6.23}$$

时，$\overline{S}_y = 0$，塑性层相对厚度 ζ 是常数。由第 5 章壳的塑性层厚度与总厚度的比值公式，得

$$\overline{z}_0 = 1 - 2\zeta = -1 + \sqrt{\alpha} \tag{6.24}$$

由第 5 章的知识求得 δN_2 和 $\varepsilon_1 + \dfrac{\varepsilon_2}{2}$，即

$$\begin{cases} \dfrac{4\delta N_2}{Eh} = 2(2 - \omega + \omega\overline{z}_0)\varepsilon_2 + \dfrac{\omega h}{2}(1 - \overline{z}_0^2)k_2 + \dfrac{(\lambda - \omega)h}{2}\overline{S}_y(1 - z_0)^2 k - 2(2 - \omega + \omega\overline{z}_0) \\[3mm] \varepsilon_1 + \dfrac{\varepsilon_2}{2} = \dfrac{h}{2}\left[\omega(1 - \overline{z}_0)\left(k_1 + \dfrac{1}{2}k_2\right) + \dfrac{3}{4}(\lambda - \omega)\overline{\sigma}_x(1 - \overline{z}_0)^2 k \right] \end{cases} \tag{6.25}$$

如果 $\overline{S}_y = 0$，式 (6.25) 可以简化。而 $\overline{z}_0 = -1 + \sqrt{\alpha}$，可以看作对 $\overline{S}_y$ 任意值的近似，得弯矩 δM_1 的表达式：

$$\begin{aligned} \dfrac{4\delta M_1}{D} = &-2\left(2 - \omega + \omega\overline{z}_0^3\right)\left(k_1 + \dfrac{1}{2}k_2\right) + \dfrac{3}{4}(\lambda - \omega)\overline{\sigma}_x(1 - \overline{z}_0)^2 k(2 + \overline{z}_0) \\[2mm] &- \dfrac{6\omega}{h}(1 - \overline{z}_0^2)\left(\varepsilon_1 + \dfrac{\varepsilon_2}{2}\right) \end{aligned} \tag{6.26}$$

令 $w(x)$ 表示圆柱壳的挠度，则曲率 k、k_1 和 k_2 与切向应变 ε_2 的表达式为

$$k = \overline{\sigma}_x + \overline{\sigma}_y, \quad k_1 = \dfrac{\mathrm{d}^2 w}{\mathrm{d}x^2}, \quad k_2 = \dfrac{w}{R}, \quad \varepsilon_2 = -\dfrac{w}{R} \tag{6.27}$$

应用式 (6.25) 和式 (6.27)，将式 (6.26) 中的 $\varepsilon_1 + \dfrac{\varepsilon_2}{2}$ 消去，求得 δM_1 的表达式，又由式 (6.25) 和式 (6.27)，改写 δM_1 和 δN_2 的表达式如下：

$$\begin{cases} \dfrac{\delta M_1}{D} = -\left(1 - \psi - \rho\overline{\sigma}_x^2\right)\left(\dfrac{\mathrm{d}^2 w}{\mathrm{d}x^2} + \dfrac{w}{2R^2}\right) + \rho\overline{\sigma}_x\overline{S}_y\dfrac{w}{R^2} \\[3mm] \dfrac{\delta N_2}{Eh} = -\left(1 - w + \dfrac{1}{2}w\sqrt{\alpha}\right)\dfrac{w}{R} + \dfrac{1}{8}hw\sqrt{\alpha}\left(2 - \sqrt{\alpha}\right)\dfrac{w}{R^2} \\[3mm] \qquad\quad + \dfrac{1}{8}h(\lambda - w)(2 - \sqrt{\alpha})^2\overline{S}_y\left(\overline{\sigma}_x\dfrac{\mathrm{d}^2 w}{\mathrm{d}x^2} + \overline{\sigma}_y\dfrac{w}{R^2}\right) \end{cases} \tag{6.28}$$

而 ρ 值为

$$\rho = \dfrac{3}{16}(\lambda - \omega)(2 - \sqrt{\alpha})^2\left[1 + \sqrt{\alpha} + \dfrac{3\alpha\omega}{4\left(1 - w + \dfrac{1}{2}w\sqrt{\alpha}\right)}\right] \tag{6.29}$$

对于式(6.23)所示的条件，式(6.28)可简化，取 $\bar{S}_y = 0$，$\bar{\sigma}_x = -\dfrac{1}{\sqrt{3}}$ 和 $\bar{\sigma}_y = \dfrac{1}{2}$，则

$$
\begin{cases}
\dfrac{\delta M_1}{D} = -\alpha D\left(\dfrac{\mathrm{d}^2 w}{\mathrm{d}x^2} + \dfrac{w}{2R^2}\right) \\[3mm]
\dfrac{\delta N_2}{Eh} = -Eh\left(1 - \omega + \dfrac{1}{2}\omega\sqrt{\alpha}\right)\dfrac{w}{R}
\end{cases}
\tag{6.30}
$$

为了求解稳定性问题，还需要写出以下圆柱壳微元体的径向微分平衡方程，如图 6.5 所示。

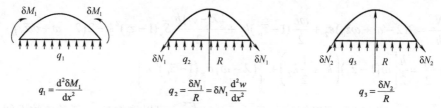

$$
q_1 = \frac{\mathrm{d}^2 \delta M_1}{\mathrm{d}x^2} \qquad\qquad q_2 = \frac{\delta N_1}{R} = \delta N_1 \frac{\mathrm{d}^2 w}{\mathrm{d}x^2} \qquad\qquad q_3 = \frac{\delta N_2}{R}
$$

图 6.5　圆柱壳微元体的径向微分平衡力

圆柱壳微元体的微分平衡方程可表示为

$$
\frac{\mathrm{d}^2 \delta M_1}{\mathrm{d}x^2} + \delta N_1 \frac{\mathrm{d}^2 w}{\mathrm{d}x^2} + \frac{\delta N_2}{R} = 0
\tag{6.31}
$$

对于 δM_1 和 δN_2 由式(6.28)决定的一般情况，式(6.31)不难积分。对于 $\delta N_1 = \bar{S}_y = 0$ 的特殊情况，将式(6.30)的值代入式(6.31)，得

$$
\frac{\mathrm{d}^4 w}{\mathrm{d}x^4} + \frac{2\sigma_i i^2}{\alpha E R^2 \sqrt{3}}\frac{\mathrm{d}^2 w}{\mathrm{d}x^2} + \frac{\left(1 + \omega + \dfrac{1}{2}\omega\sqrt{\alpha}\right)i^2}{R^4 \alpha} w = 0
\tag{6.32}
$$

式中，已略去与 1 相比较很小的 $\dfrac{h}{R}$ 值，i 表示长细比，且

$$
i = \frac{3R}{h}
$$

如果圆柱壳的长度比半径大得多，端头简支，则挠度 w 可表示为

$$
w = A\sin\mu x
$$

式中，μ 为扰动系数。

最小临界力由以下条件求得：

$$
i = i_1 = \frac{E}{\sigma_i}\sqrt{3\alpha\left(1 - \omega + \frac{1}{2}\omega\sqrt{\alpha}\right)}
\tag{6.33}
$$

对于 δM_1 和 δN_2 由式(6.28)决定的其他稳定性问题，可以应用式(6.31)或式(6.32)进行分析，这与分析相应的弹性问题完全相似，因为微分方程(6.31)是线性的，只含 w 的偶次导数。

6.2.3　壳体的静态塑性稳定性分析

一个无缺陷的完整球壳在外压力 P 的作用下，其弹性的临界载荷为

$$
P_{\mathrm{e}} = \frac{2E}{[3(1-\nu^2)]^{1/2}}\left(\frac{t}{R}\right)^2
\tag{6.34}
$$

式中，t 为壳厚；R 为壳半径，与该压力对应的有一系列线性独立的屈曲模态，垂直于壳体中面的位移可通过球面调和函数的组合表示。

在分岔前，无论壳体有没有进入塑性阶段，两个在面内的主应力分别相等。只要不发生弹性卸载，就可以类似于压杆分析，得到塑性阶段的最低分岔压力，可以根据变形模态及相应的塑性应力-应变关系引入等效的 E_e 和 ν_e 代替式(6.34)中的 E 和 ν，得

$$P_e = \frac{2E_e}{[3(1-\nu_e^2)]^{1/2}}\left(\frac{t}{R}\right)^2 \tag{6.35}$$

对于 Mises 屈服理论，在分岔状态前完整球壳的等效 Young 模量和泊松比，可以表示为

$$E_e = \frac{1}{E}\left[1+\frac{1}{4}\left(\frac{E}{E_t}-1\right)\right], \quad \frac{\nu_e}{E_e} = \frac{1}{E}\left[\nu - \frac{1}{4}\left(\frac{E}{E_t}-1\right)\right] \tag{6.36}$$

式中，E_t 是应力状态 J_2（应力偏量的第二不变量，J_2 为常数即 Mises 屈服条件，该常数若随塑性变形而增大即为简单 Mises 屈服理论）的函数，这里要求没有弹性卸载，即要求在壳内到处有 $\dot{J}_2 \geqslant 0$。J_2 的变化可通过单向拉伸关系 $\dot{\sigma} = E_t\dot{\varepsilon}$ 表示，则最低分岔压力为

$$P_e = \frac{4E}{\left[6(1+\nu)\left(1-2\nu+\frac{E}{E_t}\right)\right]^{1/2}}\left(\frac{t}{R}\right)^2 \tag{6.37}$$

进而研究过屈曲和缺陷敏感性的问题，弹性球壳对缺陷很敏感，只需考虑轴对称情形就可知道该结论。因此，对进入塑性阶段的球壳也只考虑轴对称的变形。引用 Reissner 对轴对称壳体的非线性方程，在增量平衡方程中有四个广义应力分量 $\dot{M}_\theta$、$\dot{N}_e$、$\dot{N}_\phi$ 和 $\dot{Q}_\theta$（这里采用一般工程上的符号），在变形几何关系中有四个广义应变率 $\dot{E}_\theta$、$\dot{E}_\phi$、$\dot{K}_\theta$ 和 $\dot{K}_\phi$，两个位移率 $\dot{u}$、$\dot{w}$，以及转动率 $\dot{\chi}$。利用应力增量和应变增量间的关系：

$$\dot{\sigma}_{ij} = L_{ijkl}\dot{\varepsilon}_{kl} \tag{6.38}$$

可以得到广义应变率和应力率之间的关系。用它们消去 $\dot{N}_e$、$\dot{N}_\phi$ 及广义应变率，可得六个联立的一阶常微分方程，以矩阵形式表示为

$$\dot{X} = [\dot{M}_\theta, \dot{E}_\theta, \dot{Q}_\theta, \dot{u}, \dot{w}, \dot{\chi}], \quad \frac{\mathrm{d}\dot{X}}{\mathrm{d}\theta} + A\dot{X} = \dot{P} \tag{6.39}$$

式中，A 是 6×6 矩阵，其依赖于当时的变形模量；$\dot{X}$ 列阵和 $\dot{P}$ 依赖于加载率和通过 X 表示的当时的变形状态。选取这些因变量，可以成功地分析正交异性旋转壳的计算方法和程序。

在塑性理论分析中，处理一组一阶微分方程的优越性在于不需要对刚度矩阵进行微分。通过将上述方程沿 θ 方向分成 N 等份来化为差分形式。X 在各节点处取值，则有

$$\frac{\dot{X}_{i+1}-\dot{X}_i}{\Delta\theta} + A_i\left(\frac{\dot{X}_{i+1}+\dot{X}_i}{2}\right) = \dot{P}_i \tag{6.40}$$

式中，A_i 和 $\dot{P}_i$ 均在 i 和 $i+1$ 节点的中点取值。

加载过程中，每时刻的弯曲和拉伸刚度可通过变形模量沿厚度积分求得，沿厚度分割成 M 等份，每段中的变形模量取为常值，但要注意区分其处于弹性阶段或塑性的加载或卸载阶段。在计算过程中，需要进行反复迭代，使得各点都符合加卸载条件 $\dot{J}_2$ 的正负号要求。若加

载历史的曲线比较光滑，使得壳内加卸载的转变只发生少数一两次，则还可能采取更直接的方法消除迭代。

考虑缺陷敏感性时，取中面的轴对称初始挠度与完善球壳的分岔模态成比例，如

$$\overline{w} = \overline{\delta} P_{14}(\cos\theta) \tag{6.41}$$

式中，$\overline{\delta}$ 为极点处初始向内的挠度大小；P_{14} 为节点 14 上的载荷。对不同的 $\overline{\delta}/t$ 值，计算了载荷-变形曲线(图 6.6)，其形状与杆的情形(图 6.7)相似。完善壳体的最大载荷只比最低分岔载荷大一点，发生在屈曲挠度为厚度的 1/10 处。因此，像简单模型一样，基本上可取最低分岔载荷为屈曲载荷。计算结果表明，一个小的轴对称缺陷对塑性阶段屈曲的影响和对弹性时的影响差不多，考虑到塑性情形下壳体壁厚相对较大，缺陷敏感度相对小些。

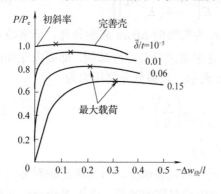

图 6.6　载荷-变形曲线

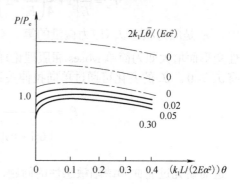

图 6.7　完善壳体和杆的载荷-变形曲线对比

将采用增量理论(简单 Mises 屈服理论)计算的结果和用全量理论计算的结果进行比较。对于完善球壳，前者载荷比后者高出 7%，而对初挠度为 1/10 厚度以上的有缺陷球壳，两种理论的结果没有差别。这一结果和 Rucker 对平板屈曲的分析一致，Rucker 认为实验与增量理论的差别主要来自初始缺陷。

周承倜在分析柱壳受外压下的塑性屈曲时，也将基本状态之上的扰动所引起的应力增量与应变增量写成式(6.38)的形式，其中 L_{ijkl} 依赖于基本状态的应力，因而是一个各向异性的张量。他将塑性问题转化为一系列各向异性的弹性问题处理，采用试算法进行重复计算，直至求出临界载荷。

对于有初始缺陷的壳体，困难是要用非线性大挠度理论求解屈曲前的状态，需要同时考虑几何非线性和材料非线性的相互作用，以及它们对过屈曲平衡路径的各种影响。

Bushnell 综述了各种壳体的塑性屈曲问题，认为近年来预测塑性屈曲破坏的进展可分为四个方面，其中三个方面主要是关于结构的模型化，一个方面是关于材料性质的描述。前三个方面可简述如下。

(1)Hutchinson 引用了 Hill 关于大变形的塑性分岔点理论和 Koiter 的弹性过屈曲分析，提出了弹塑性分岔和渐近过屈曲分析的理论，并成功应用到简单的板、壳和曲板等结构。Hill 还证明了在应力超过比例极限后，平衡路径发生分岔时，板、壳和曲板等结构初始过屈曲路径必然要求载荷增长，即其斜率是正的，因而需要决定过分岔路径直至达到一个最大载荷。在渐近分析中，前屈曲的状态常常是静定的，完善结构的过屈曲路径 CD (图 6.8)及有缺陷壳体的极值点 E 的求解，是通过把分岔模态的幅度作为小参数用幂级数展开来获得的，所得的

解在分岔点 C 是渐近精确的。这些分析对理解塑性屈曲过程的物理实质，以及结构和载荷的缺陷对屈曲的影响都是大有裨益的。

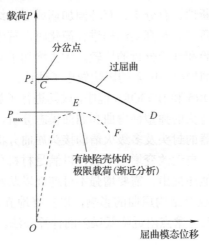

图 6.8　完善结构的过屈曲路径

(2) 发展了一般性计算结构静、动态行为的非线性程序，包括大变形、大应变和非线性材料的效应。引用了 20 世纪 50 年代后建立起来的连续介质力学原理和有限元方法，采用了各种塑性力学模型，求解了结构的大变形和非线性本构关系，其目的是给工程师和设计者提供有效的分析方法和计算程序。在多数一般非线性处理中，并不区别前屈曲和后屈曲的区域，而引入一些微小的初始缺陷，使得可能的分岔点转化为极值点的失稳，所求的是最大载荷。使用这种计算程序的人需要对问题的物理实质有较深刻的理解。因为分岔点和最大载荷常常是以刚度矩阵行列式的变号表现出来的，从而造成一些数值计算上的陷阱。如图 6.9 所示，在一般非线性分析中，主要是做一个前屈曲分析，求 OC 或 OA，或沿基本路径 OEF 确定各相应的平衡状态。

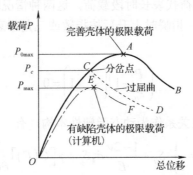

图 6.9　完善壳体和有缺陷壳体的载荷-总位移

(3) 发展了为计算轴对称结构的非线性轴对称破坏及非轴对称分岔屈曲的专门计算程序。这是处于以上两种途径之间的一种做法，主要应用于一些特殊结构，能够有效区分前屈曲平衡和分岔屈曲平衡。有缺陷的极限载荷方法途径是将连续体离散化和直接解非线性屈曲的平衡问题，其着重点在于计算前屈曲基本路径 OC 或 OA 和确定分岔点 C 及与之对应的屈曲模态，如图 6.9 所示。求平衡路径最大点 A 或分岔点 C 等只需不长的计算时间，因为只需沿母线方向进行一维的离散化，在前屈曲分析中位移是轴对称的，而在分岔屈曲分析中则沿环向可用调和函数展开。对有间断性、有分支、有环向加筋或层状结构等的复杂壳体计算时，便于进行各种参数变化效应的研究。对真实结构进行简化时，首先是忽略那些破坏对称性的单元，在这种情况下所做的实验和理论分析的比较，大大增加了对塑性屈曲过程的理解，对于初始缺陷、应变强化、非比例加载等因素的影响做出了估计。

  Bushnell 通过使用 BOSOR5 和 BOSOR6 程序，成功进行了加筋和不加筋柱壳受轴压或外压塑性屈曲模态分析，管和弯头的弹塑性弯曲和屈曲模态分析，复杂形状的轴对称壳体受外压的塑性屈曲分析，高压容器的封头及多级火箭的接头屈曲分析等。他还提出壳体塑性屈曲分析需要开发自动适应方法，自动改变增量步长，以满足材料(金属和复合材料)在多向应力状态下的非线性计算需求。他还提出，需要增强不可逆性以及对时间依赖性的了解，了解冷热加工、焊接等工艺流程对组合结构屈曲的影响，以更好地弄清楚初始缺陷对屈曲的效应；需要寻找在平衡路径极值点及分岔点附近降低误差的计算办法。

6.2.4 壳体的动态塑性稳定性分析

  在这里，动态稳定性主要是指结构受突然加载而引起的稳定性问题。在动载荷作用下，结构内原有缺陷或初始扰动引起各点位移随时间增长，在给定的时间范围内，若位移达到最大的允许值，则载荷达到了临界值。在这一类问题中，除寻求最大临界载荷和相应的变形模态外，还常寻求结构能够吸收的最大能量。它除有静态分析中的一些困难和应力波的作用外，在处理上主要还遇到两个困难。

  (1)动载荷的描述，冲击载荷的具体函数 $P(t)$ 不好确定，一般考虑两个极端情况：一是给结构施加一个瞬时冲量，相当于在无限短时间内给一个无限大的载荷，通常以给定初速度来表示；二是输入阶梯响应载荷，实际的脉冲载荷可看成处于瞬时冲量和阶梯响应之间。在结构的塑性动力响应问题中，这两种极端情况还较易于分析，Abrahamson 等以瞬时冲量代表短时段载荷，以单位阶梯响应载荷代表长时段载荷，这两种情况较易于处理。对那些能用两个参数表示的脉冲(如矩形脉冲，指瞬时上升后按指数或三角形衰减的脉冲等)则可用一个 $P\text{-}I$ 关系表示临界载荷曲线：

$$\left(\frac{P}{P_0}-1\right)\left(\frac{I}{I_0}-1\right)=0 \tag{6.42}$$

  (2)采用 Perzyna 的黏塑性关系作为动态弹塑性本构，有

$$\dot{\varepsilon}_{ij}=\frac{1}{2\mu}S_{ij}+\frac{1-2\nu}{E}\dot{\sigma}_k\delta_{ij}+\gamma\left[G(F)\right]\frac{\partial f}{\partial\sigma_{ij}} \tag{6.43}$$

式中，等式右边前两项是弹性关系；等式右边第三项为应变率的非弹性部分，γ 为黏性流动参数；μ 为黏性系数；S_{ij} 为纯剪切屈服应力；δ_{ij} 为位移；f 为静态屈服函数。

$$F=\frac{f(\sigma_{ij},\varepsilon_{ij}^P)}{\sigma_y}-1$$

$F = 0$ 为初始(静态)屈服条件，如 $F = \sqrt{J_2}$，取

$$\left[G(F) \right] = \begin{cases} 0 & (F \leqslant 0) \\ G(F) & (F > 0) \end{cases}$$

作为式(6.43)的特殊情形，Cowper 和 Symonds 拟合的实验曲线给出：

$$\dot{\varepsilon} = D \left(\frac{\sigma}{\sigma_y} - 1 \right)^P \tag{6.44}$$

式中，对低碳钢 $D = 40.1 / s$，$P = 5$；对铝合金 $D = 6500 / s$，$P = 4$；对不锈钢 $D = 1000 / s$，$P = 10$。

　　由于动力作用下多向应力状态加载函数的自身变化十分复杂，到目前为止，还缺少其对应的公认解决方案。为简单起见，一般只是将静态屈服应力乘上一个动态因子，且常常按刚性-线性强化的模型来处理多向应力问题。对简单模型进行动态分析，德鲁克(Drucker)等做了大量的研究工作，如图 6.10 和图 6.11 所示模型的动态分析。

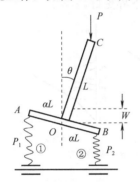
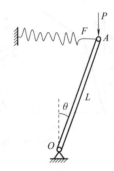

图 6.10　模型的动态分析(1)　　　　　　　　图 6.11　模型的动态分析(2)

　　考虑初始位移和速度扰动随时间的发展，若载荷大于弹性临界载荷，任何初始扰动下结构都将失稳。若载荷处于切线模量与弹性临界载荷之间，若初始扰动不太大，结构可以稳定，若初始扰动太大，结构仍将失稳，如图 6.12 所示，图中 $\bar{\theta}$ 为扰动作用下 θ 变化的最大值，θ_c 为扰动作用下杆处于稳定状态时的 θ 值。

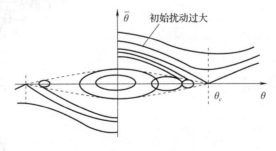

图 6.12　初始扰动对结构失稳的影响

　　后来 Budiansky 等先用图 6.13 所示的模型讨论了弹性动力屈曲问题，其中阻止横向变形的弹簧($F = KL(\xi - \alpha\xi^2)$ 或 $KL(\xi - \beta\xi^3)$)用来代表不同的几何非线性特性。他们认为这些模型的静力和动力分析结果可以代表柱壳在轴向受一个突加阶梯形压力的情况。

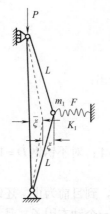

图 6.13　弹性动力屈曲模型

Danielson 1969 年对上述模型做了两点改进,讨论的也是弹性动力屈曲问题。一是增加了一个弹簧 K_0 和质量 m_0 以模拟前屈曲运动(图 6.14),说明了当

$$\omega_0^2 = \left(\frac{K_0}{m_0}\right) \gg \omega_1^2 = \left(\frac{K_1}{m_1}\right)$$

(即 m_1 的自振周期比 m_0 的要长)时,前屈曲的惯性可以忽略,就又回到前述模型。二是对求解的摄动方法,说明 Budiansky 等的解在 $0 \leqslant \frac{\omega_1}{\omega_0} < 1$ 时适用,而当 $\frac{\omega_1}{\omega_0} \geqslant \frac{1}{2}$ 时需要修正。将后一修正结果和扁球壳受阶梯外压力的实验比较,对于 $\frac{\omega_1}{\omega_0}$

为 0.983 及 0.988 的两种情形,计算结果是实验的较好下界,后来 Svalbonas 等 1977 年对此还做过一些改进,使下界更好。

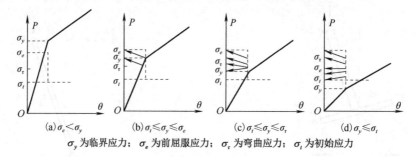

(a) $\sigma_e < \sigma_y$　　　(b) $\sigma_t \leqslant \sigma_y \leqslant \sigma_e$　　　(c) $\sigma_t \leqslant \sigma_y \leqslant \sigma_\tau$　　　(d) $\sigma_y \leqslant \sigma_t$

σ_y 为临界应力;σ_e 为前屈服应力;σ_τ 为弯曲应力;σ_t 为初始应力

图 6.14　前屈曲运动

Jones 等 1980 年为探讨材料非线性和初始几何缺陷两者同时对动力屈曲影响的问题。通过综合图 6.14 和图 6.15 的模型,对图 6.16 的模型做了理论分析。

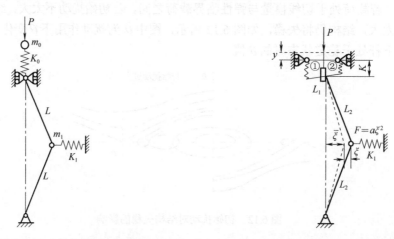

图 6.15　材料非线性对动力屈曲的影响模型　　　图 6.16　初始几何缺陷对动力屈曲的影响模型

静力分析和 Hutchinson 在文献中所进行的一样,动力分析是施加一个阶梯响应载荷(根据 Kao 等对扁球壳进行的分析认为这是它最严重的动力加载情况)。通过运动方程求解变形随时

间的变化，在 $m_0=0$ 的情形下可以得到解析解。动力弹性屈曲解一致性较好，它在弹簧②小于其屈服力 $(F_2 \leqslant K\Delta\xi)$ 时成立，即要求

$$\frac{P_0}{P} \leqslant \frac{4a\Delta\xi/3L_1 - 1}{2ar/3 - 1} \tag{6.45}$$

式中，P_0 为动屈曲载荷，$P_0 = KrL_1$；$r = \dfrac{L_1}{L_2}$；$a = \dfrac{L_2}{2Kr^2}$；$\Delta\xi$ 为屈服极限的位移；K 为两个纵向弹簧的刚度系数；a 是横向弹簧的刚度系数。若外载超出式(6.45)，在弹性变形结束 $(t=t_1)$后，弹簧②将先进入塑性，而弹簧①仍处于弹性状态，直到这个阶段结束 $(t=t_2)$。随后，两弹簧又均处于弹性状态，这时

$$\frac{4a\Delta\xi/3L_1 - 1}{2ar/3 - 1} \leqslant \frac{P_0}{P_e} \leqslant \frac{2\Delta\xi}{rL_1} \tag{6.46}$$

在这样的 P 的作用下，只有第一循环的上半段发生塑性变形，以后就围绕弹簧②做弹性振动。

更大的动力载荷将使弹簧①和②在 m_1 运动之前(完善结构的情形)均处于塑性阶段，不过一旦 m_1 开始运动，弹簧①将立即按弹性卸载，并随着变形的发展，将进入两弹簧均处于弹性变形的阶段。

初始缺陷 $\bar{\xi}$ 的影响比较复杂，如图 6.17 所示，当 $\bar{\xi}$ 小的时候，动屈曲载荷大于静屈曲载荷(ab 段高于 $\alpha\beta$ 段)，对球形拱的分析也有这种情况。

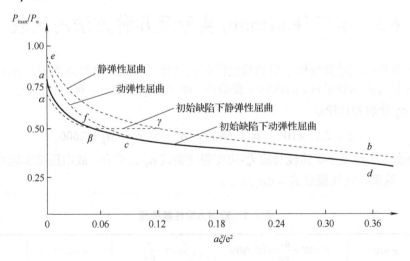

图 6.17　初始缺陷对静、动屈曲载荷的影响

对大一些的 $\bar{\xi}$ ($f\gamma$ 段及 be 段)，静态塑性屈曲载荷将大于动态塑性屈曲载荷。对更大的初始缺陷(c 点以后)，曲线呈现弹性屈曲特性。弹塑性和纯弹性的比较表明，前者对初始缺陷更敏感，相差因子 E/E_i。在 $m_0 \neq 0$ 的情形下，需要对每一个时间步长进行有限差分的计算，求变形随时间的变化。$\omega_1/\omega_0 = 0.316(<0.5)$ 的情形如图 6.18 所示，前半个振荡周期内发生塑性变形，然后是弹性振动，其形态是在横向主振型之上叠加一个高频的小振动。

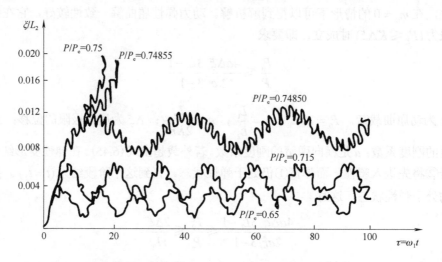

图 6.18　变形随时间的变化（$\omega_1/\omega_0 = 0.316(<0.5)$）

随着 P 的增大，主振型周期加长，直到 $P/P_e = 0.74855$ 时出现屈曲，变形无界地发展。在 $\omega_1/\omega_0 = 0.75(>0.5)$ 的情形下，横向主振型的周期要长得多，要确定什么时候算动力屈曲（选定的限度）需要计算很长时间。这时应用塑形动屈曲的定义，一般是规定一个时间 τ（如时间值 $\tau = 100$）和变形限度（如初始缺陷放大 100 倍），以该时刻变形是否达到此限度作为判断当量载荷是否为临界载荷的标准。

6.3　卡门（Karman）实验及几种方法的比较

Karman 对杆在超过弹性极限后的稳定性公式进行了实验。材料是软钢，σ-ε（实际应力-应变）曲线有显著的屈服平台。曲线的主要数据，即 Young 模量 E、极限强度 σ_b、屈服极限 σ_s 和比例极限 σ_p 分别为（MPa）

$$E = 2.17 \times 10^6, \quad \sigma_b = 6800, \quad \sigma_s = 6800, \quad \sigma_p = 2600$$

因为实际应力-应变 σ-ε 曲线与应力-应变强度曲线 σ_i-ε_i 重合，故由压缩实验可得到表 6.1 所示的数据，这里，切线模量 $E_i = \mathrm{d}\sigma_i/\mathrm{d}\varepsilon_i$。

表 6.1　软钢力学性能数据

σ_i /MPa	$\varepsilon_i \times 10^3$	$E_i \times 10^6 = \dfrac{\mathrm{d}\sigma_i}{\mathrm{d}\varepsilon_i} \times 10^6$ /MPa	$\omega = 1 - \dfrac{\sigma_i}{E\varepsilon_i}$	$\alpha = E_i/E$	ψ
2600	1.20	2.17	0.000	1.000	0.000
2800	1.31	1.98	0.014	0.940	0.007
3000	1.43	1.54	0.034	0.825	0.017
3100	1.51	1.12	0.054	0.685	0.026
3240	1.92	0.06	0.212	0.081	0.149

续表

σ_i /MPa	$\varepsilon_i \times 10^3$	$E_i \times 10^6 = \dfrac{\mathrm{d}\sigma_i}{\mathrm{d}\varepsilon_i} \times 10^6$ /MPa	$\omega = 1 - \dfrac{\sigma_i}{E\varepsilon_i}$	$\alpha = E_i/E$	ψ
3250	2.1～2.7	0.00	0.285～0.445	0.000	0.285～0.445
3260	2.9	0.042	0.482	0.056	0.360
3300	3.3	0.117	0.540	0.141	0.369
3500	4.7	0.140	0.657	0.163	0.456
4000	8.8	0.115	0.790	0.139	0.605

在前面的所有例子中，在长细比的数值为 $i_n = \dfrac{3l}{h}$ 所得到的临界值中，如果令 $\omega = \psi = 0$，$\alpha = 1$，则所得结果与弹性稳定理论所得结果完全相同。下面以 i_n 表示本章近似方法所得长细比的临界值，i_n' 表示弹性稳定理论所得结果，以 αE 代替 E，得到塑性长细比的近似临界值；i_n'' 表示弹性稳定长细比的临界值。

(1) 杆和窄板条：

$$i_1 = i_1' = \pi \sqrt{\frac{\alpha E}{\sigma_i}} , \quad i_1'' = \pi \sqrt{\frac{E}{\sigma_i}} \tag{6.47}$$

(2) 简支端受压的矩形板，特征尺寸 $l = b$，$\sigma_i = -\sigma_x$，$\sigma_x = \tau_{xy} = 0$，则

$$i_2 = \pi \sqrt{\frac{E(1-\psi+3\alpha)}{4\sigma_i}} , \quad i_2' = \pi \sqrt{\frac{\alpha E}{\sigma_i}} , \quad i_2'' = \pi \sqrt{\frac{E}{\sigma_i}} \tag{6.48}$$

(3) 周边固支圆板，特征尺寸为 $l = 2\pi R$，$\sigma_i = \sigma_x = \sigma_y$，则

$$i_3 = 3.84 \sqrt{\frac{E(1-\psi+3\alpha)}{4\sigma_i}} , \quad i_3' = 3.84 \sqrt{\frac{\alpha E}{\sigma_i}} , \quad i_3'' = 3.84 \sqrt{\frac{E}{\sigma_i}} \tag{6.49}$$

(4) 四边简支的长矩形板，在纵长方向受压，特征尺寸 $l = b$，$-\sigma_i = \sigma_x$，$\sigma_y = \tau_{xy} = 0$，则

$$i_4 = \pi \sqrt{\frac{2E(1-\psi)}{\sigma_i}\left[1 + \sqrt{\frac{1-\psi+3\alpha}{4(1-\psi)}}\right]} , \quad i_4' = \pi \sqrt{\frac{4\sqrt{\alpha}E}{\sigma_i}} , \quad i_4'' = \pi \sqrt{\frac{4E}{\sigma_i}} \tag{6.50}$$

(5) 一个方向受压的四边简支正方形板，特征尺寸 $l = a = b$，$\sigma_i = -\sigma_x$，$\sigma_y = \tau_{xy} = 0$，则

$$i_5 = \pi \sqrt{\frac{E}{4\sigma_i}[13(1-\psi)+3\alpha]} , \quad i_5' = \pi \sqrt{\frac{12\alpha E}{\sigma_i}} , \quad i_5'' = \pi \sqrt{\frac{12E}{\sigma_i}} \tag{6.51}$$

(6) 受侧压力无轴向力的壳，特征尺寸 $l = 2\pi R$，$-\sigma_i = \sigma_y = -P\dfrac{R}{h}$，$\sigma_x = \tau_{xy} = 0$，则

$$i_6 = \pi \sqrt{\frac{3E}{\sigma_i}(1-\psi+3\alpha)} , \quad i_6' = \pi \sqrt{\frac{12\alpha E}{\sigma_i}} , \quad i_6'' = \pi \sqrt{\frac{12E}{\sigma_i}} \tag{6.52}$$

(7) 壳受轴向力和侧压力作用产生纵向失稳，特征尺寸 $l = R$，$-\dfrac{2}{\sqrt{3}}\sigma_i = 2\sigma_y = \sigma_x$，则

$$i_7 = \frac{E}{\sigma_i}\sqrt{3\alpha\left(1-\omega+\frac{\omega\sqrt{\alpha}}{2}\right)} , \quad i_7' = \frac{E}{\sigma_i}\sqrt{3\alpha} , \quad i_7'' = \frac{E}{\sigma_i}\sqrt{3} \tag{6.53}$$

对于软钢，以上所有 i_n' 与 i_n'' 值 $(n=1,2,3,4,5,6,7)$ 都可以由表 6.1 所列的数据计算出来。计算结果列于表 6.2，对于每一个应力值 σ_i，都有三个长细比值，从上至下其顺序是 i_n、i_n' 和 i_n''。

表 6.2　临界长细比

σ_i/MPa	i_1	i_2	i_3	i_4	i_5	i_6	i_7
	90.76	90.76	110.94	181.52	181.52	314.40	1445.60
2600	90.76	90.76	110.94	181.52	314.40	314.40	1445.60
	90.76	90.76	110.94	181.52	314.40	314.40	1445.60
	84.8	85.39	104.37	173.42	173.43	295.80	1296.74
2800	84.8	84.80	103.64	172.23	293.74	293.74	1301.45
	87.46	87.46	106.90	174.92	302.96	302.96	1342.34
	76.74	78.56	96.02	164.91	165.00	272.14	1127.3
3000	76.74	76.74	93.80	161.05	265.85	266.0	1138.0
	84.50	84.50	103.28	169.00	292.69	292.69	1252.8
	68.80	72.33	88.40	159.14	159.43	250.56	987.46
3100	68.80	68.80	84.20	151.24	238.37	238.31	1003.47
	83.20	83.20	101.50	166.23	287.93	287.93	1212.44
	13.50	39.20	47.96	130.91	135.71	135.95	171.07
3240	13.00	23.00	16.33	65.91	46.28	46.28	190.615
	81.50	81.30	99.37	163.01	281.64	281.64	1160
	0	30~34	41.5~36.6	118~145	119~123	104~118	0
3250	0.00	0.00	0.00	0.00	0.00	123.00	0.00
	81.30	81.30	99.40	162.60	281.21	0.00	1156.00
	19.30	36.50	44.52	114.60	118.07	126.19	206.00
3260	19.30	19.30	23.44	78.86	66.44	66.44	272.00
	81.10	81.10	99.07	162.07	280.77	280.78	1152.00
	30.30	41.60	50.50	116.50	118.30	143.25	320.00
3300	30.30	30.30	37.00	98.73	104.50	104.79	427.68
	80.50	80.50	98.47	161.23	279.07	279.00	1139.00
	31.60	39.70	48.50	106.00	107.55	137.78	299.00
3500	31.60	31.60	38.60	99.41	109.40	109.40	433.55
	78.30	78.30	95.50	156.60	270.98	271.00	1073.00
	27.30	33.00	40.20	85.50	86.20	114.27	209.48
4000	27.30	27.30	33.40	89.36	94.50	94.50	350.30
	73.20	73.20	89.44	146.40	253.48	254.00	939.64

　　由表 6.2 可以看到，i_n' 一般比本章的近似值 i_n 小一些，i_n'' 一般比 i_n 要大。在屈服平台上，i_n' 除了 i_2' 外都等于零，而 i_n 则一般不等于零，这说明筒在屈服平台上也一般不会完全丧失刚度。由表 6.2 可以得出结论，对于用弹性稳定理论求得的临界值，只要用 αE 即用折算弹性模量 E_τ 代替 E，就可以求得塑性变形的临界值，对于小的塑性变形，误差不大，大多是偏于安全的。

参 考 文 献

陈铁云，沈惠申，1993. 结构的屈曲[M]. 上海：上海科学技术文献出版社.

崔德刚，1996. 结构稳定性设计手册[M]. 北京：航空工业出版社.

戴宏亮，2016. 弹塑性力学[M]. 长沙：湖南大学出版社.

傅衣铭，1997. 结构非线性动力学分析[M]. 广州：暨南大学出版社.

傅衣铭，熊慧而，2003. 固体力学基础[M]. 北京：中国科学文化出版社.

傅衣铭，罗松南，熊慧而，1996. 弹塑性理论[M]. 长沙：湖南大学出版社.

FIHDGEINGOLTS G M，1957. 微积分学教程[M]. 吴亲仁，路见可，译. 北京：人民教育出版社.

韩强，2000. 弹塑性系统的动力屈曲和分叉[M]. 北京：科学出版社.

梁炳文，胡世光，1983. 弹塑性稳定理论[M]. 北京：国防工业出版社.

钱伟长，1988. 非线性力学的新发展：稳定性、分叉、突变、浑沌[M]. 武汉：华中理工大学出版社.

武际可，苏先樾，1994. 弹性系统的稳定性[M]. 北京：科学出版社.

徐荣阜，1987. 高压设备[M]. 北京：化学工业出版社.

徐芝纶，1982. 弹性力学（上、下册）[M]. 北京：人民教育出版社.

杨峻，2007. 力学系统的稳定性及其应用[D]. 天津：南开大学.

杨耀乾，1980. 平板理论[M]. 北京：中国铁道出版社.

杨耀乾，1981. 薄壳理论[M]. 北京：中国铁道出版社.

禹奇才，2003. 弹性力学中的若干问题[M]. 广州：广东科技出版社.

周承倜，1979. 薄壳弹塑性稳定性理论[M]. 北京：国防工业出版社.

周绪红，2010. 结构稳定理论[M]. 北京：高等教育出版社.

ALMROTH B O，1975. Buckling of bass, plates, and shells[M]. New York: McGraw Hill.

HILLIER M J，1963. Tensile plastic instability under complex stress[J]. International journal of mechanical sciences, 5(1): 57-67.

MARCINIAK Z, KUCZYŃSKI K, POKORA T，1973. Influence of the plastic properties of a material on the forming limit diagram for sheet metal in tension[J]. International journal of mechanical sciences, 15(10): 789-800.

MELLOR P B，1962. Tensile instability in thin-walled tube[J]. Archive journal of mechanical engineering science, 4(3): 251-256.

NEGRONI F, KOBAYASHI S, THOMSEN E G，1968. Plastic instability in simple stretching of sheet metals[J]. Journal of engineering for industry, 90(2): 387-392.

YAMADA Y, AOKI I，1966. On the tensile plastic instability in axi-symmetric deformation of sheet metals[J]. International journal of mechanical sciences, 8(11): 665-682.

附录 弹塑性失稳系数

附录1 Leiy-Mises 理论的弹塑性失稳系数

$$a_{11} = \frac{1}{E} + h(J_2)s_x^2 = \frac{1}{E} + \frac{1}{4\sigma_i^2}\left(\frac{1}{E_t^0} - \frac{1}{E}\right)\left(2\sigma_x - \sigma_y - \sigma_z\right)^2$$

$$a_{12} = -\frac{\nu}{E} + h(J_2)s_xs_y = -\frac{\nu}{E} + \frac{1}{4\sigma_i^2}\left(\frac{1}{E_t^0} - \frac{1}{E}\right)\left(2\sigma_x - \sigma_y - \sigma_z\right)\left(2\sigma_y - \sigma_x - \sigma_z\right)$$

$$a_{13} = -\frac{\nu}{E} + h(J_2)s_xs_z = -\frac{\nu}{E} + \frac{1}{4\sigma_i^2}\left(\frac{1}{E_t^0} - \frac{1}{E}\right)\left(2\sigma_x - \sigma_y - \sigma_z\right)\left(2\sigma_z - \sigma_x - \sigma_y\right)$$

$$a_{14} = 2h(J_2)\tau_{yz}s_x = \frac{3}{2}\frac{1}{\sigma_i^2}\left(\frac{1}{E_t^0} - \frac{1}{E}\right)\tau_{yz}\left(2\sigma_x - \sigma_y - \sigma_z\right)$$

$$a_{15} = 2h(J_2)\tau_{zx}s_x = \frac{3}{2}\frac{1}{\sigma_i^2}\left(\frac{1}{E_t^0} - \frac{1}{E}\right)\tau_{xz}\left(2\sigma_x - \sigma_y - \sigma_z\right)$$

$$a_{16} = 2h(J_2)\tau_{xy}s_x = \frac{3}{2}\frac{1}{\sigma_i^2}\left(\frac{1}{E_t^0} - \frac{1}{E}\right)\tau_{yx}\left(2\sigma_x - \sigma_y - \sigma_z\right)$$

$$a_{21} = a_{12}$$

$$a_{22} = \frac{1}{E} + h(J_2)s_y^2 = \frac{1}{E} + \frac{1}{4\sigma_i^2}\left(\frac{1}{E_t^0} - \frac{1}{E}\right)\left(2\sigma_y - \sigma_x - \sigma_z\right)^2$$

$$a_{23} = -\frac{\nu}{E} + h(J_2)s_xs_y = -\frac{\nu}{E} + \frac{1}{4\sigma_i^2}\left(\frac{1}{E_t^0} - \frac{1}{E}\right)\left(2\sigma_y - \sigma_x - \sigma_z\right)\left(2\sigma_z - \sigma_x - \sigma_y\right)$$

$$a_{24} = 2h(J_2)\tau_{yz}s_y = \frac{3}{2}\frac{1}{\sigma_i^2}\left(\frac{1}{E_t^0} - \frac{1}{E}\right)\tau_{yz}\left(2\sigma_y - \sigma_x - \sigma_z\right)$$

$$a_{25} = 2h(J_2)\tau_{zx}s_y = \frac{3}{2}\frac{1}{\sigma_i^2}\left(\frac{1}{E_t^0} - \frac{1}{E}\right)\tau_{zx}\left(2\sigma_y - \sigma_x - \sigma_z\right)$$

$$a_{26} = 2h(J_2)\tau_{xy}s_y = \frac{3}{2}\frac{1}{\sigma_i^2}\left(\frac{1}{E_t^0} - \frac{1}{E}\right)\tau_{xy}\left(2\sigma_y - \sigma_x - \sigma_z\right)$$

$$a_{31} = a_{13}$$

$$a_{32} = a_{23}$$

$$a_{33} = \frac{1}{E} + h(J_2)s_z^2 = \frac{1}{E} + \frac{1}{4\sigma_i^2}\left(\frac{1}{E_t^0} - \frac{1}{E}\right)\left(2\sigma_z - \sigma_x - \sigma_y\right)^2$$

$$a_{34} = 2h(J_2)\tau_{yz}s_z = \frac{3}{2}\frac{1}{\sigma_i^2}\left(\frac{1}{E_t^0} - \frac{1}{E}\right)\tau_{yz}\left(2\sigma_z - \sigma_x - \sigma_y\right)$$

$$a_{35} = 2h(J_2)\tau_{zx}s_z = \frac{3}{2}\frac{1}{\sigma_i^2}\left(\frac{1}{E_t^0} - \frac{1}{E}\right)\tau_{zx}(2\sigma_z - \sigma_x - \sigma_y)$$

$$a_{36} = 2h(J_2)\tau_{xy}s_z = \frac{3}{2}\frac{1}{\sigma_i^2}\left(\frac{1}{E_t^0} - \frac{1}{E}\right)\tau_{xy}(2\sigma_z - \sigma_x - \sigma_y)$$

$$a_{41} = a_{14}$$

$$a_{42} = a_{24}$$

$$a_{43} = a_{34}$$

$$a_{44} = \frac{2(1+\nu)}{E} + 4h(J_2)\tau_{yz}^2 = \frac{2(1+\nu)}{E} + \frac{9}{\sigma_i^2}\left(\frac{1}{E_t^0} - \frac{1}{E}\right)\tau_{yz}^2$$

$$a_{45} = 4h(J_2)\tau_{yz}\tau_{zx} = \frac{9}{\sigma_i^2}\left(\frac{1}{E_t^0} - \frac{1}{E}\right)\tau_{yz}\tau_{zx}$$

$$a_{46} = 4h(J_2)\tau_{yz}\tau_{xy} = \frac{9}{\sigma_i^2}\left(\frac{1}{E_t^0} - \frac{1}{E}\right)\tau_{yz}\tau_{xy}$$

$$a_{51} = a_{15}, a_{52} = a_{25}, a_{53} = a_{35}, a_{54} = a_{45}$$

$$a_{55} = \frac{2(1+\nu)}{E} + 4h(J_2)\tau_{zx}^2 = \frac{2(1+\nu)}{E} + \frac{9}{\sigma_i^2}\left(\frac{1}{E_t^0} - \frac{1}{E}\right)\tau_{zx}^2$$

$$a_{56} = 4h(J_2)\tau_{zx}\tau_{xy} = \frac{9}{\sigma_i^2}\left(\frac{1}{E_t^0} - \frac{1}{E}\right)\tau_{zx}\tau_{xy}$$

$$a_{61} = a_{16}, a_{62} = a_{26}, a_{63} = a_{36}, a_{64} = a_{46}, a_{65} = a_{56}$$

$$a_{66} = \frac{2(1+\nu)}{E} + 4h(J_2)\tau_{xy}^2 = \frac{2(1+\nu)}{E} + \frac{9}{\sigma_i^2}\left(\frac{1}{E_t^0} - \frac{1}{E}\right)\tau_{xy}^2$$

附录2　Hencky-Nadai 理论的弹塑性失稳系数

$$a_{11} = \frac{\partial\varepsilon_x}{\partial\sigma_x} = \frac{9}{4\sigma_i^2}\left(\frac{1}{E_t} - \frac{1}{E_s}\right)s_x^2 + \frac{1}{E_s^0} = \frac{1}{4\sigma_i^2}\left(\frac{1}{E_t} - \frac{1}{E_s}\right)(2\sigma_x - \sigma_y - \sigma_z)^2 + \frac{1}{E_s^0}$$

$$a_{12} = \frac{\partial\varepsilon_x}{\partial\sigma_y} = -\frac{\nu}{E} + \frac{1}{4\sigma_i^2}\left(\frac{1}{E_t} - \frac{1}{E_s}\right)(2\sigma_x - \sigma_y - \sigma_z)(2\sigma_y - \sigma_x - \sigma_z) - \frac{1}{2}\left(\frac{1}{E_s^0} - \frac{1}{E}\right)$$

$$a_{13} = \frac{\partial\varepsilon_x}{\partial\sigma_z} = -\frac{\nu}{E} + \frac{1}{4\sigma_i^2}\left(\frac{1}{E_t} - \frac{1}{E_s}\right)(2\sigma_x - \sigma_y - \sigma_z)(2\sigma_z - \sigma_x - \sigma_y) - \frac{1}{2}\left(\frac{1}{E_s^0} - \frac{1}{E}\right)$$

$$a_{14} = \frac{\partial\varepsilon_x}{\partial\tau_{yz}} = \frac{3}{2\sigma_i^2}\left(\frac{1}{E_t} - \frac{1}{E_s}\right)(2\sigma_x - \sigma_y - \sigma_z)\tau_{yz}$$

$$a_{15} = \frac{\partial\varepsilon_x}{\partial\tau_{zx}} = \frac{3}{2\sigma_i^2}\left(\frac{1}{E_t} - \frac{1}{E_s}\right)(2\sigma_x - \sigma_y - \sigma_z)\tau_{zx}$$

$$a_{16} = \frac{\partial \varepsilon_x}{\partial \tau_{xy}} = \frac{3}{2\sigma_i^2} \left(\frac{1}{E_t} - \frac{1}{E_s} \right) (2\sigma_x - \sigma_y - \sigma_z) \tau_{xy}$$

$$a_{21} = a_{12}$$

$$a_{22} = \frac{\partial \varepsilon_y}{\partial \sigma_y} = \frac{1}{4\sigma_i^2} \left(\frac{1}{E_t} - \frac{1}{E_s} \right) (2\sigma_y - \sigma_x - \sigma_z)^2 + \frac{1}{E_s^0}$$

$$a_{23} = \frac{\partial \varepsilon_y}{\partial \sigma_z} = -\frac{\nu}{E} + \frac{1}{4\sigma_i^2} \left(\frac{1}{E_t} - \frac{1}{E_s} \right) (2\sigma_y - \sigma_x - \sigma_z)(2\sigma_z - \sigma_x - \sigma_y) - \frac{1}{2} \left(\frac{1}{E_s^0} - \frac{1}{E} \right)$$

$$a_{24} = \frac{\partial \varepsilon_y}{\partial \tau_{yz}} = \frac{3}{2\sigma_i^2} \left(\frac{1}{E_t} - \frac{1}{E_s} \right) (2\sigma_y - \sigma_x - \sigma_z) \tau_{yz}$$

$$a_{25} = \frac{\partial \varepsilon_y}{\partial \tau_{zx}} = \frac{3}{2\sigma_i^2} \left(\frac{1}{E_t} - \frac{1}{E_s} \right) (2\sigma_y - \sigma_x - \sigma_z) \tau_{zx}$$

$$a_{26} = \frac{\partial \varepsilon_y}{\partial \tau_{xy}} = \frac{3}{2\sigma_i^2} \left(\frac{1}{E_t} - \frac{1}{E_s} \right) (2\sigma_y - \sigma_x - \sigma_z) \tau_{xy}$$

$$a_{31} = a_{13}$$

$$a_{32} = a_{23}$$

$$a_{33} = \frac{\partial \varepsilon_z}{\partial \sigma_y} = \frac{1}{4\sigma_i^2} \left(\frac{1}{E_t} - \frac{1}{E_s} \right) (2\sigma_z - \sigma_x - \sigma_y)^2 + \frac{1}{E_s^0}$$

$$a_{34} = \frac{\partial \varepsilon_z}{\partial \tau_{yz}} = \frac{3}{2\sigma_i^2} \left(\frac{1}{E_t} - \frac{1}{E_s} \right) (2\sigma_z - \sigma_x - \sigma_y) \tau_{yz}$$

$$a_{35} = \frac{\partial \varepsilon_z}{\partial \tau_{zx}} = \frac{3}{2\sigma_i^2} \left(\frac{1}{E_t} - \frac{1}{E_s} \right) (2\sigma_z - \sigma_x - \sigma_y) \tau_{zx}$$

$$a_{36} = \frac{\partial \varepsilon_z}{\partial \tau_{xy}} = \frac{3}{2\sigma_i^2} \left(\frac{1}{E_t} - \frac{1}{E_s} \right) (2\sigma_z - \sigma_x - \sigma_y) \tau_{xy}$$

$$a_{41} = a_{14}$$

$$a_{42} = a_{24}$$

$$a_{43} = a_{34}$$

$$a_{44} = \frac{\partial \gamma_{yz}}{\partial \tau_{yz}} = \frac{2(1+\nu)}{E} + \frac{9}{\sigma_i^2} \left(\frac{1}{E_t} - \frac{1}{E_s} \right) \tau_{yz}^2 + 3 \left(\frac{1}{E_s^0} - \frac{1}{E} \right)$$

$$a_{45} = \frac{\partial \gamma_{yz}}{\partial \tau_{zx}} = \frac{9}{\sigma_i^2} \left(\frac{1}{E_t} - \frac{1}{E_s} \right) \tau_{yz} \tau_{zx}$$

$$a_{46} = \frac{\partial \gamma_{yz}}{\partial \tau_{xy}} = \frac{9}{\sigma_i^2} \left(\frac{1}{E_t} - \frac{1}{E_s} \right) \tau_{yz} \tau_{xy}$$

$$a_{51} = a_{15}, a_{52} = a_{25}, a_{53} = a_{35}, a_{54} = a_{45}$$

$$a_{55} = \frac{\partial \gamma_{zx}}{\partial \tau_{zx}} = \frac{2(1+\nu)}{E} + \frac{9}{\sigma_i^2} \left(\frac{1}{E_t} - \frac{1}{E_s} \right) \tau_{zx}^2 + 3 \left(\frac{1}{E_s^0} - \frac{1}{E} \right)$$

$$a_{56} = \frac{\partial \gamma_{zx}}{\partial \tau_{xy}} = \frac{9}{\sigma_i^2}\left(\frac{1}{E_t} - \frac{1}{E_s}\right)\tau_{zx}\tau_{xy}$$

$$a_{61} = a_{16}, a_{62} = a_{26}, a_{63} = a_{36}, a_{64} = a_{46}, a_{65} = a_{56}$$

$$a_{66} = \frac{\partial \gamma_{xy}}{\partial \tau_{xy}} = \frac{2(1+\nu)}{E} + \frac{9}{\sigma_i^2}\left(\frac{1}{E_t} - \frac{1}{E_s}\right)\tau_{xy}^2 + 3\left(\frac{1}{E_s^0} - \frac{1}{E}\right)$$

附录3　各向异性结构的弹塑性失稳系数

$$a_{11} = \frac{1}{E_1} + \frac{1}{2(G+H)f}\left(\frac{1}{E_{t1}^0} - \frac{1}{E_1}\right)\left[H(\sigma_x - \sigma_y) + G(\sigma_x - \sigma_z)\right]^2$$

$$a_{12} = -\frac{\nu_1}{E_1} + \frac{1}{2(G+H)f}\left(\frac{1}{E_{t1}^0} - \frac{1}{E_1}\right)\left[H(\sigma_x - \sigma_y) + G(\sigma_x - \sigma_z)\right]\left[H(\sigma_y - \sigma_x) + F(\sigma_y - \sigma_z)\right]$$

$$a_{13} = -\frac{\nu_1}{E_1} + \frac{1}{2(G+H)f}\left(\frac{1}{E_{t1}^0} - \frac{1}{E_1}\right)\left[H(\sigma_x - \sigma_y) + G(\sigma_x - \sigma_z)\right]\left[G(\sigma_z - \sigma_x) + F(\sigma_z - \sigma_y)\right]$$

$$a_{14} = \frac{L}{(G+H)f}\left(\frac{1}{E_{t1}^0} - \frac{1}{E_1}\right)\left[H(\sigma_x - \sigma_y) + G(\sigma_x - \sigma_z)\right]\tau_{yz}$$

$$a_{15} = \frac{M}{(G+H)f}\left(\frac{1}{E_{t1}^0} - \frac{1}{E_1}\right)\left[H(\sigma_x - \sigma_y) + G(\sigma_x - \sigma_z)\right]\tau_{zx}$$

$$a_{16} = \frac{N}{(G+H)f}\left(\frac{1}{E_{t1}^0} - \frac{1}{E_1}\right)\left[H(\sigma_x - \sigma_y) + G(\sigma_x - \sigma_z)\right]\tau_{xy}$$

$$a_{21} = -\frac{\nu_2}{E_2} + \frac{1}{2(G+H)f}\left(\frac{1}{E_{t2}^0} - \frac{1}{E_2}\right)\left[H(\sigma_y - \sigma_z) + F(\sigma_y - \sigma_x)\right]\left[H(\sigma_x - \sigma_y) + G(\sigma_x - \sigma_z)\right]$$

$$a_{22} = \frac{1}{E_2} + \frac{1}{2(G+H)f}\left(\frac{1}{E_{t2}^0} - \frac{1}{E_2}\right)\left[F(\sigma_y - \sigma_x) + H(\sigma_y - \sigma_z)\right]^2$$

$$a_{23} = -\frac{\nu_2}{E_2} + \frac{1}{2(G+H)f}\left(\frac{1}{E_{t2}^0} - \frac{1}{E_2}\right)\left[H(\sigma_y - \sigma_x) + F(\sigma_y - \sigma_z)\right]\left[G(\sigma_z - \sigma_x) + F(\sigma_z - \sigma_y)\right]$$

$$a_{24} = \frac{L}{(G+H)f}\left(\frac{1}{E_{t2}^0} - \frac{1}{E_2}\right)\left[F(\sigma_y - \sigma_z) + H(\sigma_y - \sigma_x)\right]\tau_{yz}$$

$$a_{25} = \frac{M}{(G+H)f}\left(\frac{1}{E_{t2}^0} - \frac{1}{E_2}\right)\left[F(\sigma_y - \sigma_z) + H(\sigma_y - \sigma_x)\right]\tau_{zx}$$

$$a_{26} = \frac{N}{(G+H)f}\left(\frac{1}{E_{t2}^0} - \frac{1}{E_2}\right)\left[F(\sigma_y - \sigma_z) + H(\sigma_y - \sigma_x)\right]\tau_{xy}$$

$$a_{31} = -\frac{\nu_3}{E_3} + \frac{1}{2(G+H)f}\left(\frac{1}{E_{t3}^0} - \frac{1}{E_3}\right)\left[G(\sigma_z - \sigma_x) + F(\sigma_z - \sigma_y)\right]\left[H(\sigma_x - \sigma_y) + G(\sigma_x - \sigma_z)\right]$$

$$a_{32} = -\frac{v_3}{E_3} + \frac{1}{2(G+H)f}\left(\frac{1}{E_{t3}^0} - \frac{1}{E_3}\right)\left[G(\sigma_z - \sigma_x) + F(\sigma_z - \sigma_y)\right]\left[F(\sigma_y - \sigma_z) + H(\sigma_y - \sigma_x)\right]$$

$$a_{33} = \frac{1}{E_3} + \frac{1}{2(G+H)f}\left(\frac{1}{E_{t3}^0} - \frac{1}{E_3}\right)\left[G(\sigma_z - \sigma_x) + F(\sigma_z - \sigma_y)\right]^2$$

$$a_{34} = \frac{L}{(G+H)f}\left(\frac{1}{E_{t3}^0} - \frac{1}{E_3}\right)\left[G(\sigma_z - \sigma_x) + F(\sigma_z - \sigma_y)\right]\tau_{yz}$$

$$a_{35} = \frac{M}{(G+H)f}\left(\frac{1}{E_{t3}^0} - \frac{1}{E_3}\right)\left[G(\sigma_z - \sigma_x) + F(\sigma_z - \sigma_y)\right]\tau_{zx}$$

$$a_{36} = \frac{N}{(G+H)f}\left(\frac{1}{E_{t3}^0} - \frac{1}{E_3}\right)\left[G(\sigma_z - \sigma_x) + F(\sigma_z - \sigma_y)\right]\tau_{xy}$$

$$a_{41} = \frac{1}{2f}\left(\frac{1}{G_{23}^p} - \frac{1}{G_{23}}\right)\left[H(\sigma_x - \sigma_y) + G(\sigma_x - \sigma_z)\right]\tau_{yz}$$

$$a_{42} = \frac{1}{2f}\left(\frac{1}{G_{23}^p} - \frac{1}{G_{23}}\right)\left[F(\sigma_y - \sigma_z) + H(\sigma_y - \sigma_x)\right]\tau_{yz}$$

$$a_{43} = \frac{1}{2f}\left(\frac{1}{G_{23}^p} - \frac{1}{G_{23}}\right)\left[G(\sigma_z - \sigma_x) + F(\sigma_z - \sigma_y)\right]\tau_{yz}$$

$$a_{44} = \frac{1}{G_{23}} + \frac{L}{f}\left(\frac{1}{G_{23}^p} - \frac{1}{G_{23}}\right)\tau_{yz}^2$$

$$a_{45} = \frac{M}{f}\left(\frac{1}{G_{23}^p} - \frac{1}{G_{23}}\right)\tau_{yz}\tau_{zx}$$

$$a_{46} = \frac{N}{f}\left(\frac{1}{G_{23}^p} - \frac{1}{G_{23}}\right)\tau_{yz}\tau_{xy}$$

$$a_{51} = \frac{1}{2f}\left(\frac{1}{G_{31}^p} - \frac{1}{G_{31}}\right)\left[H(\sigma_x - \sigma_y) + G(\sigma_x - \sigma_z)\right]\tau_{zx}$$

$$a_{52} = \frac{1}{2f}\left(\frac{1}{G_{31}^p} - \frac{1}{G_{31}}\right)\left[F(\sigma_y - \sigma_z) + H(\sigma_y - \sigma_x)\right]\tau_{zx}$$

$$a_{53} = \frac{1}{2f}\left(\frac{1}{G_{31}^p} - \frac{1}{G_{31}}\right)\left[G(\sigma_z - \sigma_x) + F(\sigma_z - \sigma_y)\right]\tau_{zx}$$

$$a_{54} = \frac{L}{f}\left(\frac{1}{G_{31}^p} - \frac{1}{G_{31}}\right)\tau_{yz}\tau_{zx}$$

$$a_{55} = \frac{1}{G_{31}} + \frac{M}{f}\left(\frac{1}{G_{31}^p} - \frac{1}{G_{31}}\right)\tau_{zx}^2$$

$$a_{56} = \frac{N}{f}\left(\frac{1}{G_{31}^p} - \frac{1}{G_{31}}\right)\tau_{zx}\tau_{xy}$$

$$a_{61} = \frac{1}{2f}\left(\frac{1}{G_{12}^{\mathrm{p}}} - \frac{1}{G_{12}}\right)\left[H(\sigma_x - \sigma_y) + G(\sigma_x - \sigma_z)\right]\tau_{xy}$$

$$a_{62} = \frac{1}{2f}\left(\frac{1}{G_{12}^{\mathrm{p}}} - \frac{1}{G_{12}}\right)\left[F(\sigma_y - \sigma_z) + H(\sigma_y - \sigma_x)\right]\tau_{xy}$$

$$a_{63} = \frac{1}{2f}\left(\frac{1}{G_{12}^{\mathrm{p}}} - \frac{1}{G_{12}}\right)\left[G(\sigma_z - \sigma_x) + F(\sigma_z - \sigma_y)\right]\tau_{xy}$$

$$a_{64} = \frac{L}{f}\left(\frac{1}{G_{12}^{\mathrm{p}}} - \frac{1}{G_{12}}\right)\tau_{yz}\tau_{xy}$$

$$a_{65} = \frac{M}{f}\left(\frac{1}{G_{12}^{\mathrm{p}}} - \frac{1}{G_{12}}\right)\tau_{zx}\tau_{xy}$$

$$a_{66} = \frac{1}{G_{12}} + \frac{N}{f}\left(\frac{1}{G_{12}^{\mathrm{p}}} - \frac{1}{G_{12}}\right)\tau_{xy}^2$$